国家自然科学基金项目“系统风险、交易成本与农业天气指数保险的区域划分
——与传统农业保险的比较研究”（71473127）

［英］斯蒂芬·朱森（Stephen Jewson）
安德斯·布里克斯（Anders Brix）
著

王红蕾　孙香玉
等 译

天气衍生品估值：

气象、统计、金融和数学基础

Weather Derivative Valuation:

The Meteorological, Statistical, Financial and Mathematical Foundations

北京大学出版社
PEKING UNIVERSITY PRESS

著作版权登记号图字:01－2016－8309

图书在版编目(CIP)数据

天气衍生品估值:气象、统计、金融和数学基础/(英)斯蒂芬·朱森,(英)安德斯·布里克斯著;王红蕾等译.—北京:北京大学出版社,2018.9

ISBN 978－7－301－29303－4

Ⅰ.①天… Ⅱ.①斯… ②安… ③王… Ⅲ.①气象数据—统计分析 Ⅳ.①P416

中国版本图书馆 CIP 数据核字(2018)第 037318 号

Weather Derivative Valuation: The Meteorological, Statistical, Financial and Mathematical Foundations, first edition (0 521 14228 1) by Stephen Jewson & Anders Brix first published by Cambridge University Press 2005

书　　名	天气衍生品估值:气象、统计、金融和数学基础 TIANQI YANSHENGPIN GUZHI: QIXIANG、TONGJI、JINRONG HE SHUXUE JICHU
著作责任者	〔英〕斯蒂芬·朱森(Stephen Jewson)　〔英〕安德斯·布里克斯(Anders Brix)　著 王红蕾　孙香玉等　译
策划编辑	周　莹
责任编辑	王　晶
标准书号	ISBN 978－7－301－29303－4
出版发行	北京大学出版社
地　　址	北京市海淀区成府路 205 号　100871
网　　址	http://www.pup.cn
电子信箱	em@pup.cn　QQ:552063295
新浪微博	@北京大学出版社　@北京大学出版社经管图书
电　　话	邮购部 010－62752015　发行部 010－62750672　编辑部 010－62752926
印 刷 者	河北滦县鑫华书刊印刷厂
经 销 者	新华书店
	787 毫米×1092 毫米　16 开本　21 印张　403 千字
	2018 年 9 月第 1 版　2018 年 9 月第 1 次印刷
定　　价	59.00 元

译者序

1997 年，美国科赫能源和安然两家公司以美国东南部港口城市密尔沃基 1997—1998 年冬季气温为参考，基于主要气温指数安排了一个天气衍生品交易，而这次交易开启了天气衍生品在风险管理中的巨大机会，被认为是天气衍生品诞生的标志。后来这个市场逐渐吸引了保险业、银行业、零售业、农业、建筑业、交通运输业以及基金管理行业的参与。经过近 30 年的发展，天气衍生品市场规模迅速扩大，在芝加哥商品交易所以及场外交易中均表现不俗。虽然中国的商品交易所还没有推出天气衍生品，但作为天气衍生品的另外一种形式——天气指数保险，在中国已经开始了积极有益的探索：2007 年，安信保险公司在上海地区开展了西瓜梅雨强度指数保险；2010 年，国元保险公司设计出了小麦种植天气指数保险，并于次年推出了水稻高温指数保险；2015 年，中华联合财产保险股份有限公司新疆分公司在农八师 150 团推出了棉花低温指数保险，等等。同时，我国在政策层面也给出了支持和鼓励的积极信号，中国保监会大力促进该项风险管理新工具的探索。

众所周知，金融衍生品的估值都要依赖于基础资产的价值，天气衍生品的基础资产是天气，而天气的价值难以衡量，这也就是天气衍生品估值的特殊性所在，也是学术界研究和探讨的热点问题，所以对天气衍生品估值的系统方法的介绍尤为重要。本书的作者斯蒂芬·朱森（Stephen Jewson）和安德斯·布里克斯（Anders Brix）都是从事于天气风险管理工作的专业人士，不仅有较强的理论基础，而且有丰富的实践经验。本书的议题涵盖了气象学、统计学、金融学和数理研究等相关领域，是第一本关于天气衍生品的估值和风险管理过程的著作。作者将实践中获取的第一手信息和独特的理论视角有机结合，以期带领读者进入天气衍生品估值的世界。希望本书能为跃跃欲试的实务界提供一定的理论参考，并对有兴趣研究天气衍生品的广大学者们提供帮助。

笔者在高校从事的研究工作主要围绕着农业天气风险的管理展开，包括传统的农业保险和新兴的天气指数保险。在持续跟进相关研究动态的过程中，笔者认为天气衍生品对于中国的农业风险管理或有推进，能够解决传统农业保险的各种弊端，但是也不能忽视天气衍生品的适用性而贸然全面铺开。但是国内关于天气衍生品介绍的著作屈指可数，且不够系统和全面。在国家自然科学基金项目"系统风险、交易成本与农业天气指数保险的区域划分——与传统农业保险的比较研究"的支持下，为了系统地学习天气衍生品的理论和方法，课题组一直在组织团队成员学习讨论该著作的内容。为了提高天气衍生品在中国的认知度，笔者决定将该著作翻译出版，以填充国内该领域学术著作的较大空白。

译著的完成是团队集体智慧的结晶。笔者作为该著作翻译的发起者、组织者，参与了部分章节的具体翻译和稿件的审校，但是译著的大量具体工作是王红蕾老师带领团队完成的。其中，胡学林、郁孜梵、倪艳、汪慧敏、吕梦霞、杨舒畅、陈雅子参与了初稿翻译，林玉容、胡学林在章节校对中做了大量扎实而细致的工作，季海宏、石敏静在一些长难句翻译中也有贡献，王红蕾负责具体的任务分配、审校和统稿工作。在编辑审稿环节，本书责任编辑王晶做了大量细致入微的工作，体现出令人敬佩的专业素养和高度责任感，为本书顺利成稿给予了不可或缺的支持。另外，本书的出版事宜也得益于周莹编辑的大力推动。特别向两位编辑表达衷心的谢意。

由于天气衍生品行业的高度专业性，尽管译者始终仔细求证，谨慎动笔，但难免还会存在疏漏及谬误之处，恳请广大读者批评指正。

孙香玉

2018 年 9 月

目录

Contents

图目录

表目录

致 谢

感谢各位同人在天气衍生品定价相关议题方面的有趣而深入的探讨。特别地，在此我想向以下诸位表达真诚的谢意：Ali al Ali，Andre de Vries，Anlong Li，Anna Maria Velioti，Arnaud Remy，Auguste Boissonnade，Barney Schauble，Bill Gebhardt，CatWoolgar，Chris Michael，Claudio Baraldi，Dario Villani，Dave Pethick，DaveWhitehead，David Chen，Dorje Brody，Ed Kim，Fabien Dornier，GearoidLane，Guillaume Legal，James Dolby，Jas Badyal，Jay Ganz，Jeff Hamlin，Jeremy Penzer，Jeff Porter，Jerome Brochard，Joe Hrgovcic，Jo Syroka，Juerg Trueb，Lenny Smith，Lin Zhang，Marc Hannebert，Mark Lenssen，Mark Roulston，Martin Jones，Martin Malinow，Mark Nichols，Mark Tawney，Mihail Zervos，Neil Hohmann，Nick Ward，Olivier Luc，Pascal Mailier，Paul Vandermarck，Peter Brewer，Philipp Schonbucher，Richard Dixon，Rick Knabb，Rodrigo Caballero，Ross McIntyre，Sandeep Ramachandran，Sarah Lauridsen，Scott Lupien，Seth Padowitz，Sharad Agnihotri，Simon Mason，Stuart Jones，Tony Barnston 和 Vivek Kumar。

另外，我们非常感激编写和提供了各种免费软件（Tex，Latex 和 Miktek，Cygwin，Emacs，Ferret，OpenOffice 和 R）给我们使用的人，我们还要感谢 Earth Satellite Corporation 提供了用于制作一些图表的数据。最后 Stephen Jewson 要向 Rie 和 Lynne 表示感谢，本书的完成离不开他们的坚持与鼓励，Anders Brix 要感谢 Sara 在整个项目过程中的耐心与支持。

通过销售本书给作者带来的全部收益将捐赠给名为 Centrepoint 的英国慈善机构（见 http://www. centrepoint. org. uk），以帮助在英国的无家可归的人群和被社会排斥的年轻人。

第 1 章　天气衍生品与天气衍生品市场

1.1　导言 1

本书重在探讨天气衍生品这一类特殊金融产品的估值问题。天气衍生品的目的是使企业能够抵御天气因素波动带来的风险。例如，使用天气衍生品可以帮助天然气公司避免因暖冬时无人使用暖气带来的损失，帮助建筑公司避免因连续降水而导致工人无法在户外作业造成的损失，帮助滑雪场弥补因降雪减少带来的损失。

1996 年和 1997 年，天气衍生品首次出现在美国的能源行业，人们在此市场上交易具备上述保险功能的（天气衍生品）合约。这些公司习惯使用基于电力价格、天然气价格构建的合约来对冲他们的电力、天然气价格风险，他们发现可以使用同样的基于天气的方法来对冲他们的天气风险。天气衍生品市场发展迅速，很快延伸到其他行业，并扩展到欧洲国家和日本。金融市场的波动性导致并非所有的原始参与者都持续参与交易，但天气衍生品市场是个例外，它一直在稳定发展。目前许多能源公司、保险公司、再保险公司、银行和对冲基金都有专门从事天气衍生品交易的团队。美国天气风险管理协会（Weather Risk Management Association，WRMA）是天气衍生品市场的行业协会，其最新报告显示，2002—2003 年天气衍生品的交易总估值已超过 100 亿美元。①

自天气衍生品交易首次发生以来的 8 年里，天气衍生品的定价“科学”也逐
渐发展起来。目前看来，整理这些信息既是可能的，也是有用的。它既可以给 2
那些已经参与到市场中的人带来参考价值，也可以为那些市场外对学习天气衍

---

① 可参见 http://wrma.org。

生品定价内容感兴趣的人提供帮助。本章是对天气衍生品和天气衍生品市场的概述，而全书将重点关注各种方法——应用于天气衍生品的定价、估值及风险管理的各种方法，涉及气象学、统计学、数学和金融学等学科。我们尽可能尝试描述目前在天气衍生品市场中使用的方法和模型，并结合实例，说明它们是如何应用于实际交易中的。然而，我们不能涵盖所有内容。解决天气衍生品定价问题的方法有很多，人们有强烈的经济动机去发明（并保密）新的、更加精确的定价方法，毫无疑问，更多的进展也会随之产生。

本书主要针对有一定数学基础的行业人员，他们几乎可以掌握本书中的全部内容，并不需要气象学、统计学、数学或金融学的专业背景。尽管如此，我们仍然希望读者在阅读本书的同时，能够了解这些学科的一些知识。

本章将简要介绍天气衍生品市场，描述该市场中使用的各种天气指数，以及这些指数是如何与天气衍生品合约的支付相关联的，并总结天气衍生品合约估价时使用的方法。

1.1.1 天气对商业的影响以及对冲的基本原理

天气对商业的影响程度，小至收益减少，如下雨天商店招揽的顾客会减少；大至毁灭性影响，如海啸摧毁了整个工厂。海啸就是我们所说的灾害性天气事件。这样的天气事件还包括强热带气旋、温带风暴、冰雹、冰风暴和暴雨。它们常常会造成严重的财产损失和人员伤亡。不希望因这些灾害影响而造成经济损失的公司可以购买天气保险，保险公司可根据这些公司遭受的损失进行赔付。而天气衍生品旨在帮助公司抵御非灾害性天气事件。非灾害性天气波动
3 包括以合理的频率发生的温暖期或寒冷期、雨季或旱季、有风期或无风期等此类事件。然而，对那些盈利对天气变化非常敏感的企业而言，这些事件仍会带来重大损失（或重大收益）。利用天气衍生品来规避风险对这些企业而言是可取的，因为它能显著减少企业利润的年际波动。它们的好处如下：

- 利润的低波动率能降低公司贷款的利率；
- 对一个公开上市的公司，利润的低波动率会转化成股价的低波动率，而股价平稳的公司，通常有较高的估值；
- 利润的低波动率能降低破产的风险。

尽管平均而言，企业利用天气衍生品规避天气风险通常会亏本，但基于以上原因，对冲仍然是有利的。

天气衍生品的政府用途和非营利用途

天气衍生品还可以供非商业团体使用，如地方和国家的政府组织及慈善机构。在这些情况下，对冲的通常都是由天气引起的成本上的波动。这种对冲能够减少成本的季节性波动或年际波动，因此能够降低预期外的预算超支风险。

1.1.2　天气对冲案例

天气变异性以各种方式影响不同的群体。在许多情况下,天气与企业销售量相关。这样的例子包括:

- 天然气供应公司,暖冬时售出的天然气减少;
- 滑雪场,降雪不多时吸引的滑雪人数减少;
- 服装零售公司,凉爽的夏季售出的衣服减少;
- 游乐园,下雨时游客数量减少。

天气还能通过除了改变销售量以外的方式影响利润。这样的例子包括:

- 建筑公司,天气寒冷或下雨时,因工人无法在户外作业导致工期推迟;
- 水力发电公司,降水减少时发电量减少;
- 交通抢修公司,由于在寒冷的天气会出现更多的交通事故,因此导致其成 4
本增加;
- 渔场,在海水温度较低时,鱼苗生长较慢。

所有这些风险都可以通过天气衍生品来对冲。

1.1.3　天气衍生品的定义

一个标准的天气衍生品合约就像上面所说的那样可以被用来对冲风险,并且包含以下几个属性:

- 合约期限:开始日期和结束日期;
- 观测站点;
- 天气变量,合约期限内在观测站点观测所得;
- 指数,通过某种方式对合约期限内的天气变量进行总计;
- 支付函数,将指数转化为现金流,衍生品到期时立即结算;
- 对某些类别的合约,在合约开始时,买家需向卖家支付权利金(premium)。

还需对这些基本属性做以下补充:

- 观测机构,负责观测天气变量;
- 结算机构,负责根据定义好的算法由观测值计算出指数的最终值;算法(有望)能够处理所有突发事件,如测量设备的失灵等;
- 备用站点,以备主要台站失灵时使用;
- 结算发生的时间范围。

尽管天气衍生品的法务和管理方面对交易这些合约的公司也十分重要,但本书的目的不是介绍这些内容,而是旨在研究对目前市场上现行的各种合约制定合理价格并进行价值评估的方法。

1.1.4 保险和衍生品

天气衍生品有一个依赖于天气指数的赔付机制，这些天气指数是被仔细地挑选出以用来代表需要抵御的天气状况的。使用天气衍生品对冲天气风险的
5 经济效应还可以通过一种基于天气指数进行赔付的保险合约来获得。然而，贯穿全书我们一直用“天气衍生品”这个词，尽管书中展示的所有分析都同样适用于这两种合约（即天气衍生品合约和天气指数保险合约）。

天气衍生品和天气指数保险是存在一些差异的，这就意味着在某些情况下，其中一个是优于另一个的。例如，有些企业可能对交易衍生品不感兴趣，但是很乐意购买保险。

保险与衍生品的区别还包括以下方面：

- 有必要对衍生品头寸进行频繁的（每日、每周或每月）重新估值，这被称为模型定价法（mark to market 或 mark to model），但这对保险而言通常是不必要的；
- 应纳税额可能不同（最常见的，保险需要交税而衍生品不需要）；
- 会计处理可能不同；
- 合约细节可能不同。

所有以上这些不同之处在程度上的差异因国家而异。

基于赔款的天气保险

还有一种天气保险，其赔付是与经济损失相关而不是与天气指数相关。这样的合约不适合对冲与天气有关的利润波动，因为利润的减少不一定能被归类为天气引致的损失。这类合约的建模和定价相较于天气衍生品更加复杂，因为涉及对天气和损失之间关系的理解，以及投保实体发生索赔的可能性。这样的定价更类似于与灾害相关的天气保险的定价（Woo，1999），本书中并未涉及，尽管我们展示的分析在某些情况下确实向这类合约的定价迈出了很好的第一步。

1.1.5 流动性和基差风险

因为天气衍生品的支付基于天气指数，而不是基于由天气引起的实际财产损失，因此支付不可能恰好补偿财产损失。这种差别的潜在可能即基差风险。一般来说，当财产损失与天气高度相关，且对冲合约具有最优规模和最优结构，观测站点处于最优地点时，基差风险最小。

6 对于决定如何对冲风险的企业，它们通常会权衡基差风险和天气对冲的价格。在伦敦、芝加哥和纽约，交易中经常使用基于温度这种标准指数的天气衍生品合约，因此这样的合约很容易以好的价格交易。但是，除非十分幸运，这样的合约不太可能使对冲企业的基差风险达到最小。因而，对冲者将面临一个选

择;或者是以最好的价格进行交易,但是合约可能并不能很好地保护其业务;或者是尽可能地保护其业务,但是并不一定得到理想的价格。

1.1.6　对冲者和投机者,初级市场和二级市场

每一个天气衍生品都是两个交易者之间的交易。我们将所有的交易者分为**对冲者**和**投机者**,前者想要减小或消除天气风险,后者则通过出售天气衍生品合约来做生意。将天气衍生品的所有交易者分为对冲者和投机者十分有用,但同时也是一种对事实的简化。例如,许多对冲者也会进行投机交易,一部分是为了确保他们在购买对冲之前理解市场,一部分是为了向其他交易者掩盖其对冲的意图,一部分仅仅是为了尝试赚钱。类似地,如果投机者判定他们的投机性交易导致他们承受了太多风险的话,他们也可能会变成对冲者。

对冲者和投机者之间的交易形成初级市场,投机者和其他投机者之间的交易则形成二级市场。投机者之间相互进行合约交易,要么是因为想要降低由于持有先前交易的天气衍生品造成的风险(此时他们也是对冲者),要么仅仅是因为认为这样做会赚钱。

很少有合约是在两个对冲者之间交易的,两个对冲者同时对冲彼此风险的情况是极不常见的,因为很少存在两个企业有完全对等且相反的天气风险。

从投机者的角度来说,它们可能是银行、保险公司、再保险公司、能源公司或对冲基金,交易天气衍生品是一种有吸引力的主张,其原因有二。第一,天气衍生品的赔付机制通常与其他形式的保险或投资无关,因此,由于企业整体的 7
风险增加较少,保险公司可以以相较于其他形式的保险更低的价格发行天气衍生品。类似地,因为其收益与持有的其他金融资产,如股票、债券的收益不相关,对冲基金可以对天气衍生品进行投资。

第二,由于天气衍生品合约潜在的抵消的性质,天气衍生品投资组合内部的风险很低。理想的天气衍生品市场是由这样一些业务驱动的,即从总体来看,这些业务在每一种天气风险上都寻求数量相等且方向相反的对冲。原则上这可能会使投机者几乎不持有风险,他们仅仅充当将天气风险从一个对冲者传递给另一个对冲者的中间人。风险几乎是以成本价格进行交易,只有很少甚至没有风险溢价。

1.1.7　柜台交易和交易所交易

天气衍生品交易发生的地点有多种选择。初级市场交易通常是柜台交易(over the counter,OTC),即合约是在两个交易对手之间私下交易的。大多数二级市场是通过声讯经纪人,他们作为中介劝诱市场上的参与者加入交易,但他们自己并不参与交易,这些交易也被称为柜台交易。逐渐地,芝加哥商品交易

所(Chicago Mercantile Exchange,CME)的二级市场交易越来越活跃,目前公开上市的天气衍生品包括基于15个美国地点、5个欧洲地点、2个日本地点的一年内逐月温度的天气衍生品产品。芝加哥商品交易所提供了双项功能:一是提供透明度(价格可在网上自由获取),二是消除信用风险(因为是芝加哥商品交易所,而不是其他人充当你的交易对手,并且依据逐日盯市制度结算保证金)。

二级市场交易和帕累托最优

二级市场中投机者之间的交易,乍一看像是零和游戏,几乎没有净经济利益。在某些交易中可能是这样的,但这并不是普遍的情况。二级市场交易极有可能降低交易双方的风险,或者至少可以降低双方持有的总风险(即一方减少的风险大于另一方增加的风险)。在二级市场中,交易方承担的风险越小,向对冲者索要的权利金越少。因此,直到二级市场达到最优状态,即参与者承担的总风险最小之前,二级市场的交易继续进行对对冲者和投机者的利益都是有利
8 的。要达到这样的情况,即使是在仅有少数参与者的二级市场中,可能也需要很多二级市场交易,二级市场交易通常远多于初级市场交易也体现了这点。

经济学家研究了这个观点的数学模型。当从经济效用的角度考虑时,二级市场交易绝不是零和游戏,理想化的观点认为,二级市场交易能够促使整个市场所有参与者的总体期望效用达到最大可能。这就是人们熟知的帕累托最优。

1.1.8 对冲和预报

至此,读者可能会对天气风险的对冲和天气预报的使用之间的关系感到好奇。气象预报包括提前几天的天气状况信息(天气预报),或提前几个月的天气状况信息(季节预报)。对某些商业决策,尤其是时间范围在几天内的商业决策,这样的预报是十分有用的。合理利用天气预报不仅能够提高期望收益,还能降低造成损失的风险,而大部分情况下,天气衍生品仅能降低造成损失的风险。但是,企业提前制订月、季和年计划时,并不能完全利用天气预报。另一方面,天气衍生品理论上是适用于将来的任何时段的。因此,气象预报和天气衍生品完美地相辅相成:能够进行精确预报的,应该根据预报来采取措施,而其他风险则可以对冲。

利用天气衍生品来强化天气预报的使用还有两种方法。第一,可以利用天气预报决定需要采取的最佳措施,并利用天气衍生品对冲天气预报错误的可能性。衍生品将根据预报错误的大小和可能方向进行赔付。例如,超市根据天气预报在短时间内购买了一些易腐烂的水果和蔬菜,如果天气预报错误,超市的销售量将比预期小,相比于天气预报正确时的情况,它将损失一部分收益。这种存在风险的收益可以利用天气衍生品来对冲,天气衍生品将根据预报的错误来赔付。

9 第二,可以利用天气预报决定需要采取的最佳措施,并利用天气衍生品对冲由于天气预报导致的高成本事件的出现。这样的例子有:墨西哥湾的石油平

台在有飓风预报时会疏散工作人员，可以构造一个天气衍生品来覆盖这样的疏散带来的成本。有意思的是，在这样的案例中，影响合约赔付的并不是实际的天气，而仅是天气预报。

气象预报和天气衍生品两者关系的最后一个方面在于：在某些情况下，天气预报在天气衍生品的估值中起主要作用。这一点将在第 10 章中详细阐明。

1.1.9　对冲天气风险和对冲价格风险

经常会出现以下的情况：企业既面临着天气的影响，也面临着某些商品价格的影响，且两者相关联。考虑当天气寒冷时企业需要购买更多天然气的情况。如果天然气是以固定的价格购买，那么此次采购只涉及天气风险。购买天然气的总成本是

$$\text{总成本} = P_0V \tag{1.1}$$

这里，P_0 是固定价格，V 是与天气相关的天然气数量。

但是，如果是以变动的价格购买天然气，那么企业不仅受不利天气因素影响，而且还受价格波动的影响。现在的总成本是

$$\text{总成本} = PV \tag{1.2}$$

此时 P 也会变化。可以说天气风险依赖于天然气价格，也可以说天然气价格风险依赖于天气。在某些情况下，天气的波动和天然气价格的波动是不相关的，这就简化了这些情况的分析。但是，通常天然气价格的变化在一定程度上也是受天气影响的（因为寒冷的天气会增加对天然气的需求量，相应地价格会上涨）。对天气风险和价格风险两者结合考虑的对冲策略，比直接单独对冲天气风险或对冲价格风险更复杂。理想状态是构建一种既依赖于天气因素也依赖于价格因素的天气衍生品合约。目前只有少数几种这样的合约已经在交易中。这种合约的定价将在第 11 章进行简要讨论。

1.2　天气变量和天气指数 10

正如我们所见，天气以各种各样的方式影响着不同的实体。为了对冲这些不同类型的风险，基于不同的天气变量，并且可以基于不止一种天气变量，天气衍生品被构造出来。最常用的天气变量是温度，如每小时温度值、日最高温、日最低温或日均温。其中，日均温最为常见。在大多数国家，日均温被定义为日最高温度和日最低温度的中值。不过，也有一些国家将日均温定义为每天超过两个的温度值的加权平均。基于 3 小时、12 小时、24 小时甚至更多值的定义方法也均有使用。最高温度、最低温度的具体观测时间段及其精确定义方法在各个国家之间也存在一定差异。为了参与到天气衍生品市场中，必须针对这个国

家现行使用的天气观测惯例进行深入调查。

举一个关于最高温度、最低温度数值的例子。图 1.1 展示了 2000 年伦敦希思罗机场观测的日最低温度、最高温度和平均温度。

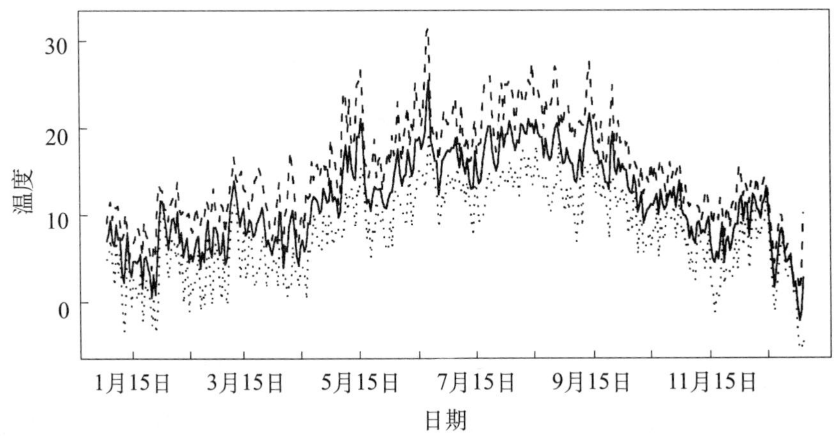

图 1.1 2000 年伦敦希思罗的日最低温度(点线)、日最高温度(虚线)及平均温度(实线)

除了温度,风和降水也是天气衍生品中常用的天气变量。例如,基于风的
11 对冲,与风力发电厂和建筑公司的利益息息相关,前者希望风能匮乏时得到保护,而后者可能不得不在大风天气里停止作业。基于风的对冲还可以用来代替许多传统财产保险合约中涉及的强风天气导致建筑物损毁的部分。基于降雨的对冲被应用于农业和水力发电及其他行业。基于降雪的对冲对滑雪场、负责清扫路面积雪的当地市政服务机构、销售相关设备(如冬季运动装备或汽车防滑轮胎等)的公司来说至关重要。

基于其他天气变量,例如日照时数、径流量或海表温度的对冲也是可能的。只要具备可靠的、精确的观测数据和构建衍生品结构的可能即可。

相关天气变量和它对(需要对冲风险的)企业的影响这两者之间的准确关系,随天气变量和公司的不同而不同。特定的对冲是利用尽可能捕获了两者相关性而设计的指数来构建的。基于温度的合约中最常用的指数有度日数指数、均温指数、累积均温指数和事件指数。我们接下来将讨论这些指数,而基于其他变量的指数将在第 13 章中详细阐述。

1.2.1 度日数指数

度日数(degree day,DD)指数起源于能源行业,它的设计初衷是为了很好地反映家庭采暖和制冷的需求。

采暖度日数

冬季,采暖度日数(heating degree days,HDD)用来衡量采暖需求,因此可以反映出寒冷程度(天气越冷,HDD值越大)。能源行业使用的HDD的定义方法有很多,这反映出一个事实:不同地区能源使用的模式也不同,因此需要在定义的简化和对能源需求的代表性之间进行权衡。天气衍生品市场中使用的定义是,对指定的一天 i,HDD值记作

$$\begin{aligned} z_i &= \max(T_0 - T_i, 0) \\ &= (T_0 - T_i, 0)^+ \end{aligned} \tag{1.3}$$

其中 T_i 表示 i 天的平均温度,T_0 表示基准温度。

在美国,温度用华氏温度①表示,因此基准温度通常取65℉(18.33℃)。而 12
在其他国家,温度是用摄氏温度表示,基准温度通常取18℃(64.4°F)。

本书对每日HDD的定义都如上。在 N_d 天内的HDD指数 x 为该时间段内每日HDD值的总和,记作:

$$x = \sum_{i=1}^{N_d} z_i \tag{1.4}$$

如图1.2所示,水平线以下的柱状部分表示2000年伦敦希思罗每日HDD值。我们可以发现,HDD值在冬季较大,在夏季较小,甚至没有。

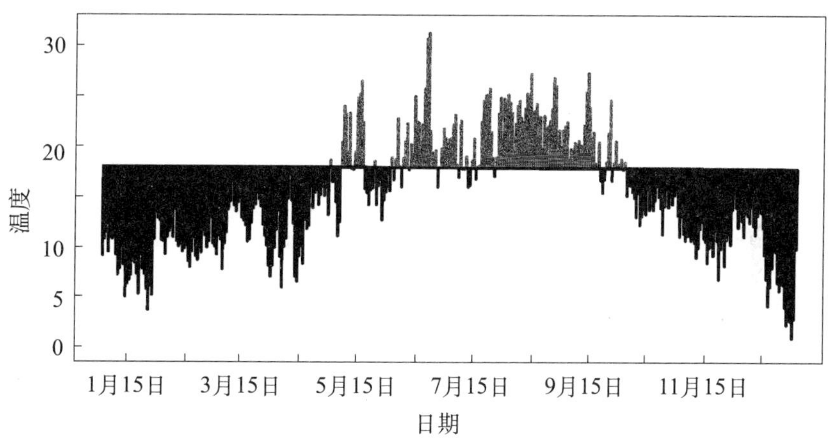

图1.2　2000年伦敦希思罗采暖度日数和制冷度日数

在天气衍生品市场中进行交易的许多地区天气比较冷,以至于一年内的某段时间里温度从未达到18℃(65℉)的基准线,因此每天的HDD值均为正。在图1.2中可以看出,伦敦希思罗的冬季就是这样的情况。表1.1展示了13个常
见交易地区每个月平均温度超过18℃或65℉的估算天数。我们可以发现,在 13
这些地区中,有好几个地区,在一年内特定的几个月内,温度从未高于18℃或65℉。尤其是在北欧和北美地区,从11月到3月,日均温高于18℃或65℉是很

① 华氏温度(F)与摄氏温度(C)可由公式 $C = 5(F - 32)/9$ 和 $F = 32 + 9C/5$ 联系起来。

罕见的。这就意味着,HDD 值与日均温指数的平均值之间存在确切的关系,我们将在后面对此进行阐述。表 1.2 展示了这 13 个地区每个月的 HDD 估计期望值。HDD 的最大值正如我们预期的一样,出现在冬季。

HDD 在美国和欧洲得到广泛应用,但在日本很少使用。

表 1.1 在欧洲、日本(以 18℃为基准线)和美国(以 65℉为基准线)各个地区,利用 30 年数据进行去线性趋势和一年外推法后估算得到的每月高于基准温度的天数期望

站点/月份	1 月	2 月	3 月	4 月	5 月	6 月	7 月	8 月	9 月	10 月	11 月	12 月
阿姆斯特丹	0.0	0.0	0.0	0.2	4.4	3.8	11.5	12.1	3.1	0.1	0.0	0.0
埃森	0.0	0.0	0.1	1.0	6.0	7.8	14.9	17.5	3.5	0.8	0.0	0.0
伦敦	0.0	0.0	0.0	0.0	3.6	6.2	17.9	19.7	4.7	0.5	0.0	0.0
巴黎	0.0	0.0	0.0	0.4	8.1	13.0	23.2	24.4	6.4	1.3	0.0	0.0
罗马	0.0	0.0	0.2	0.5	16.7	28.9	31.0	31.0	27.4	13.9	2.1	0.0
斯德哥尔摩	0.0	0.0	0.0	0.1	1.4	6.9	18.9	15.0	2.6	0.0	0.0	0.0
亚特兰大	0.5	0.9	3.4	12.8	25.5	29.2	31.0	31.0	27.3	15.3	2.8	0.7
芝加哥	0.0	0.0	0.7	2.1	10.8	23.4	30.8	30.5	18.3	4.4	0.3	0.0
卡温顿	0.0	0.0	0.8	3.6	13.6	25.5	30.7	30.2	18.4	5.0	0.3	0.2
休斯敦	4.2	6.7	12.4	22.0	31.0	30.0	31.0	31.0	29.2	24.7	10.1	6.1
纽约	0.0	0.0	0.5	1.8	10.9	26.9	30.8	30.7	24.4	7.2	0.6	0.2
费城	0.0	0.0	0.6	2.9	12.8	27.3	30.9	30.8	22.3	6.0	0.4	0.0
东京	0.0	0.0	0.2	6.2	23.6	27.8	31.0	31.0	29.2	19.9	1.4	0.1

表 1.2 在欧洲、日本(以 18℃为基准线)和美国(以 65℉为基准线)各个地区,利用 30 年数据进行去线性趋势和一年外推法后估算得到的每日 HDD 值月度总和期望

站点/月份	1 月	2 月	3 月	4 月	5 月	6 月	7 月	8 月	9 月	10 月	11 月	12 月
阿姆斯特丹	450.6	375.0	343.0	259.8	145.2	97.2	45.0	36.7	96.7	203.7	333.0	432.6
埃森	473.8	393.1	337.1	243.5	121.1	82.6	34.3	29.9	106.3	206.2	351.0	454.2
伦敦	385.0	327.7	291.3	235.9	130.3	68.0	22.0	19.3	74.6	169.3	292.3	372.5
巴黎	419.8	347.2	270.5	217.3	92.0	43.3	13.8	10.4	69.5	156.2	312.7	387.9
罗马	319.8	286.8	220.5	141.4	29.8	1.7	0.1	0.0	3.9	33.2	159.9	291.7
斯德哥尔摩	580.8	522.6	487.9	344.8	195.6	75.4	22.0	37.0	151.7	310.4	455.3	571.6
亚特兰大	608.6	430.1	335.3	130.5	19.9	2.3	0.0	0.4	9.7	103.6	339.2	573.3
芝加哥	1 140.5	908.7	789.9	431.5	166.1	34.9	1.2	2.8	61.8	328.8	697.1	1 046.7
卡温顿	1 003.1	788.2	695.1	353.8	127.4	19.5	0.4	2.4	66.4	308.5	628.7	941.5
休斯敦	350.1	236.2	158.6	35.9	0.8	0.0	0.0	0.0	1.5	32.3	174.6	358.7
纽约	914.0	780.7	685.9	358.2	124.2	11.4	0.4	1.0	24.9	210.6	499.6	786.3
费城	918.5	764.0	651.8	330.3	109.3	9.4	0.4	1.2	36.7	237.4	528.6	820.5
东京	346.1	301.4	243.7	91.0	19.1	2.7	0.2	0.0	0.6	18.6	131.2	275.2

制冷度日数

夏季,制冷度日数(cooling degree days,CDD)可以用来度量制冷的能源需求,因此也可以反映夏天的炎热程度(天气越热,CDD 值越大)。虽然取暖系统可以由电或天然气驱动,但是制冷系统几乎都是由电驱动的,因此 CDD 值与电力市场最为相关(但是越来越多的电由天然气制造,所以 CDD 值也开始与天然 14
气行业相关)。对指定的一天 i,CDD 值的定义如下:

$$\begin{aligned} z_i &= \max(T_i - T_0, 0) \\ &= (T_i - T_0, 0)^+ \end{aligned} \tag{1.5}$$

类似于 HDD,一段时间内的 CDD 指数 x 定义为该时间段内所有 CDD 值的总和:

$$x = \sum_{i=1}^{N_d} z_i \tag{1.6}$$

图 1.2 中,水平线以上的柱状部分表示 2000 年伦敦希思罗每日的 CDD 值。我们可以发现,在这个地区,CDD 的非零值仅仅在一年中最炎热的月份出现。

正如我们所见,虽然有几个地区冬季的温度从未高于 18℃或 65℉,但在经常交易的地点,几乎没有哪个地点夏季热到从未低于 18℃或 65℉(即两种情况是不对称的)。为了解释这一情况,表 1.3 展示了每个月温度低于 18℃或 65℉ 15
的天数的期望值。只有亚特兰大、休斯敦和东京,存在某一时间段内的月天数为零的情况。

表 1.3 在欧洲、日本(以 18℃为基准线)和美国(以 65℉为基准线)各个地区,利用 30 年数据进行去线性趋势和一年外推法后估算得到的每月低于基准温度的天数期望

站点/月份	1月	2月	3月	4月	5月	6月	7月	8月	9月	10月	11月	12月
阿姆斯特丹	31.0	28.0	31.0	29.8	26.6	24.4	19.9	19.0	27.2	31.0	30.0	31.0
埃森	31.0	28.0	30.9	29.0	25.2	22.3	16.2	13.7	26.9	30.3	30.0	31.0
伦敦	31.0	28.0	31.0	30.0	27.7	24.1	13.1	11.4	25.4	30.5	30.0	31.0
巴黎	31.0	28.0	31.0	29.7	23.0	17.2	8.3	6.8	23.8	29.7	30.0	31.0
罗马	31.0	28.0	30.9	29.6	15.0	1.7	0.2	0.1	3.2	17.3	28.0	31.0
斯德哥尔摩	31.0	28.0	31.0	29.9	29.7	23.3	12.0	16.0	27.6	31.0	30.0	31.0
亚特兰大	30.7	27.3	27.9	18.6	5.7	1.0	0.0	0.1	3.1	17.1	27.5	30.4
芝加哥	31.0	28.0	30.3	28.1	20.6	7.0	0.7	1.3	12.4	27.4	29.9	31.0
卡温顿	31.0	28.0	30.6	26.8	18.1	4.7	0.5	1.1	12.2	26.4	30.1	30.8
休斯敦	27.1	21.9	19.3	8.2	0.4	0.0	0.0	0.0	0.7	7.0	20.7	25.1
纽约	31.0	28.0	30.5	28.5	21.2	3.8	0.2	0.5	6.4	24.4	29.7	30.9
费城	31.0	28.0	31.4	27.5	19.2	3.7	0.2	0.6	8.7	25.7	30.0	31.0
东京	31.0	28.0	30.8	23.7	8.0	2.3	0.2	0.0	0.9	11.4	28.6	30.9

表 1.4 展示了 13 个地区 CDD 的期望值。其最大值出现在夏季。与表 1.2 相比,我们可以发现,夏季 CDD 值的每月总和通常小于冬季 HDD 值的每月总和(除了亚特兰大,它在 13 个站点中地处最南端,也最炎热)。出现这种差异的原因在于 18℃或 65℉ 这一基准温度高于这些站点中大部分站点的平均温度。

CDD 主要在美国使用,但在欧洲和日本很少使用。

表 1.4 在欧洲、日本(以 18℃为基准线)和美国(以 65℉为基准线)各个地区,利用 30 年数据进行去线性趋势和一年外推法后估算得到的每日 CDD 值月度总和期望

站点/月份	1月	2月	3月	4月	5月	6月	7月	8月	9月	10月	11月	12月
阿姆斯特丹	0.0	0.0	0.0	0.3	7.7	7.6	25.8	31.0	2.9	0.0	0.0	0.0
埃森	0.0	0.0	0.1	1.0	10.6	18.7	49.9	54.7	7.1	0.8	0.0	0.0
伦敦	0.0	0.0	0.0	0.0	4.3	11.9	48.1	49.3	5.7	0.4	0.0	0.0
巴黎	0.0	0.0	0.0	0.4	15.6	32.5	75.5	82.8	10.3	1.4	0.0	0.0
罗马	0.0	0.0	0.2	0.3	30.4	120.4	207.2	233.0	86.4	25.1	2.1	0.0
斯德哥尔摩	0.0	0.0	0.0	0.1	1.8	12.2	54.3	44.8	4.9	0.0	0.0	0.0
亚特兰大	0.6	1.2	11.8	67.2	210.6	373.3	510.3	466.1	273.1	69.2	6.7	1.3
芝加哥	0.0	0.0	2.1	12.8	72.9	239.1	365.9	303.5	137.1	14.2	0.4	0.0
卡温顿	0.0	0.0	2.4	15.9	69.1	231.3	337.2	294.6	131.4	18.4	0.7	0.4
休斯敦	16.8	31.9	59.7	186.6	388.1	514.9	612.6	614.2	446.6	211.0	49.8	29.7
纽约	0.0	0.0	1.6	8.5	68.5	263.7	404.0	376.7	179.2	29.0	0.8	0.2
费城	0.0	0.0	1.7	12.7	73.4	278.3	421.6	346.6	164.2	26.9	0.8	0.0
东京	0.0	0.0	0.1	10.7	64.8	137.8	284.2	311.4	193.2	56.1	1.3	0.1

HDD 与 CDD 之间的关系

简单来说,对于任意给定的日子,HDD 和 CDD 的总和就是日均温相对于基准线的无符号偏离量:HDD 值和 CDD 值在某一天内总有一个为零,当温度恰好等于基准温度时,两者值均为零。

最后需要注意的是,无论是 CDD 值还是 HDD 值,二者永远不可能为负数。

16

1.2.2 日均温均值指数

在能源行业众所周知的是,相对于度日数指数,日均温均值(average of average temperature)指数是对温度变化更直观的度量。日均温均值指数的定义是,合约期内日平均温度的平均值。需要注意的是,“日均温均值”中的第一个“均”指的是中值,而第二个“均”指的是平均值。将日均温均值指数记作 $\overline{T}$,于是有:

$$\overline{T} = \frac{1}{N_d}\sum_{i=1}^{N_d} T_i \tag{1.7}$$

表 1.5 展示了 13 个地区的日均温均值指数期望。

表 1.5　在欧洲、日本（以 18℃为基准线）和美国（以 65°F 为基准线）各个地区，利用 30 年数据进行去线性趋势和一年外推法后估算得到的每月日均温均值期望

站点/月份	1月	2月	3月	4月	5月	6月	7月	8月	9月	10月	11月	12月
阿姆斯特丹	3.5	4.6	6.9	9.3	13.6	15.0	17.4	17.8	14.9	11.4	6.9	4.0
埃森	2.7	4.0	7.1	9.9	14.4	15.9	18.5	18.8	14.7	11.4	6.3	3.3
伦敦	5.6	6.3	8.6	10.1	13.9	16.1	18.9	19.0	15.7	12.6	8.3	6.0
巴黎	4.5	5.6	9.3	10.8	15.5	17.6	20.0	20.4	16.0	13.0	7.6	5.5
罗马	7.7	7.8	10.9	13.3	18.0	22.0	24.7	25.5	20.8	17.8	12.7	8.6
斯德哥尔摩	-0.7	-0.7	2.3	6.5	11.7	15.9	19.1	18.3	13.1	8.0	2.8	-0.4
亚特兰大	45.4	49.7	54.6	62.9	71.2	77.4	81.5	80.0	73.8	63.9	53.9	46.5
芝加哥	28.2	32.5	39.6	51.0	62.0	71.8	76.8	74.8	67.5	54.9	41.8	31.2
卡温顿	32.6	36.8	42.6	53.7	63.1	72.1	75.9	74.4	67.2	55.6	44.0	34.6
休斯敦	54.2	57.7	61.8	70.0	77.5	82.2	84.8	84.8	79.8	70.8	60.8	54.4
纽约	35.5	37.1	42.9	53.3	63.2	73.4	78.0	77.1	70.1	59.1	48.4	39.6
费城	35.4	37.7	44.0	54.4	63.8	74.0	78.6	76.7	69.2	58.2	47.4	38.5
东京	6.8	7.2	10.1	15.3	19.5	22.5	27.2	28.0	24.4	19.2	13.7	9.1

正如上面讨论的一样，许多地区因为太冷，一年中特定时间内的日均温总是在 18℃或 65℉以下，以至于每日 HDD 值总是正值。在这样的情况下，日均温均值指数 $\overline{T}$ 和 HDD 指数 x 的关系可以简单表示为：17

$$
\begin{aligned}
x &= \sum_{i=1}^{N_d} \max(T_0 - T_i, 0) \\
&= \sum_{i=1}^{N_d} (T_0 - T_i) \\
&= N_d T_0 - N_d \overline{T}
\end{aligned} \tag{1.8}
$$

同理，当日均温总是高于 18℃或 65℉时，日均温均值指数 $\overline{T}$ 和 CDD 指数 x 的关系可以简单表示为：

$$x = N_d \overline{T} - N_d T_0 \tag{1.9}$$

不过，事实上，即使是在夏季，也很少有地区的温度一直高于 18℃或 65℉，所以式(1.9)很少使用。

日均温均值指数主要在日本使用，而在美国和欧洲很少使用。

1.2.3 累积均温指数

累积均温指数(cumulative average temperature,CAT)定义为合约期内每日平均温度的总和：

$$x = \sum_{i=1}^{N_d} T_i \tag{1.10}$$

累积均温指数主要是在欧洲夏季使用。

18 ### 1.2.4 事件指数

事件指数(event indices),也被称为关键日指数,通常定义为合约期内特定天气事件发生的天数。典型事件可以指的是温度超过或低于一个临界值。关于"事件",还有一个更复杂的定义是温度连续超过或低于临界值时的天数长度。

极端异常事件指数常常用在初级市场中。举例来说,一个近期被大众熟知的(为建筑工人提供保护的)天气合约,是基于 11 月至来年 3 月这段时间内霜冻天的数量,而"霜冻天"被定义为早上 7 点的温度低于 -3.5℃或早上 10 点的温度低于 -1.5℃,或者早上 7 点和 10 点的温度同时低于 -0.5℃,而这个交易更加复杂的地方在于周末和节假日不算在内。

1.2.5 指数的一般分类

按照天气合约的数学分析,指数分类的方法有两种。第一种,指数可分为加性可分和加性不可分。"加性可分"表示累积指数是逐日指数的总和。第二种,指数可分为线性的和非线性的。这里的"线性"是指逐日的指数值是逐日天气变量的线性函数。

举一些例子:

- 累积均温指数既是加性可分的,也是线性的;
- 度日数指数是加性可分的,但不是线性的——不过在式(1.8)或式(1.9)适用的情况下,如果温度从未达到基准线,度日数指数通常实际上是线性的;
- 温度超过一个特定界限的天数的事件指数是加性可分的,但不是线性的;
- 计算在三天期间内最高气温超过一个特定界限时数量的事件指数既不是加性可分的,也不是线性的。

以上提到的这些概念很有用处,因为如果一个指数是加性可分的,那么该指数的期望值就是每日指数期望值的总和,而如果这个指数是线性的,那么每日指数的期望值就是每日天气变量期望值的线性函数。当我们后面估算天气指数的期望值时,这些概念将用在我们的分析中。

1.3　衍生品支付函数 19

上述指数定义了天气变化是如何嵌入在天气衍生品合约中的。将指数的观测值作为支付函数的输入值，那么合约的支付金额就可以确定。这一支付函数明确地定义了在合约到期时，一方应向另一方支付什么。任何函数都可以成为支付函数，但在实际应用中，只有少数结构简单、有明确经济意义的函数常被使用。我们将从买方，即“多头”的角度出发，考虑每种不同支付函数的结构。卖方，即“空头”具有完全相反的支付函数。目前最常见的衍生品合约有互换、看涨期权和看跌期权。图 1.3 展示了下面将要介绍的各支付函数的结构。

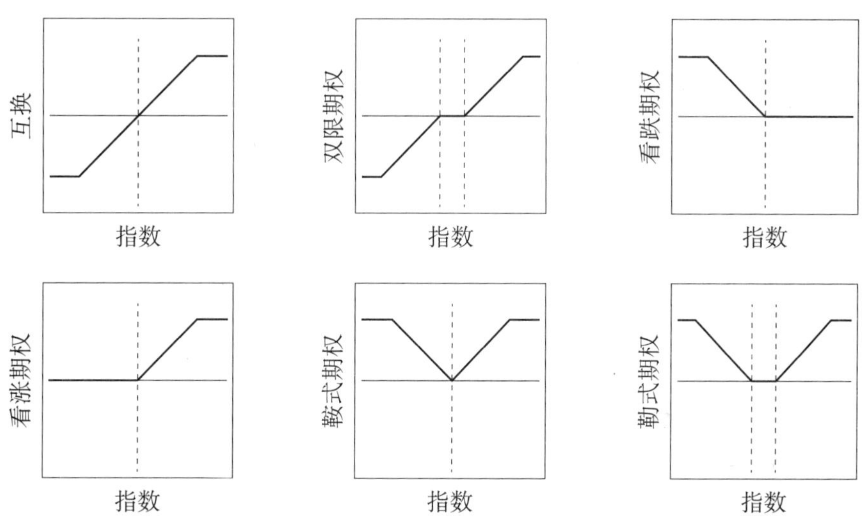

图 1.3　下文中描述的各种合约的支付函数

1.3.1　互换

互换（swap）合约中多头的支付额 p 定义如下：

$$p(x)=\begin{cases}-L_{\$} & x<L_1 \\ D(x-K) & L_1\leqslant x\leqslant L_2 \\ L_{\$} & x>L_2\end{cases} \tag{1.11}$$

其中，x 表示指数，D 表示最小变动价位（tick），K 表示行权价格（strike price）， 20
$L_{\$}$ 是用货币衡量的限制，L_1、L_2 分别表示指数集合中的上下限。$L_{\$}$ 与 L_1 的关系是 $L_{\$}=D(K-L_1)$，$L_{\$}$ 与 L_2 的关系是 $L_{\$}=D(L_2-K)$。在各种合约中，常见的做法是引用货币价值的限制（例如 $L_{\$}$），而不是指数值的限制（$L_1$ 和 L_2）。

支付函数还可以更简单地写成：

$$p(x) = \max(-L_{\$}, \min(D(x-K), L_{\$})) \tag{1.12}$$

或者：

$$p(x) = \min(L_{\$}, \max(D(x-K), -L_{\$})) \tag{1.13}$$

或者甚至：

$$p(x) = \mathrm{median}(-L_{\$}, D(x-K), L_{\$}) \tag{1.14}$$

这种单行的表达式在使用计算机语言或电子数据表计算支付额时十分有用。我们设置上限值和下限值(用货币衡量),并令两者数值相等,符号相反。更一般地构建一个上限值和下限值数值不等的互换合约(以及下面提到的所有其他合约类型)尽管不常见,但是是可能的。

构造没有界限的互换合约也是可能的,那么这时支付函数就是指数的线性函数,即

$$p(x) = D(x-K) \tag{1.15}$$

我们把这个函数叫作线性互换合约。即使是对有界限的互换合约,其界限值也经常是极端值,因此式(1.15)是一个很好的近似。柜台交易合约的交易通常是有界限值的,而芝加哥商品交易所合约没有界限值。

大部分互换合约是没有成本的:没有权利金,并且互换中的收益或损失等于支付额。合约一旦建立,合约双方仅同意根据将来某一时点的天气状况,来交换合约。从这个意义上来说,互换合约就像是对未来天气的点差交易(spread bet)。互换合约多头具有的经济函数可以防止指数取高值。互换合约购买方的不利之处在于他[①]需要在指数值较低时向销售方付钱。这样的话,购买方和
21 销售方可以说是互换风险,他们扮演着对称的角色。在交易所(如芝加哥商品交易所)交易的互换合约涉及每日的结算,因为指数在合约期内是一直变化的,而在柜台交易的互换合约通常仅在合约期结束时才进行结算。从技术上来说,前者被认为是**期货**(future)合约,后者被认为是**远期**(forward)合约。

如果如上所述,互换合约的交易没有权利金,那么行权价格将被设置在期望支付接近零的水平,为了补偿其中一方承担的风险,期望值可能会有轻微的波动。在许多,但不是所有的案例中,期望支付接近零的行权价格的数值非常接近于互换合约的指数的期望值。虽然很罕见,但是互换合约也可以是有权利金支付的交易。

对交易前的无成本互换合约进行"定价"就是要确定合约的行权价格。互换合约一旦被交易,其可能的经济结果的分布,以及分布的具体方面就要计算出来,这将在后续的章节中详细说明。

如果对冲者使用线性互换合约来对冲商业风险,那么对冲的最优大小(定

① 本书中使用的"他"即指"他或她"。

义为对冲能使基差风险的方差达到最小）由回归系数决定，回归系数则由商业利润对天气指数的回归得到。

1.3.2　看涨期权

对于看涨期权（call option）多头的支付额 p 的定义如下：

$$p(x)=\begin{cases}0 & x<K\\ D(x-K) & K\leqslant x\leqslant L\\ L_{\$} & x>L\end{cases} \tag{1.16}$$

其中，$L_{\$}$ 与 L 的关系是 $L_{\$}=D(L-K)$。

这可以更简洁地写成：

$$p(x)=\min(L_{\$},\max(D(x-K),0)) \tag{1.17}$$

或者：

$$p(x)=\max(0,\min(D(x-K),L_{\$})) \tag{1.18}$$

或者：

$$p(x)=\text{median}(0,D(x-K),L_{\$}) \tag{1.19}$$

对买方而言，这具有抵御高指数值的风险从而可以提供保险的经济功能。在合约初期，买方向卖方付一定的权利金。在合约末期，卖方付给买方的支付额则 22
取决于指数值。指数值较低时，没有支付额。如果买方是一个对冲者，那么他可能不会介意这样的结果：如果他是用合约来对冲，那么指数的低值对他的生意是有好处的。对于超过行权价格的指数值，卖方需向买方支付与超出行权价格部分成比例的金额。比例常数由最小变动价位决定。超出一定的经济限制后，支付额不会再随着指数值的增加而增加（但是，正如我们前面提到的，无限制的合约也是可能的，而且芝加哥商品交易所的合约都是没有限制的）。行权价格通常设置在零和高于估算指数期望的一个标准差之间，极限值设置在两个标准差左右，或者是指数历史值的极大值。期权买方的总体收益等于支付减去权利金。

我们可以发现，不管是看涨期权多头还是互换合约多头，都可以用来对冲高指数值。两者的区别在于，看涨期权多头只需要付一个预先设定的权利金，而互换合约多头的支付在两个方向（正或负）是随机的。很多企业更愿意选择期权来对冲它们的天气风险而不愿意选择互换合约，以避免合约交割时可能面临的大额的、不可预测的支付。

看涨期权的定价过程包含权利金的确定。一旦看涨期权进行交易，就需要计算将来可能的经济收益的分布，以及这些分布的方方面面。

1.3.3　看跌期权

对看跌期权（put option）多头，其支付额 p 定义如下：

$$p(x)=\begin{cases}L_{\$} & x<L\\ D(K-x) & L\leqslant x\leqslant K\\ 0 & x>K\end{cases} \tag{1.20}$$

其中,$L_{\$}$ 与 L 的关系是 $L_{\$}=D(K-L)$

这可以更简洁地写成:

$$p(x)=\min(L_{\$},\max(D(x-K),0)) \tag{1.21}$$

或者:

$$p(x)=\max(0,\min(D(x-K),L_{\$})) \tag{1.22}$$

23 或者:

$$p(x)=\text{median}(L_{\$},D(K-x),0) \tag{1.23}$$

对买方而言,这具有抵御低指数值的风险从而提供保险的经济功能。合约初期,买方向卖方付一定的权利金。合约到期时,卖方付给买方一定的支付额,这个支付额取决于指数值的大小。当指数值较大时,没有支付。对于低于行权价格的指数值,卖方需向买方支付与指数低于行权价格的部分成比例的支付额。超出一定的经济限制时,随着指数值的降低,支付额将不再增加。行权价格通常设置在零与低于期望指数估计值一个标准差之间。

1.3.4 双限期权

双限期权(collar)多头由具有不同行权价格,但具有相同最小变动价位和相同界限值的一个看涨期权多头和一个看跌期权空头组合而成(但不同最小变动价位和界限值的情况也是可能的)。双限期权的支付函数如下:

$$p(x)=\begin{cases}-L_{\$} & x<L_1\\ D(x-K_1) & L_1\leqslant x\leqslant K_1\\ 0 & K_1\leqslant x<K_2\\ D(x-K_2) & K_2\leqslant x\leqslant L_2\\ L_{\$} & x>L_2\end{cases} \tag{1.24}$$

其中,$L_{\$}$ 与 L_2 的关系是 $L_{\$}=D(L_2-K_2)$;$L_{\$}$ 与 L_1 的关系是 $L_{\$}=D(K_1-L_1)$。

这还可以写成:

$$p(x)=\max(-L_{\$},\min(D(x-K_1),\max(0,\min(D(x-K_2),L_{\$})))) \tag{1.25}$$

或者将上述的看涨期权和看跌期权的表达式结合起来。

双限期权多头为抵御出现超出特定阈值的高指数值提供对冲。双限期权和互换合约一样,通常是没有成本的。

1.3.5　鞍式期权 24

鞍式期权(straddle)多头由具有相同行权价格、相同最小变动价位和相同界限值的一个看涨期权多头和一个看跌期权多头组成。鞍式期权的支付函数如下：

$$p(x)=\begin{cases} L_{\$} & x<L_1 \\ D(K-x) & L_1\leqslant x\leqslant K \\ D(x-K) & K\leqslant x\leqslant L_2 \\ L_{\$} & x>L_2 \end{cases} \tag{1.26}$$

其中，$L_{\$}$ 与 L_1 的关系是 $L_{\$}=D(K-L_1)$，$L_{\$}$ 与 L_2 的关系是 $L_{\$}=D(L_2-K)$。

这还可以写成：

$$p(x)=\min(L_{\$},\max(D(K-x),\min(D(x-K),L_{\$}))) \tag{1.27}$$

或者将看涨期权和看跌期权的表达式相结合。

鞍式期权多头既可用来对冲高指数值也可用来对冲低指数值，因此从权利金的角度来说很昂贵，因为除了当 $x=K$ 以外，所有其他的指数取值买方都能得到支付。

1.3.6　勒式期权

勒式期权(strangle)多头由行权价格不同的一份看涨期权多头和一份看跌期权多头组成(不同于鞍式期权有相同的行权价格)。通常，看跌期权的行权价格低于看涨期权的行权价格。

勒式期权的支付函数如下：

$$p(x)=\begin{cases} L_{\$} & x<L_1 \\ D(K_1-x) & L_1\leqslant x\leqslant K_1 \\ 0 & K_1\leqslant x<K_2 \\ D(x-K_2) & K_2\leqslant x\leqslant L_2 \\ L_{\$} & x>L_2 \end{cases} \tag{1.28}$$

其中，$L_{\$}$ 与 L_1 的关系是 $L_{\$}=D(K_1-L_1)$，$L_{\$}$ 与 L_2 的关系是 $L_{\$}=D(L_2-K_2)$。

这还可以写成：

$$p(x)=\min(L_{\$},\max(D(K_1-x),\max(0,\min(D(x-L),L_{\$})))) \tag{1.29}$$

或者将看涨期权和看跌期权的表达式相结合。

勒式期权多头和鞍式期权类似，都是既可对冲高指数值也可对冲低指数值，但只有当指数的变动达到一定范围时，支付才会发生。因此勒式期权通常会比鞍式期权便宜。

25 ### 1.3.7 两值期权

两值期权(binary)多头的支付函数形式如下：

$$p(x)=\begin{cases}0 & x<K\\ L_{\$} & x\geqslant K\end{cases} \tag{1.30}$$

两值期权多头可以看作是看涨期权的一个特例。当指数 x 连续时,它就是一个具有无限最小变动价位的看涨期权;当指数 x 以步长 Δx 被离散化至特定值时,最小变动价位等于$\frac{L_{\$}}{\Delta x}$。

1.3.8 其他分段线性支付函数

天气衍生品以外的其他衍生品会经常使用其他分段线性支付函数,例如“鹰式”(condors)和“蝶式”(butterflies)。然而,直到笔者撰稿时,这些在天气衍生品市场中还很少见。

1.3.9 不分段的线性互换和期权

截止到现在,我们看到的支付函数大都是分段线性的。非分段线性函数也时常被使用。例如,风能产品取决于风速的立方,因此建立风力发电厂的对冲的方法之一就是通过支付函数的三次多项式定义一个基于风速的互换或期权(尽管通过三次多项式和标准分段线性支付函数定义指数会是更常见的解决此问题的方法)。这样的结构可能会出现在天气衍生品的初级市场中,但目前还没有出现在二级市场上。

1.3.10 价差合约

价差合约(spread)的支付函数是基于两个地点相同天气变量取值的差异而构造的函数。举例来说,巴黎-伦敦价差合约的支付可能取决于巴黎 HDD 指数和伦敦 HDD 指数之间的差异。

1.3.11 一篮子交易

一篮子交易(basket)是取决于多个地点的单个合约。例如,美国一篮子交易可能取决于纽约、芝加哥和旧金山的气温。对于需要承担来自多个地区的天气、
26 风险、但又希望在对冲风险过程中最小化交易量的最终用户来说,一篮子交易是合适的。基于 10 个地点的单个一篮子交易可能会比 10 个单个合约的交易费用更小。

1.3.12 复合性合约

复合性合约(complex contract)是定义于其他合约支付函数的合约。例如,

单个期权合约的指数可能来自其他10个合约的总体支付额。这样的结构通常出现在天气衍生品市场中投机者想把风险转嫁至承保人或再保险人的时候。可以为上述交易构造一个单个复合性合约，它取决于从投机者的投资组合中所选出合约的业绩表现。

1.3.13 价值状态

一旦看涨期权或看跌期权进入交易程序，期望结算指数或市场互换价格可能会接近或远离导向赔付的值。用衍生品交易的行话来说，这就是合约的“价值状态”（moneyness）。“实值”（in the money，ITM）是指期望指数移动到会导致支付为止的取值范围内的情形，而“虚值”（out of the money，OTM）是指期望指数值移动到导致支付为零的取值范围内的情形。“平值”（at the money，ATM）是指介于两种情形之间。ITM合约通常比OTM合约更有价值，但在合约最终结算之前，由于指数期望值既可能上升也可能下降，支付额仍不能保证一定为正。

依赖于“总和度日数”类型指数的天气合约具有一个额外特征是：迄今为止的指数（而不是期望最终指数）可能是“实值”也可能是“虚值”。度日数指数不可能下跌，所以一旦看涨期权的度日数指数是“实值”，就不可能再变为“虚值”，支付就能保证了。这一规律不适用于累积均温指数或日均温均值指数，因为它们都可能随着时间而下降。

1.3.14 多头与空头

我们使用“多头”（long）这一词汇来描述合约买方的状态，并使用“空头”（short）来描述合约卖方的状态。不过，这些词汇也用来描述指数的某些方面。例如，如果我购买了一个看涨期权，我就是在看多标的指数（如果指数增加，我的期望收益也会增加）。这常常会造成困扰：如果我购买了看跌期权，我是看跌 27
期权多头，但看空期权中的标的指数。注意！

1.3.15 平价关系

前面描述的期权和互换合约的价格并非完全不相关。相同行权价格的看涨期权多头和看跌期权空头组合的支付函数，等同于互换合约多头的支付函数。这种关系称为“看跌-看涨平价”（put-call parity），平价关系对三个合约的价格进行了限制，因为互换合约可以通过看涨期权和看跌期权复合而成。

其他的平价关系也是可能的。如上所见，双限期权、鞍式期权、勒式期权都是看涨期权和看跌期权的组合。如果所有这些合约在市场都可得的话，这些平价关系将再一次制约期权的价格。

在金融衍生品市场，这些平价关系十分重要，但是，在天气衍生品市场中，相同指数的看涨期权的行权价格往往比看跌期权的行权价格高。这意味着上文中在看涨期权、看跌期权、互换之间的价格约束并不准确:互换合约只能由看涨期权和看跌期权近似地复合而成,并且存在一定的残余风险。因此,平价关系对市场价格的影响十分微弱。

1.3.16 专业术语

合约命名惯例

天气衍生品市场中惯用的专业名词与其他金融市场存在少许差异,这也许会使其他专业背景的读者感到困扰。例如,传统金融期权不常有界限,如果确实有界限值从名字就可以看出,例如:有界限值的看涨期权相关术语有上限(cap)、看涨期权价差(call spreads)或牛市价差(bull spreads),有界限值的看跌期权相关术语有下限(floor)、看跌期权价差(put spreads)或熊市价差(bear spreads)。然而,由于天气期权总是含有界限,这通常就只隐含在假设中但并不会在名字中反映出来。

均值与期望

我们已经数次使用“期望指数”(expected index)和“指数期望值”(expectation of the index)这两个词汇。在纯数学意义上,我们用这些词组表达指数可能
28 值的算术平均。我们注意到,指数期望值并不应该被“期望”出现。事实上,很容易就能找到期望值永远不会出现的案例。比如说,当你买了一张 2 英镑彩票时,你的期望收益可能是 1 英镑,但实际上你并不能真的赢 1 英镑。

1.3.17 贴现

由于利率的影响,不同时间点发生的现金流(如权利金和支付金额)不能直接进行比较。作为替代的方法,可以使用贴现(discounting)过程将它们转化为一个共同时点上的价值。给定利率常数 r,使用连续复利,T 时刻的现金流 X 则等于 t 时刻的现金流 $Y=e^{r(t-T)}X$。一种把所有未来的现金流转化成现值的常见方法,就是净现值(net present value,NPV)。

出于简化的原因,我们在本书第 11 章之前先忽略贴现的问题。现金流的贴现时机十分容易确定,而且贴现可以在其他所有的计算都完成以后再进行。对期权而言,权利金支付发生在合约初期,而支付发生在合约结束时。基于期权的支付分布函数计算权利金时,应将支付额贴现到权利金发生的时点上。对互换合约(但不包括期货),没有初始的权利金,只有合约结束时的支付。因此,在计算互换合约的公平行权价格时,不使用贴现方法。但是当计算互换合约的结果分布时,需对最终支付值贴现。期货交易发生在交易所,遵循“逐日盯市”原则进行结算,理论上,贴现应分别进行。在实际中,当利率很低并且互换合约

的付款期限很短时会忽略这个问题。

在第 11 章我们将考虑一些交易策略,其中的许多交易都是在不同的时点进行的,因此贴现将作为定价理论的内在组成部分。

1.4 估值原则

我们将要讨论本书的主要议题,即如何对天气衍生品或天气衍生品投资组合进行估值,以及如何计算天气衍生品投资组合多头或空头的风险。

有三方面原因说明了市场参与者为何需要对天气衍生品合约及其投资组合进行估值。第一是为定价:在交易之前,为无成本的互换确定合理交割价格,或者为期权确定合理的权利金。第二,一旦合约开始交易,了解所持合约的现 29
在价值及其可能的变化趋势(基于最新的天气和天气预报)是非常重要的。第三个为天气衍生品估值的理由是,内部和外部监管都需要对天气合约交易风险进行监控。

为帮助我们更好地理解天气衍生品的估值,我们先来快速浏览其他金融工具的估值原则。

股票估值

股票可以通过两种途径被估值。第一是所谓的“基本面估值”,涉及估算股票通过资本利得和股息会为投资者带来多少收入。股票的未来价值和未来股息都是未知的,而且可能取值的范围很宽。股票估值取决于评估未来现金流贴现的可能取值范围。

第二,人们可以通过观察交易所提供的普通股报价来进行“基于市场的股票估值”。“基本面估值法”和“市场估值法”服务于非常不同的目的。基本面估值法适用于判断交易所股票价格是过高还是过低,是该买入还是卖出股票。市场估值法适用于回答在什么价格水平下可以买进更多股票或卖出现有的份额。

保险估值

保险合约的价值可以通过两方面来确定:对投保人,取决于他对风险降低的评价高低;对保险人,取决于是否能通过签订更多类似合约来赚钱获利。为了计算保险费率,保险人会在销售保险之前估计合约的所有可能结果发生的概率,进而计算出期望和这些结果的分散程度。一旦保险售出,保险人会估算所有可能结果发生的概率,进而计算如果他们需要赔付的话会损失多少。

股票期权估值

股票期权可以通过三种方式被估值。第一,基于计算不同可能回报概率的

30 基本面估值法。如果该期权被用作对标的股票进行投资的途径,那么这种方法作为一种内部评价程序是行得通的。然而,这并不常见,而且股票期权的基本面估值法也并不是很常用。第二,如果存在一个可观察到的股票期权市场,那么就可以从这个市场上获得价格。第三,如果没有期权的市场价格,但有期权的标的股票的市场价格,以及同一股票的其他期权市场价格,就可以使用一个基于这些观察到的价格的所谓的无套利模型 。这一模型对股票期权的定价原则是,避免产生市场上有人利用交易期权特别是频繁交易标的股票(动态对冲)来对冲期权风险从而获取无风险收益的可能。这基于与基本面估值法不同的原则,因为它只取决于当前与市场中其他价格相关的期权的定价,而不存在任何绝对意义。它现在比基本面估值法应用更广。

精算定价、基于市场的定价和套利定价

这三个例子展现了两种非常不同的估值方法。第一种方法应用在股票、股票期权的基本面分析以及对保险合约的定价上,这种方法是以评估合约所有未来结果发生的概率为基础的,我们称之为精算(actuarial)定价。第二种方法是我们所说的基于市场的定价,即将市场上所观察到的价格应用于股票及股票期权。对股票而言,基于市场的定价方法指简单地观察市场价格。对股票期权而言,基于市场的定价方法会包含通过股票的市场价格和合理模型来获取无套利价格,即所谓的套利(arbitrage)或无套利定价。

人们可能会问这中间哪个方法最适合天气衍生品?答案取决于市场状况及合约类型。

对于天气互换,存在两种类似于股票估值的潜在估值方法。对于股票而言,它们有非常不同的目的。第一,我们可以在所有可能结果的概率(精算定价)的基础上估值。这可以通过使用历史气象资料和气象预报来预测指数可能得到的结果的分布来实现。第二,我们可以观察市场上正在进行交易的价格,当然,这只在可观测市场的前提下才能实现。

现在我们考虑天气期权。这里有三种可能情况:第一,就像天气互换,我们
31 可以再一次通过所有可能结果的概率来估值,而且这通常也是天气期权估值的起点。

第二,如果期权的可观测市场的确存在,我们可以考虑使用市场价格作为估值。

第三,就像股票期权,我们也可以考虑套利定价。天气期权的赔付取决于从天气变量中获得的指数。这项指数并不是成交量的价格,因此,乍看之下,天气期权并不类似于股票期权。然而,如果存在一个基于该指数的互换合约,那么在特定的假设下,用互换动态对冲天气期权的风险是可能的,就和股票可以用来对冲股票期权的方式完全一样。流动性足够强的互换市场才能允许这样

的动态对冲产生，否则其中包含的花费非常巨大。在写本书时，由于流动性不足和互换合约规格不连续的原因，进行频繁的动态对冲是相当复杂而困难的。不过，这些都将会随着天气衍生品市场的发展而产生变化：尽管存在相当大的时间间隔，但是现在一定量的动态对冲还是可行的。

我们的结论是：天气期权定价是精算技术及以市场为基础技术的综合定价方法，并在大部分情况下侧重于精算。在没有互换市场，而且和其他互换市场关联不大的地方，精算估值法是唯一的选择。而在互换交易活跃的地方，由于使用互换进行动态对冲的可能性，套利定价更具实用性。最后，对于期权交易活跃的地区，人们往往可以直接从市场中得到期权估值。

1.4.1　天气衍生品定价的其他模型

我们将在此简要介绍一些其他的天气衍生品定价方法。Henderson(2002)提出一个针对所有天气衍生品定价的一般方程，它涵盖了贴现、风险载荷、对冲成本以及当前投资组合头寸。引用作者的原话："(这个方程)是综合性的，但是太一般化了，以至于无法以它现在的形式被应用。"这个方程正是以上讨论所得的正式化，从某种意义上来讲，本书剩下的部分都是在讨论在实际中评估这个方程的方法。

Cao 和 Wei(2000)用一个均衡论证得出这样一个结论：天气期权的合理价格就是期望支付。这种想法不容易在投机者中得到广泛支持，因为长期来讲， *32*
在这样一个定价机制下，他们不仅不赚钱，而且还会增加风险。我们将会在 1.4.2 节中详细讨论这种均衡定价模型的用处。

由 Geman(1999a)提出了一个更加合理的想法：天气衍生品可以通过电力合约来对冲风险，因为电力合约价格与天气有关，而且可以通过电力合约价格来修正天气衍生品合约的价格。这并不能提供一个完美对冲，原因是电力合约的定价还取决于天气以外的因素，但是它会潜在地减少天气衍生品头寸的风险，使之处于一个更加容易被接受的水平。毋庸置疑，一些能源公司在交易天气及电力合约时，的确尝试过使用这种方法来建立低风险的投资组合。然而，就我们所知，这样的交易对天气衍生品的市场价格并没有造成很大的影响，并且它不会产生套利的可能性，所以它并不能被认为是一种实用的定价方法。

Davis(2001)曾提出过一个相似的建议：应该通过天然气和天气合约的投资组合的效用函数来为天气衍生品定价。同样，毫无疑问的是，有些能源公司的确交易了相关的天然气和天气合约组合(有些可能在混合的交易组合中同时交易了天然气、电力及天气合约)，然而，这些交易同样看起来都既不能决定天气衍生品市场的价格，也不能产生套利的可能性，因此天然气价格的分析不能推导出一种普遍适用的天气合约定价方法。

1.4.2 CAPM 和天气衍生品的价格

资本资产定价模型(capital asset pricing model,CAPM)(Sharpe,1964)是关于投资价格的统计行为的理论。最近几年中该模型受到了一定的批评。一些研究者认为它一点也不实用,主要是因为它假设所有投资者拥有差不多相同的投资组合,并且投资回报是呈正态分布的。然而,考虑该理论如何推导天气衍生品可能的市场价格是件有趣的事。该理论得出的结果是:在一定的假设条件下,投资所带来的超额回报(超过无风险利率的回报)与该投资的表现及更广泛市场的绩效两者之间的回归系数成比例。因此,与更广泛市场有较高相关性的投资,会有一个远远高于无风险利率的回报,而与更广泛市场相关性较低的投
33 资,会有一个趋近于无风险利率的回报。对此的合理解释是,相关性低的投资更受欢迎,这推动了它们价格的走高,直到它们的回报回落到不太受欢迎的高相关性投资的价格水平。我们所观察到的市场,据说在这些影响的作用下产生了一种均衡。在这个模型中,所有的投资都成为相关性和回报之间的权衡:由于市场的动态性,你永远无法在低相关性和高回报中兼得。

就像我们之前在 1.1.6 节中提到的并且将在 1.5 节中继续讨论的,天气很大程度上与金融市场关联不大,因而天气衍生品的表现也很大程度上与金融市场没有太大相关性。应用 CAPM 将表明天气衍生品应是一个非常受欢迎的投资领域,从而这种投资热度也会推动天气合约的回报回落至无风险利率。

事实上,CAPM 并没有在现实天气衍生品市场上被很好地应用,原因包括:

- 在大多数投资者看来,天气衍生品并不能算作一类投资,因此,其作为投资的需求就低,达不到 CAPM 模型要求的(与其他资产的)低相关性。
- 那些投资天气衍生品的机构,总是将它们的天气资产业务隔离出来成为独立实体,而不是作为总体业务的一部分来管理,以期能带来一份高于无风险利率的体面回报,而不顾天气资产与其他资产的相关性低的事实。
- 天气衍生品的要价,强烈受制于天气市场上各种投机者对回报率的目标定位,而这更关乎管理决策而不是简单市场动态的问题。

总结一下,CAPM[以及其他均衡模型,如 Cao and Wei(2000)]背后的假设在实践中难以适用。天气衍生品挑战了这一理论,同时具备了低相关性和高回报。均衡理论为理解市场如何运行提供了一个有趣的框架,而且它们当然包含一些真理的元素,但是还并不足以应用于现实的定价实践中。

我们也能将 CAPM 单独应用于天气衍生品市场:在这种意义上,单一天气合约的价格可认为与合约回报和更广泛天气衍生品市场的回报之间的回归系数成比例。由于与这一更广泛天气衍生品市场的相关性不大,异国地区的异种天气合约也会因此比标准地区的标准合约便宜。这种市场动态在某些情形下

可能是重要的。然而,由于更高的价格透明度、更低的管理费用和在二级市场 34
上对冲头寸的可能性,这种动态很大程度上被人们更普遍偏好交易标准合约的意愿抵消了。

1.5 天气衍生品市场和股票市场的相关性

我们在本章中认为:(1)许多企业可以利用天气衍生品对冲自身风险,并且减少自身股价波动。(2)由于与股票市场关联不大,天气衍生品不失为一种优质投资。貌似这两种观点有些自相矛盾。事实上,它们或多或少都有道理。可以肯定的是,没有对冲天气波动风险的公司的股票,的确与那些明确影响该公司的天气变量有关。同时,股票市场中的许多企业也确实受到天气因素的影响。然而,不同的公司受天气影响的方式不尽相同,在一个由许多不同公司的股票构成的多元化投资组合中,由天气因素所驱动的投资组合业绩的波动可能几乎完全消失。因此,投资多元化股票组合的公司,确实可以在两者零相关的假设下投资天气衍生品。

1.6 内容纵览

在本章,我们已经讨论了天气衍生品市场存在的原因,并对现有的各种不同类型的天气衍生品做了介绍。本书的剩余部分将重点讨论这些合约的估值。在第2章到第12章,我们将关注基于平均温度的合约,这类合约形成了市场的主体部分,在第2章到第10章中,我们重点关注精算定价方法。第2章将集中详细介绍精算定价中的气象历史数据,专门讨论在使用这些数据之前是如何清洗和去趋势的。第3章考虑了如何使用最简单的可能的精算方法,称之为“燃耗分析法”,对单一天气衍生品进行定价。随后,第4章讨论了如何将燃耗分析法拓展到结算指数的建模中,此方法被称为“指数模型法”。第5章使用前两章所述的方法去解决天气合约定价过程中出现的各种问题,并重点讲了希腊参数。第6章着手处理一个问题:我们是否能够使用日度温度模拟模型定价天气
衍生品。第7章将之前各章的理论推广到天气衍生品的投资组合。第8章将 35
考虑天气投资组合管理中的各种问题,包括风险和收益、如何依据现有的投资组合进行定价、在投资组合内部如何进行风险对冲等。在第9章之前没有考虑天气预报在天气衍生品定价中的应用,这是基于相关的合约期限足够超前,以至于还用不到天气预报。在第9章描述了相关的各种天气预报类型之后,第10章放宽之前的假定,详细讨论如何使用天气预报和季节预报来改善天气衍生品的定价。第11章从第2章—第10章的精算定价方法转向讨论套利定价法,这

种方法基于以下思路:使用互换合约,部分地或全部地对冲期权的风险。第 12 章的主题是风险管理,针对的群体是发行天气衍生品的机构,它们需要了解所持有合约的最新业绩表现和账面价值。随后还对如何应用模型定价法、市场定价法对投资组合定价,以及风险价值(value at risk)和到期风险价值(expiry value at risk)逐一展开讨论。最后,第 13 章我们主要考察了基于除温度以外的其他变量的天气衍生品。

1.7 关于引证的说明

我们避免在正文频繁使用引证,除非是描述一种由某位特定作者首次提出的方法或观点。每章结束我们都附上"延伸阅读"部分,列举了对读者有用的或者可能感兴趣的参考文献。在很多地方我们不可避免地引用了自己以往的研究内容。事实上,本书在很大程度上是基于过去四年我们在此领域内已做的研究和已发表的专业报告拓展写成的。不过,在讨论自己的成果和讨论他人的成果时,我们总是尽量使用一样的标准。可能的情况下,我们优先考虑引用可公开获取的出版物,因为这对读者更有帮助。不幸的是,许多学术文献无法公开,使得非专业人员很难获得。在参考文献部分我们尽量使其容易理解:涉及天气衍生品的作品实际上并不多,人们可以适当尝试通读全文。如果读者发现我们遗漏了任何重要引证,我们将非常高兴将其收录进未来的新版本。

36

1.8 延伸阅读

关于天气衍生品的文章很多,涉及天气衍生品产业中的各个方面。有四个非常重要的资料来源:《环境金融》(*Environmental Finance*)(月刊)、《能源和风险管理天气风险特别报告》(*Energy Power and Risk Management Weather Risk Special Report*)(年刊)、社会科学调查网(Social Sciences Research Network,SSRN)(http://www.ssrn.com)以及 Artemis 网站(http://www.artemis.bm)。

有三本英文书收集了关于天气衍生品的文章。按时间顺序,第一本是《保险与天气衍生品》(*Insurance and Weather Derivatives*)(Geman,1999b),本书有 4 章介绍了天气衍生品的基本概念。第二本是《天气风险管理》(*Weather Risk Management*)(Element Re,2000),本书有 14 章,包含从基本的气象学知识到与天气衍生品相关的所有内容的讨论,例如天气衍生品的法律相关问题、会计处理问题及税务问题等。第三本是《气候风险与天气衍生品市场》(*Climate Risk and the Weather Market*)(Dischel,2002),本书有 17 章,其涵盖的问题范围同样也很广泛。

对于日本的读者，有三本已出版的关于天气衍生品的日文书：Hijikata（1999）、Hijikata（2003）和 Hirose（2003），第三本是五位不同作者文献的合集。最后，有一本法文书包含了关于市场和估值的基本内容：Mortean et al.（2004）。

本书和这些书的主要区别在于，我们单纯地关注天气衍生品估值方面的问题，因此能够比其他书讨论得更加深入。

第 2 章　数据清洗及趋势

37 天气衍生品的精算定价方法是基于对历史气象数据的平稳时间序列进行建模。我们将在第 3—6 章对单一合约、在第 7—8 章对投资组合分别进行论述。但是,历史气象数据并不平稳,在应用定价方法之前,我们必须通过一些必要步骤对它进行处理。首先,我们必须清洗数据以剔除异常值并填补缺值。其次,我们必须确定(并尽可能去除)由于站点变化导致的数据跳变。最后,我们可能要去除数据中的渐进趋势。我们对于识别并替换异常值、填补缺值及识别和去除数据跳变的方法的讨论可能较为粗略,详细说明请见 Boissonnade et al. (2002)。不过我们会就趋势识别及去除趋势进行详细论述。

2.1　数据清洗

气象数据观测通常由国家气象服务部门(national meteorological services, NMSs)进行,有时也由高校、私人公司或军事组织进行。因为国家气象服务部门数据在天气衍生品市场的应用较为普遍,我们将仅讨论国家气象服务部门观测的数据。世界很多地区有至少过去 50 年的观测数据,有些地区则更久。但正如我们以下将要讨论到的,即使是最新的数据也会在可靠性和均匀性上存在严重问题,而早期数据则会更为糟糕。

天气衍生品行业获取气象数据的难易程度因国家而异。在美国,数据及数
38 据信息,如观测日志(**元数据**的一个例子)都可免费使用或仅收取名义费用,且数据传播的基础设施也非常发达。这就是美国的天气衍生品市场及其他气象商业应用推广如此之快的原因之一。相比之下,欧洲大多数国家的气象数据则十分昂贵,在某些国家更是如此。这些元数据通常很难获取,且多以复印形式而非电子形式存在。由于不同国家的操作系统不同,这些数据传播设施也是分散且缺乏组织的。但近期,由于私人公司开始成为国家气象服务部门和其他私人部门的中介,我们已经降低了获取欧洲数据的难度。最后,日本的数据和元

数据虽然昂贵,但也易从一些私人气象公司得到。

我们将重点讨论温度数据。主要包括以下两种温度观测数据:“天气预报数据”(synoptic data)和“气候数据”(climate data)。在不同国家,它们的基础观测来源可能相同,也可能不同。天气预报数据主要用于为天气预报提供即时数据。因为最新的观测数据对天气预报极为重要,人们没有时间对这些数据进行全面的质量控制或检查,所以天气预报数据无法详细可靠地记录过去的温度。另一方面,气候数据在大多数国家,纯粹是为了保留历史记录,是通过重重质量控制和检查产生的。尽管这些检查过程常常将数据发布延迟到数据观测后数天、数周甚至数月,但由于其较高的准确度和可靠性,天气衍生品市场中的天气合约结算通常使用这种数据。只在当有质量保证的气候数据不可得,或在合理的时间范围内不可得时,才会使用天气预报数据。

当历史气候数据是由国家气象服务部门或私人气象服务者提供时,其数据清洗不一定达到天气定价的标准需求。我们在购买数据时需对此加以确定。以下列出数据清洗的必要步骤。

2.1.1 缺值填补

几乎没有气象站点有过去四五十年连续无中断的观测序列。由于许多原
因,从电力中断,到数据传输失败,都会导致历史数据记录缺失。若缺失数据量 39
化可用数据量大很多,且近年中有较多缺失值时,这个站点可能不适用于天气衍生品市场。这在一定程度上是因为这些数据空缺会降低统计分析的精确度,另外,过去存在数据缺测的站点在未来更可能出现数据空缺,这会使天气合约的最终结算出现问题。

另一方面,如果缺失只占可用数据的一小部分(约小于10%),那么这个数据通常可以用来生成并交易天气衍生品。原则上来说,诸如去趋势和分布建模的统计方法(稍后论述)可以应用在有缺失值的数据上,而这也是最为精确的方法。但这通常较难实现,因此首选方法是在去趋势和分布拟合前,应用空间插值法来填补空缺以构造完整的数据序列。当空缺数只占数据总数的一小部分时,相较于包含空缺的真实数据,这种方法的精确度可能相差不大,而这种差异通常可以忽略。我们可以使用空间回归模型进行缺值填补,该模型基于周围地点的信息估算某一特定站点的缺失数据。标准多元回归方法通常易于建立此类模型。

2.1.2 数值检查

在历史记录中,经常会发现异常值和不合理值。如不对其进行修正,这些值将造成天气衍生品的严重定价错误。以下是几种可用来检查错误值的

方法：

- 检查日最大值是否小于日最小值（注意，这只会发生在英国，因为最小值和最大值是在不重叠时段观测的）；
- 检查温度值是否在当时当地的合理范围内；
- 检查其与邻近地区的温差是否过大；

一旦发现，则可用与缺值填补相同的空间回归方法替换错误值。

40 ## 2.1.3 跳变检测

填补缺值并去除明显的错误值之后，数据清洗的下一步骤是识别并尽量去除跳变。历史温度测量中的跳变是由气象站点的变化引起的，且经验表明，所有气象站点数据都会受到跳变的影响。这些变化主要包括站点位置的变化（水平及垂直移动）以及仪器的变化（设备升级或更换损坏设备）。其他变化包括设备外壳的变化及设备外壳直接接触的环境的变化（如草地变成了柏油马路）。在最坏的情况下，这些变化引起的观测序列跳变可高达几摄氏度，因此，在将这些数据应用于天气衍生品定价前，必须要对其进行跳变检测。使用存在较大跳变的数据进行天气衍生品定价时，会使机构在二级市场交易中处于不利局面，并在初级市场造成逆向选择（逆向选择是指在竞争性市场上，唯一成功售出的天气衍生品是那些被不知情地低估了的天气衍生品）。对于那些发生过很大变化的站点而言，这一因素就是确定合理的天气衍生品定价的最重要因素。

由国家气象服务部门直接获取的日度数据几乎都没有经过跳变校正。[1] 对于一些站点变化，特别是观测站点替换或升级时，常见的气象观测方法是将新站与旧站一起运行，使新站数据与老站数据足够接近以实现记录连续。但由于以下两个原因，这并不能完全解决站点变化和相关的跳变问题：(a)即便存在一些小的差异，新站的观测数据与旧站的观测数据也足够接近，且这些小的差异通常不会被用来调整原始数据；而且(b)这些平行测量仅在某些特定情况下进行，不包括设备损坏或站点直接接触环境改变的情况。

气象服务部门及世界气象组织（World Meteorological Organization，WMO）主要关注于进行天气预报及提供天气预报所需的数据，这就是这些跳变没有受到
41 足够重视的原因之一。相对于预报中的误差大小，0.5℃的气温观测值变化基本是可以忽略的。但相对于较长时段的平均气温标准差来说，0.5℃的变化则很大，因此，对天气衍生品市场而言，这是极为重要的。

跳变的识别方法通常如下所述：

- 分析所有可用历史元数据（与站点历史相关的文本信息），确定可能引起

① 之所以说这些数据几乎都没有经过跳变校正，是因为瑞士气象服务部门显然已经进行过这样的分析。

跳变的变化发生日期；

- 对变化发生日期附近的数据进行统计检验，以确定跳变是否发生；
- 分析所有其他日期的数据，检测未记录在元数据中的可能引起跳变的变化（许多此类跳变可能会出现在气象观测的时间序列中）；
- 利用跳变发生前后的数据，估算所有检测到的跳变的大小；

用以估计跳变大小的检验和估算方法通常基于目标站点和周围站点的线性相关性分析。然后通过回归，利用周围站点的数据来代替目标站点的数据，并用实际时间序列减去替换时间序列得到差异时间序列。这个差异时间序列清楚地展示了原始数据序列中的所有跳变，我们可以通过观察或应用统计检验来识别它们。

识别出数据集中的跳变后，我们有以下三种选择：

- 忽略：仅适用于跳变相对于其他不确定因素较小，小到不能对最终指数值产生较大影响时；
- 仅使用跳变后的数据：如果跳变发生在过去相当早的时间，这无疑是最好的方法；
- 试图用跳变大小的估计值来将跳变之前的数据调整到当前日水平；

第二种和第三种方法哪种更适用于处理较大的跳变取决于多种因素，如跳变大小的估算精度、跳变发生的时间以及这个数据是用于对什么合约定价。

对于天气衍生品市场中经常交易的站点，我们可向私人企业购买经过跳变识别和去除的数据，而且大多数天气衍生品定价都是应用此类数据得到的。

2.2 气象数据趋势的来源 42

我们已经论述了如何对原始气象数据进行缺值填补、错误值检查以及跳变检测。在我们得到能代表天气衍生品合约期限内可能气候的数据集之前，还有一个重要的问题要解决：数据均值水平的渐进趋势或变动。

不将历史气象数据应用于天气衍生品的定价，是因为我们不关心 20 年前的气候是怎样的，而是要知道不远的未来气候会如何变化。研究历史数据是回答以上问题的少数方法之一：我们假设，在某种程度上未来的气候走向与过去的气候走向是相似的。然而，即便最粗略的研究也不会认为气候数据是平稳不变的。几乎所有的观测时间序列都在较长时间范围上出现了趋势和波动变化，对气温而言，这些趋势基本为正（因此被称为“全球变暖”）。如图 2.1 所示，纽约拉瓜迪亚机场的 CDD 指数出现了十分明显的趋势。我们将在下文中详细讨论这类趋势的几种可能解释。

1. **随机的内部气候变异性**。一个明显趋势的最简单解释是，它只是气候系统随机内部变化的一部分。我们不能轻视这种可能;图 2.2 举了一个白噪声的简单例子,代表了过去 35 年的天气衍生品的指数值。在此期间有一个明显的
43 趋势,但事实上,我们知道这个数据是随机的,这种明显趋势背后根本没有原因;从这层意义上来讲,这个趋势并不“真实”。我们没有理由认为,趋势会随时间序列的继续而继续。可用此类简单随机模型在估算趋势时控制误差范围,而且在表格中生成随机数字来熟悉这种效应会十分有用。

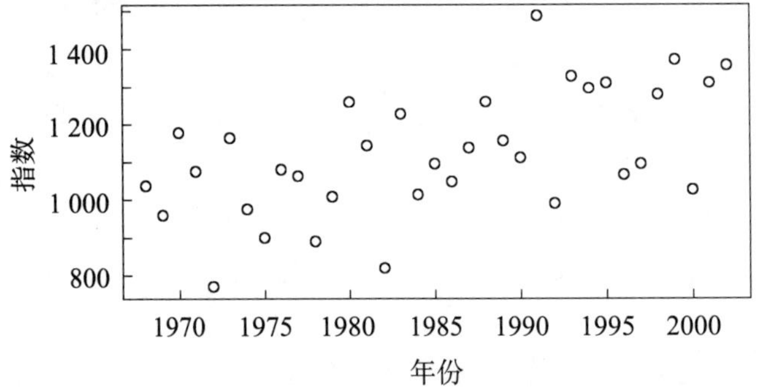

图 2.1 过去 35 年纽约拉瓜迪亚机场的 CDD。CDD 数值有明显的上升趋势,表示变暖

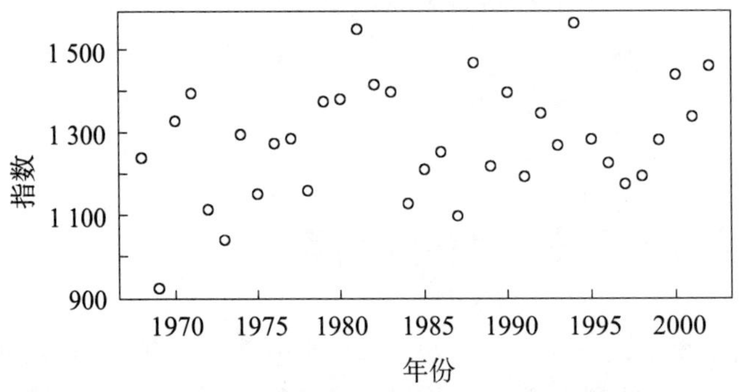

图 2.2 一段平稳的白噪声。这里选择了与纽约拉瓜迪亚机场 CDD 相近的数值。这里明显的趋势说明了区分真实趋势和纯粹统计趋势的难度

2. **城市化**。较二三十年前,现在的许多气象观测站都处于或邻近更城市化的环境,而这也会引起当地气候的变化。由于(a)混凝土、柏油马路和建筑物覆盖面的增加,使得增大太阳辐射吸收率的同时,也减少了蒸发冷却,以及(b)建筑物、机动车和飞机的散热,这种城市化一般会带来变暖效应。城市化影响并不仅限于当地,这种变暖还会影响到主要城市的下风方向几千米。

3. **人为气候变化**。这种观点认为人类活动,特别是燃烧化石燃料向大气中排放二氧化碳(CO_2)影响了气候系统。这可能会使一些地区变暖而另一些地区变冷,且可能引发大气环流变化。气候系统的动力计算机模型(被称为

大气环流模型,general circulation models,GCMs)已被用来验证这一观点。但相对于实际的气候系统而言,这些模型过于简单,其结果并不完全可信。但该模型在某种程度上也是现实的,它们证明了 20 世纪 CO_2 排放的增加导致了平均水平上的全球变暖。但在较小的空间尺度上,这些模型并未精确到足以说明 CO_2 是否在特定地点引发变暖或特定现象(如飓风或温带风暴)发生变化。例如,由于这种小尺度上的不精确,导致虽然不同科学研究小组在应 44
用全球变暖模型时大致相同,但往往会在个别站点得到截然不同的结果。在相互独立的模型在气候变化的空间型及局地细节上开始达成一致之前,比较明智的做法是假设这些空间型是错误的。反对 CO_2 引起气候变暖的理论认为,是城市化(如上面的第 2 点)和长期的气候变化(如下面的第 4 点)引起变暖。

4. **可预测的内部气候变异性**。这是可能由内部气候过程单独引发的,气候中可预见的长时间范围内的变化。关于随机内部气候变异性的讨论(如上面的第 1 点)涉及由气候变异性中不可预见的随机的部分引起的趋势。几年或几十年时间范围内的气候变异性,是由对短时间内随机发生的现象进行抽样所引起的随机效应决定的。但它也**可能**是可预测的长期气候变异性的一部分。例如,数十年时间范围内的海洋的缓慢变化会对大气产生影响。这些海洋变化可能是震荡的,在这种情况下,我们就会先观察到 10 年或 20 年的上升趋势,接着观察到 10 年或 20 年的下降趋势。

5. **太阳强迫的变异性**。太阳辐射是周期性变化的。它对气候的影响很小,在此可以忽略。

对天气衍生品的定价而言,尝试理解这些原始趋势会在一定程度上帮助我们决定是否应该去除趋势以及是否应该根据趋势合理外推至将来一段时间。若观察到的趋势由于抽样变异性(如上面的第 1 点)导致而并不真实,这些趋势就不应该被去除或外推。当这些趋势是由城市化(如上面的第 2 点)引起时,我们可能应该去除趋势并根据未来城市化率来外推趋势。当这些趋势是受人为影响时(如上面的第 3 点),它们应该被去除或以某一增速外推至未来。最后,当趋势是由可预测的内部气候变异性引起时(如上面的第 4 点),我们应尝试预测这种变异性。在缺乏预测的情况下,我们能做的最正确的事也许是去除过去气候变异性的效应,但不能外推至将来(这被称为持续性预报)。

然而,我们应该如何区分引发历史数据中趋势的起因呢?遗憾的是,我们不可能完全分解趋势发生的各种原因。但还是有一些方法可以初步解释这个问题。

2.2.1　趋势的空间结构 45

我们可以利用世界各地的大量站点数据来研究趋势的空间变化,这可以提供一些它们诱因的信息。例如,人为活动往往会在趋势上产生相当大范围(大到大陆范围)的影响,而城市化影响往往在城市范围内,更为局地化。但由于随机气候变异性、可预测的气候变异性和人为影响都产生在大范围上,所以不能直接从空间范围变化上区分。

Jewson and Brix(2004a)在地图上标明了美国冬季和夏季的最低、最高和平均气温的趋势。图 2.3 表示过去 30 年间的 11 月到 3 月 HDD 的线性趋势速率。

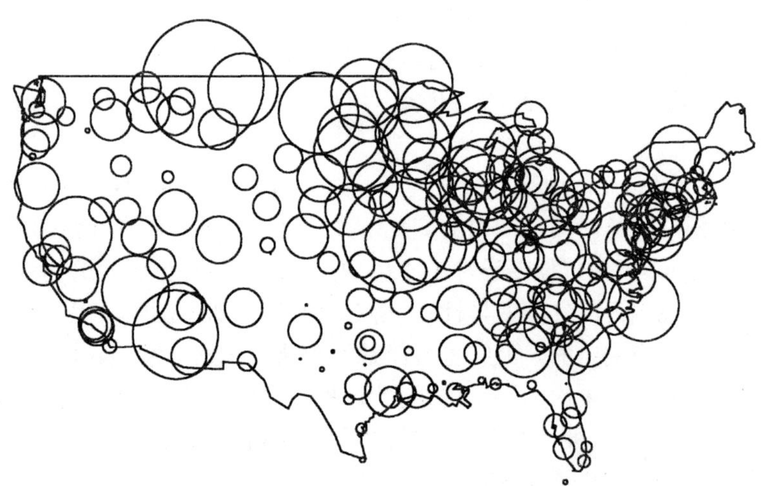

图 2.3　过去 30 年间美国 200 个地区 11 月到 3 月的 HDD 趋势速率

研究结论如下:

- 大多数但并非所有地区都存在变暖趋势;
- 冬季趋势强于夏季趋势;
- 冬季趋势往往具有高的空间相关度,而夏季趋势不具备高的空间相关度;
- 夏季最高温的趋势很弱;
- 夏季最低温趋势强于最高温趋势;

46
- 一些地区冬季最高温度和最低温度表现一致(如美国北部);
- 而在其他地区冬季最高温度和最低温度表现差异很大(如美国南部)。

2.2.2　气候模型

前文已经说明,当今的气候模型还不够精确,不足以给出各站点气候变化趋势的有效信息。但随着电脑性能的增强,模型的精度也在不断提高,在有些时候,不同模型得出的结果也有希望开始取得一致。因此,我们可以将此类模型的信息纳入当地趋势的研究中。就天气衍生品的定价而言,这些模型最重要的作用不是预测未来50年的气候，而是去揭示导致已发生趋势的原因。我们可以用模型模拟近50年的气候，并寻找不同地区不同趋势的成因。假设在气候模型研究中使用不同的模型，得出某地过去30年间的变暖趋势完全是因为人为因素导致的结论。这证明应去除趋势并外推至未来，它还给出了要去除的趋势形状的猜想。另一方面，如果结论认为，大多数趋势是由可预测气候变异性的20年周期的一部分导致，我们就可以用这个周期的形状以及有关周期的任何可得的预测来去除未来一年或未来多年的趋势。此类预报可能会使未来温度偏高或偏低。最后，如果证明趋势与气候随机内部变异性一致，那就不应该去除趋势。

需要再次强调的是，由于气候模型和电脑性能的限制，现在此类研究仍无法进行，但可能在未来几年成为现实。

2.2.3　城市化研究

通过对各个观测站自然环境的研究，我们可以判断它们是否受到城市化的 47
强烈影响。如果存在两个临近站点，其中之一经历了城市化而另一个没有，则两者的差异可以大致表明，这种城市化给前者带来了怎样的影响。在此基础上，如果该站点受到了城市化的强烈影响，除非有理由证明城市化在不远的将来可逆，否则就应该去除此趋势。

例如，我们将纽约拉瓜迪亚机场的CDD指数与纽约中央公园的CDD指数对比。这两个站点仅距几英里之遥，但在过去三四十年间拉瓜迪亚地区新增了许多建筑，而与此同期中央公园则变化不大。图2.4描绘了两个站点的历史CDD指数，显示出线性趋势。两条曲线的巨大差异显而易见，趋势线的显著性检验表明，中央公园并未达到显著水平（$p=34\%$），而拉瓜迪亚则达到显著水平（$p=0.06\%$）。

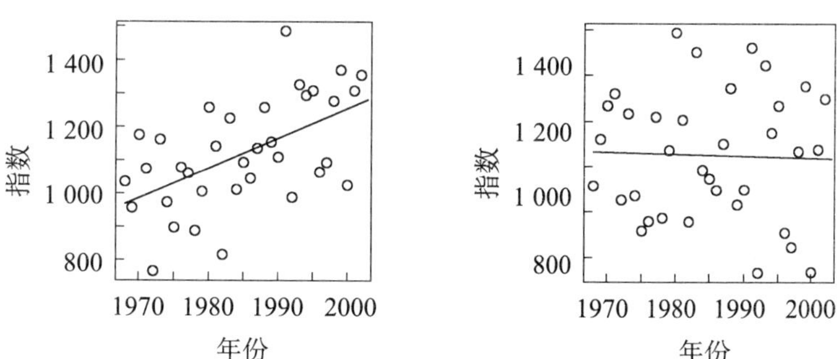

图2.4　纽约拉瓜迪亚和纽约中央公园的夏季CDD历史数据。虽然这两个站点位置接近，但前者变暖趋势显著而后者则不够显著。这表明，拉瓜迪亚的变暖趋势是由城市化而非大范围的气候效应造成的

2.3 在实践中去除趋势

我们已经对趋势的一些可能成因进行了讨论,并提出了许多可以更详细地了解趋势的方法。很显然,我们现在很难确定趋势的起源。我们仅有两个重要
48 的结论:(a)许多数据集确实存在真实的(非随机)趋势;(b)现在最好应用统计模型而不是气候模型来解释这些趋势。我们现在开始探讨,如何实际地对历史时间序列进行识别、建模并去除趋势。

为一个趋势及其残差数据的分布建模,在数学上最具一致性的方法是,假定趋势的形状参数和残差的分布参数,并用最大似然法估算所有参数。由于这种方法相对复杂,所以在天气衍生品市场中很少使用。人们多是采用一种简化方法,分别对趋势和分布进行分步估算,这也是我们会在下文讲到的方法。当采用这种分离方法时,会存在一些小的数学意义上的不一致,但它有一些实际的优势且易于应用。我们将在下文讨论趋势拟合,并在第4章讨论分布拟合。

对基于每日实测数据的天气衍生品而言,我们在去除趋势时有两种选择:(a)从历史日度数据序列中去除趋势;或者(b)从历史指数时间序列中去除趋势。由于季节原因,日度气温序列趋势更为复杂,因此我们优先采用历史指数时间序列。

2.3.1 指数时间序列的去趋势

与日度数据序列相比,从指数时间序列中去除趋势的主要好处在于将日度气温的各种可能趋势对指数产生的影响综合起来考量。换句话说,如果我们对日度气温进行处理,理想情况下我们应该考虑均值、变异性、相关关系结构、极值以及在一年中不同时段的趋势等。如果我们是对指数值进行处理,至少在期望指数的估计上,我们可以忽略这些来源不同的趋势,而仅简单考虑这一数字的平均水平。

可用来去除指数时间序列趋势的趋势类型很多,在此我们不能一一列举。但我们选择了一些最为常用的方法:线性、分段线性、二次、指数、滑动平均和局部加权回归散点平滑(loess)。为了说明这几种类型,图2.5为伦敦希思罗机场HDD指数的这几种类型的趋势拟合。

49 对于所有的趋势类型,我们的模型假设是用趋势 r_i 和一些随机变量 e_i 的总和代表第 i 年的历史指数 x_i。

$$x_i = r_i + e_i \quad i = 1, \cdots, N_y \tag{2.1}$$

此处 N_y 代表数据的年份。

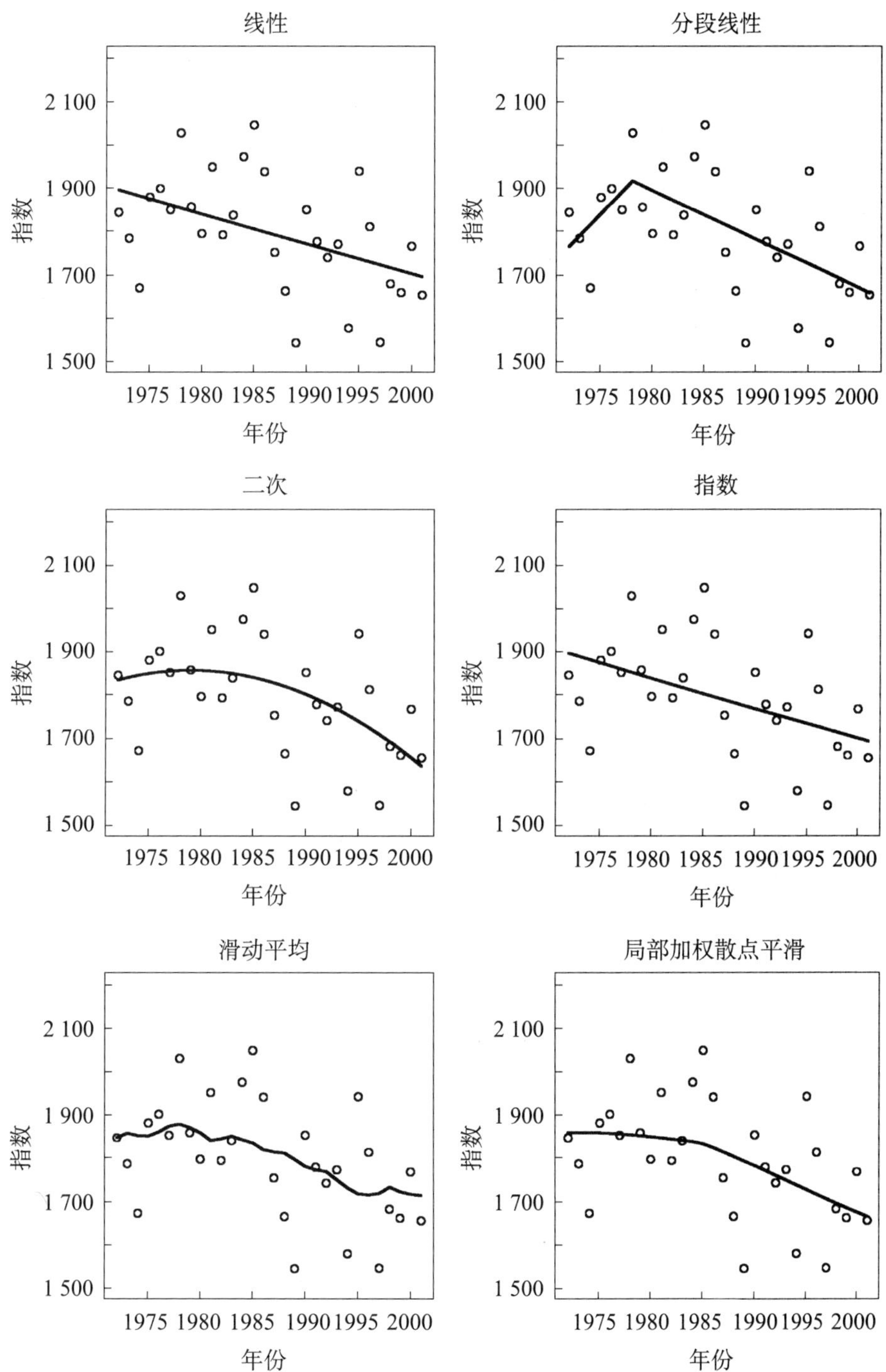

图 2.5 文中六种趋势类型示例，均拟合于 1972—2001 年伦敦希思罗机场 11 月至 3 月的 HDD 指数

50 此处假定 e_i 独立且同分布，期望值为 0。然后，定义去趋势指数 x'_i 为：

$$x'_i = x_i - \hat{r}_i + \hat{r}N_y \tag{2.2}$$

这样添加 $\hat{r}N_y$ 保证了所有指数都在最后指数水平上——即去趋势后的指数和第 N_y 年的气候一致。$\hat{r}N_y$ 有时也被称为枢轴量（pivot）。合约通常会开始于历史指数结束的前一年或多年，在这种情况下，我们可能需要应用替代方程将趋势外推至第 N_{y+k} 年。

$$x'_i = x_i - \hat{r}_i + \hat{r}N_{y+k} \tag{2.3}$$

此处我们用 $\hat{r}N_{y+k}$ 替换 $\hat{r}N_y$

参数趋势

因为线性、分段线性、二次和指数趋势都具有固定的形状，而且这个形状可由少数参数部分调节，因此它们是参数趋势。这些参数通常是从历史数据中应用误差平方和 $\sum_{i=1}^{N_y} e_i^2$ 的分析或数值最小化得到。①

y_i 表示指数 i 的年份，线性、二次和指数趋势 r_i 由下式参数化得到：

$$r_i = a + by_i \text{（线性）}$$

$$r_i = a + by_i + cy_i^2 \text{（二次）}$$

$$r_i = a\exp(by_i) \text{（指数）}$$

而分段线性趋势则由下式参数化得到：

$$r_i = \begin{cases} a_1 + b_1 y_i & i \leqslant i_0 \\ a_2 + b_2 y_i & i \geqslant i_0 \end{cases} \tag{2.4}$$

分段线性趋势同样有限制条件——趋势在断点必须是连续的——即 $a_1 + b_1 y_{i0} = a_2 + b_2 y_{i0}$。两部分趋势相连的年份 i_0，作为一个参数和其他参数一起拟合。

51 线性趋势的参数 a 和 b 由下式得到：

$$\hat{a} = \frac{S_{yy}S_x - S_y S_{xy}}{\Delta}, \quad \hat{b} = \frac{N_y S_{xy} - S_x S_y}{\Delta} \tag{2.5}$$

其中

$$\Delta = N_y S_{yy} - S_y^2, \quad S_y = \sum_{i=1}^{N_y} y_i, \quad S_x = \sum_{i=1}^{N_y} x_i,$$

$$S_{yy} = \sum_{i=1}^{N_y} y_i^2, \quad S_{xy} = \sum_{i=1}^{N_y} y_i x_i \tag{2.6}$$

① 上文提及分别去除趋势和拟合残差分布会导致数学上的微小不一致。其中之一是，在通过最小化误差平方和拟合趋势时，我们实际上是假定残差服从正态分布。但随后我们可能遇到一个并不是正态分布的残差。如果残差不服从正态分布，则通过最小化误差平方和拟合趋势就不是最大似然法。当残差近似服从正态分布时没有影响。但如果残差分布与正态分布相去甚远，则会产生影响。

其他情况下的参数估计表达式可由附录 A 中的一般形式推导得到。

非参数趋势

滑动平均和局部加权回归散点平滑是没有固定形状的非参数趋势,但可以从数据中直接获得它们的形状。当参数趋势不能提供一个令人满意的趋势形状近似时,就可以使用非参数趋势。在实践中,当使用多年(如四五十年)的数据时,非参数趋势往往更为可行。当数据期限较短时,参数趋势的拟合效果可能与真实趋势更为接近,但随着数据年份的增加,近似精度开始下降。在两种非参数趋势中,滑动平均法较为简单,这里第 i 年的趋势由临近年份的平均值估算得到:

$$r_i = \frac{1}{2w+1}\sum_{i=-w}^{w} x_{i+w} \tag{2.7}$$

我们通常把临近的年份 $2w+1$,称为窗口长度。在这种方法的拓展形式中,与基准相距较近的年份比较远年份的权重贡献要大。但滑动平均估计的最大缺点是,它不能将趋势外推至历史记录年份之外。

局部加权回归散点平滑趋势(Cleveland and Devlin,1988)采用局部参数回归。如线性局部加权回归散点平滑是通过加权线性回归估算第 i 年的趋势,其临近年份权重最大。局部加权回归散点平滑法优于滑动平均法的一点在于,它确实能将趋势外推至历史记录年份之外。局部加权回归散点平滑有一个控制拟合趋势平滑度的参数。在此参数的一个极值处,趋势接近于穿过每一个数据 52
点,而在另一个极值时,趋势又接近于线性。因为参数的不同,同一个趋势模型可能会产生一系列不同的结果。

表 2.1 展示了分别用 10 年、20 年和 30 年数据及七种方法:无趋势法和以上六种趋势法,计算得到的伦敦希思罗的 HDD 的平均值和标准差。我们可以看出不同模型计算结果的差异明显,但很难知道哪一种最为精确。我们将在 2.4 节中探讨能够尝试回答这个问题的一些方法。

表 2.1　不同年份长度历史数据及不同趋势假设下的伦敦希思罗 11 月至 3 月 HDD 结算指数的平均值和标准差

	10 年 平均值	10 年 标准差	20 年 平均值	20 年 标准差	30 年 平均值	30 年 标准差
无趋势	1 712.65	116.91	1 764.18	140.48	1 794.16	132.99
线性	1 672.92	120.72	1 654.88	126.26	1 694.34	120.47
分段线性	1 672.92	120.72	1 689.61	126.19	1 656.36	113.46
二次	1 669.40	129.03	1 684.19	128.86	1 632.23	118.34
指数	1 671.25	117.14	1 654.68	118.72	1 690.70	114.39
滑动平均	1 709.73	116.75	1 709.73	131.66	1 709.73	116.89
局部加权散点平滑	1 670.84	131.01	1 681.94	129.76	1 660.75	117.95

混合趋势模型

我们有时会用到混合了以上两种趋势类型的趋势模型。一个模型用来定义枢轴量而另一个模型用来定义残差。应用这种方法的依据在于，一些模型能更好地定义正确的指数均值，而另一些模型能更好地定义均值的变异性。

2.3.2 趋势的敏感性

参数趋势估算的主要问题之一是，估算过程得到的参数可能不够准确。采用附录 A 中的数学方法，我们可以推算出这种估计的不确定度。例如，线性趋势的估计参数 $\hat{a}$ 和 $\hat{b}$ 的不确定度，由这些估计参数的方差表示，如下式：

$$\sigma_a^2 = \frac{S_{xx}}{\Delta} \tag{2.8}$$

$$\sigma_b^2 = \frac{N_y}{\Delta}$$

53 这些参数估计的相关性由 $\rho = \frac{-S_x}{\sqrt{N_y S_{xx}}}$给出。

在实践中，通过数字检验不确定度的大小很有意义。以伦敦希思罗机场过去 30 年 11 月至 3 月数据的 HDD 指数为例，我们得到 $\hat{a} = 3\ 559.1$，$\hat{b} = -0.932\ 75$，$\sigma_a = 71.04$，$\sigma_b = 1.594$。

我们可以发现，趋势估计参数 $\hat{b}$ 为负值，表明一个下降（变暖）趋势，但这同样非常不确定。这就导致在估计趋势值 $\hat{r}N_y$、去趋势参数 x'_i 和去趋势指数的平均值和标准差时，存在着很大的不确定度。

在这个例子中，趋势模型的估计期望指数为 1 694.34，而其不确定度为 42.9。

上文给出的参数不确定度表达式说明，使用年份较长的数据会提高参数估算的准确度，因此更为可取。但这仅在趋势模型完全准确情况下成立，而数据年份越长，趋势模型越不可能完全正确。因此，对于特定趋势而言，最优年数应该是这两种效应的权衡。

2.4 应该采用哪种趋势类型及多长年限的历史数据

到目前为止，我们仍没有确定应该采用多长年限的数据（10 年是否优于 50 年?），或应采用哪种趋势拟合（线性还是局部加权回归散点平滑等?）。这两个问题紧密相关。如果数据质量较高，且我们有信心去除趋势，那么我们就可以采用年限尽可能长的数据以使统计估算更加精确。另一方面，如果我们并不确定趋势形状，那么采用年限较短的数据可能更为合理：使用还未正确去除趋势的额外数据，可能会降低结果的精确度。而且，不论趋势形状如何，只要它缓慢变化，就可以在短期内由线性趋势良好近似，而对长期而言则并不可行。

确定使用年数的方法之一是，绘制一张去趋势指数的平均值和标准差作为所使用年数的函数的图表。图 2.6 给出了这样一个实例，我们也已标出了由式(2.8)推出的指数平均值和标准差的不确定度。

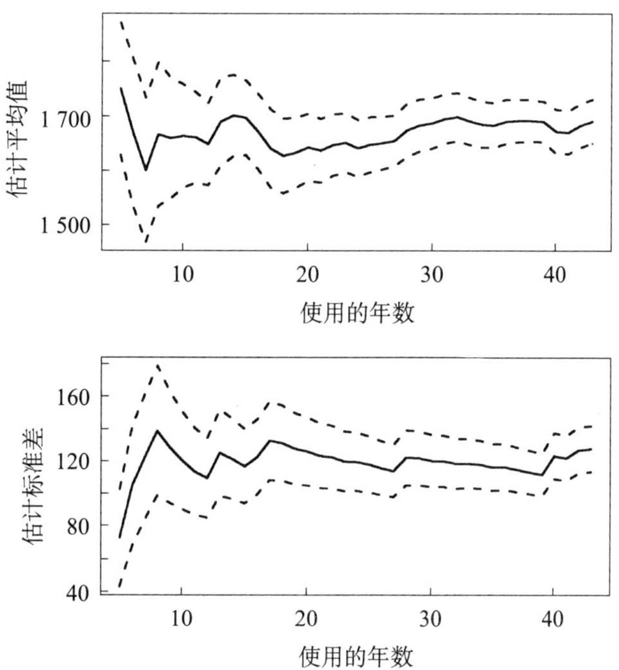

图 2.6　上图为伦敦希思罗机场 11 月至 3 月 HDD 的估计指数平均值为所使用历史数据年数的函数。已去除了各时段数据的线性趋势。虚线表示围绕估计平均值的不确定度，即平均值加上或减去一个标准差。下图与上图相同，只是表示的是 HDD 指数的估计标准差

从这些图表中我们很容易看出结果对采用数据年限的敏感性。但是，它们并不能说明哪种才是最佳选择。

2.4.1　回溯检验　54

也许唯一能够回答应该使用多长年限的数据和哪种趋势的方法就是回溯检验或是倒推法。它们需要回答这样一个问题：使用哪种趋势和数据年数的组合，才能在过去取得良好的效果。① 回溯检验法最主要的假设是，在过去发生作用的因素在将来同样会起作用，换句话说，影响过去年份变量数值的同类型趋势，仍将会影响未来一年的变量数值。这并不一定正确，但回溯检验法确实使我们无须主观假定趋势的类型及使用数据的长度。我们可以尝试多种趋势类

① 遗憾的是，我们仍需确定在过去多长时间内进行回溯检验，从某种意义来说，我们只是在另一个水平上确定所需的数据年限。

型和多种数据长度,而最佳的选择由该方法决定。

55 我们对美国 200 个站点的气温数据进行了回溯检验研究,在 Jewson and Brix(2004b)中对结论进行了详细的论述。我们发现,在所考虑的站点和时段内,因为变暖趋势的存在,不去除趋势会导致一个平均误差或偏差。所用数据年限越长,误差就越大。去趋势可以消除这一误差:利用局部加权回归散点平滑法外推能最有效地消除偏差。但去趋势又带来了另一个问题,即误差的标准差增大。对短期数据和非参数法而言,这极为糟糕,且外推时还会更加糟糕。平均绝对误差(mean absolute error,MAE)和均方根误差(root mean square error,RMSE)是两种能够识别误差大小,并将误差的平均值和标准差信息结合起来的方法。在研究这些方法时我们发现,对于无趋势方法而言,其最佳数据年限在 5 年和 20 年之间。年限变短时偏差减小,但由于误差标准差的增大,RMSE 和 MAE 也会相应增大。当年限变长时,标准差会减小,但 RMSE 和 MAE 会随偏差的增大而增大。我们讨论到的去趋势方法(线性和局部加权回归散点平滑)随数据量的增大效果更佳,这可能是由于趋势更优且估算效果更好。在我们考虑过的所有方法中(包括在最多 30 年数据中使用的方法),最好的方法是无趋势组合 10 年数据以及线性趋势组合 30 年数据。图 2.7 中 HDD 的冬季值证明了这一观点。实线表示 RMSE 的非去趋势值,虚线表示线性去趋势值,点划线表示局部加权回归散点平滑为 0.9 时的去趋势值,而点线表示局部加权回归散点平滑为 0.6 时的去趋势值。

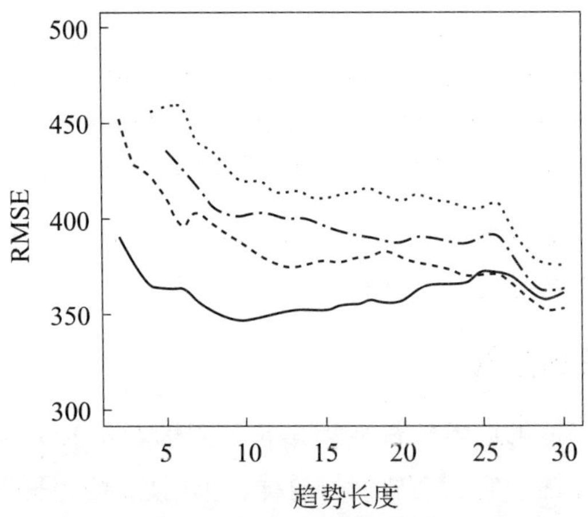

图 2.7 过去 50 年应用不同去趋势方法得出的 RMSE,基于 200 个美国站点的平均

在另一篇文章中(Jewson,2004i),我们建立了一个简单模型来解释这些回溯检验结果。回溯检验的研究结果表明,当对一系列趋势较弱的数据进行去趋势处理时,一般可以预期得到怎样的表现。结论是,只有在使用多年数据时,才值得为趋势建立模型。即使趋势真实存在,由于预测标准差的增加,仅用几年的数据来对趋势建模弊大于利。

2.4.2　日度时间序列的去趋势

到目前为止，我们已经考虑了历史指数时间序列的去趋势处理。但如果要用日度气温值拟合一个统计模型以对天气衍生品的支付函数建模（第 6 章会详 56
细讨论这种方法）的话，我们就需要一个应用日度值而不是指数值的趋势模型。而且，对仅为一个月或一周的短期合约，无论采用哪种建模方法，日度水平上的趋势建模都可能效果更佳，因为它更好地利用了可得数据。图 2.8 是应用芝加哥奥黑尔机场过去 30 年每一星期的日度气温数据（即用基于指数的去趋势方法）计算得到的趋势。估计趋势的正负变动幅度很大，我们认为这并不合理：可 57
能的情况是，至少在周与周之间和月与月之间，趋势是相当平稳的，即便季节与季节之间的变动很明显。将这一思路与基于指数的去趋势结合：我们对周度估计值进行平滑，得到一条反映一年内不同时点趋势的平滑曲线。这种做法将合约周（合约期限为一周）以外的趋势信息带入并对合约周本身产生影响，使我们能更精确地估计合约周的趋势。在采用基于日度温度去趋势法来处理季节间变化徐缓的趋势时，平滑过程会自动完成。

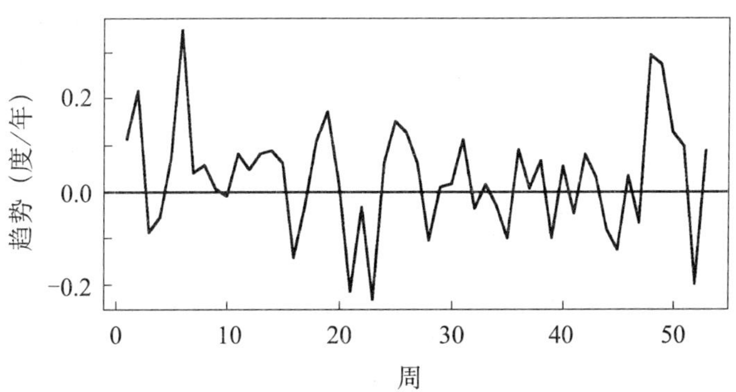

图 2.8　1972—2002 年间芝加哥奥黑尔机场各星期对应的历年平均温度的线性趋势的斜率。我们发现，估计趋势正负变动很大，表明估计值不确定度很高

就像指数去趋势那样，线性趋势是最简单的日度去趋势模型。那么我们可将线性趋势模型推广以包括那些斜率在一年中随时间变化而变动的趋势，且可以像处理指数趋势一样，应用更多的复杂形状，如局部加权回归散点平滑。

去除温度高阶统计量中的趋势也是可能的。例如，我们可以试图估计标准差中的趋势。研究趋势虽然都是基于一些理论假说，但实际上这些趋势的存在确实也是说得通的。人为影响可能会引起风暴路径改变，这必将在很大区域范围内改变天气变异性，或者向上或者向下。城市化效应中有一部分包含路面交通和空中交通日度或季度的变化，这也可能增加天气变异性。可预测的气候变异性也可能对大气不稳定性和变异性的来源产生影响，而且最终，在随机噪声的任一短时间序列中,我们可以预见基于序列不同片断求标准差估计或方差估计会得到不同的值,由此可能给人一种幻觉:存在一个变动方差的不自然的趋势。

2.5 结论

我们对于趋势的最主要结论是,我们很难准确分析并判定采用多少年的数据以及采用哪种类型的趋势才是最佳策略。回溯检验的研究可以显示对某一特定站点而言,在过去什么方法是行之有效的,但这对未来并不一定有效,因为这些方法涉及许多站点的数据平均处理,而且未来气候的变化不可能总和过去一样。除此之外,我们可以做一些直观上合理的假设,并确保我们了解这些假设中的不确定性的影响,以及这种不确定性对定价的影响。

58

2.6 延伸阅读

令人遗憾的是,现在尚无统一的气象数据信息来源:信息必须以国家为单位逐个查找。仅有私人部门尝试去整合此类信息,所以我们可能从私人提供者手中买到一些国家的元数据。

Jewson and Whitehead(2001)已经分析了天气预报数据和气候数据的差异。已经有一些文献关注到了在理想状态下,如何识别气象时间序列的跳变问题:如 Karl and Williams(1987),Easterling and Peterson(1995)以及 Allen and DeGaetano(2000)。Jones(1999)发表了一篇关于如何处理观测数据时所遇问题的综述类文章。Boissonnade et al. (2002)、Henderson et al. (2002)及 Jewson et al. (2003c)也对天气衍生品下的数据问题进行了探讨。

政府间气候变化专门委员会(Intergovernmental Panel on Climate Change, IPCC)报告中(IPCC,2001)包括了全球变暖的大多数研究,但其报告中气候预测的基础经济学假设受到了一些经济学家(*The Economist*,2003)的猛烈批判。Baker(2003)给出了一个局外人对全球气候变化科学的有趣看法。如果你想在电脑上运行一个气候模型,那么你可以阅读 Allen(1999)并访问 http://www.climateprediction.net。那里有许多对长期气候变化可能的可预测性的研究,如 Sutton and Allen(1997)。

Easterling(2001)近期对气候变化趋势,特别是极端趋势,发表了一篇综述性文章。Brix et al. (2002)及 Henderson et al. (2002)对温度指数去趋势的相关问题进行了探讨。

第3章　单一合约的估值：燃耗分析法

我们从第1章中可见，天气衍生品的定价多是基于精算方法，即对单个合约 59
或投资组合所有可能财务结果出现的概率进行估算。在本章中我们将探究最为直接的一种方法，它可以用来估计单一合约财务结果的价格和分布，即所谓的燃耗分析法(burn analysis)。我们也将考察这种方法其内在的不确定性水平。

3.1　燃耗分析法

燃耗分析法，简称“燃耗”，很简单地基于这样一种想法，即对合约在过去年份里会有什么样的表现进行评估。它的最简形式不过如此，这样一来，毫不夸张地说，用铅笔和纸就能计算——或者说得更实际一些，用一个简单的电子数据表就可以计算。我们将燃耗分析的这一基本形式做一个延伸，以囊括那些在评估合约过去业绩之前要对数据进行去趋势处理的情况。然而燃耗分析法显然并不包含对分布的拟合和对蒙特卡洛模拟的使用。

虽然有时其他方法可能比燃耗分析法更为精确或者能给出更多信息，但是燃耗分析法在近乎所有合约的定价中都是很好的第一步。我们将阐述燃耗分析法在互换和期权估价中的具体步骤，然后给出一些例子。

3.1.1　互换的燃耗分析

估计线性互换的公平行权价格

互换的公平行权价格定义为使期望收益为零的行权价格。计算线性互换
的公平行权价格是容易的，因为它就是期望指数。这是因为 60

$$E(p(x)) = E(D(K-x)) = DE(K-x) = D(K-E(x)) \tag{3.1}$$

若 $K=E(x)$，则上式为零。

因此为了计算互换的公平行权价格我们需进行两项操作：

1. 按第 2 章所述得到去趋势的历史指数值 x_i。去趋势可以应用于日度气温，也可以应用于指数值。

2. 计算历史指数值的均值。这是期望指数的一个估计。

估计上限互换的公平行权价格

在大多数情况下，上限互换的上限值都是足够大的，因而至少可以在合约的开始忽略它（在合约的演化过程中如果出现极端天气则期望指数可逼近或者达到上限）。那么上限互换的公平行权价格就可以按与非上限互换相同的方法进行估计。然而如果要将上限考虑在内，则要将上述第二步换成：

2′. 用迭代方法计算期望收益为零的行权价格。

此处使用的迭代方法将在 5. 8 节中讨论。

加入风险载荷

基于上述计算的结果来考虑，什么是互换的合理行权价格？公平行权价格是在合约交易多次的情况下，使参与交易的任何一方既不能从中盈利也不会因此而亏损的行权价格。[①]

然而，公平行权价格并不总是进行互换交易时的合理价格。如果互换是在一级市场中进行的，且一方是对冲者而另一方是纯粹的投机者，那么人们希望行权价格能从公平价格处偏移至倾向于投机者，以奖励投机者承担对冲者的风险。计算这种偏移的最简单方法就是利用互换指数标准差的某一部分——例如，行权价格可以设置为均值加上指数标准差的 20%（20% 是任意选取的）。
61 对线性互换来说，投机者的期望支付由此变为支付分布的标准差的 20%，且支付分布的标准差是最小变动价位乘以指数分布的标准差。如果合约重复多次的话，那么平均而言，投机者会赚钱而对冲者会亏钱。

上面所说用标准差的一部分仅是考虑“风险载荷”（risk loading）的方法之一。其他的考虑风险载荷的方法将在第 8 章中讨论。特别地，我们将讨论当考虑到投机者的整个投资组合中的风险（而非单个合约的风险）发生变化时，投机者应该怎样更加适当地计算其风险载荷。

基于风险载荷原则的使用，做市商会为互换行权价格报出两个值，预备卖出时一个价，预备买进时一个价，一般来说前者高于公平行权价格，后者低于公平行权价格。这意味着，从做市商处买进一个合约然后再直接回售给他会给你造成小的亏损，而做市商将从中获利。

---

① 虽然不常用，但我们注意到：最公平行权价格的一个可供选择的定义是中值收益为零的行权价格。将行权价格设置为中值收益为零意味着各方在某一交易中有 50% 的可能赚钱或者亏钱。但是，如果分布不对称的话，平均而言一方当事者将会在多次交易中占有优势。

支付的分布

如果我们已知互换的行权价格并且想要知道期望支付的大小或者支付的分布，那么我们有第三步和第四步：

3. 计算此互换的历史支付。①

4. 计算历史支付的均值和支付分布的其他需要计算的方面。利用历史支付估计支付分布的具体方法将在3.1.3节中讨论。

3.1.2　期权的燃耗分析

期权的合理权利金是多少？公平权利金，或者公平价格，经常定义为使得期权合约的期望利润为零的价格——此时权利金与期望支付大小相等（且符号相反）。我们将会在第11章中看到，这一价格并不被认为是股票期权的“公平价格”，因为在股票/股票期权市场中存在套利的可能。在某些特定情况下，套利也可能在天气互换/期权市场中出现，我们将会在之后考虑这样的可能，而在大多数情况下将公平价格定义为期望支付是适当的。

我们可以使用以下步骤来计算公平权利金： 62

1. 计算期权的历史支付。

2. 计算历史支付的均值：这是期望支付的一个估计。

加入风险载荷

如果发行人收取期望支付作为权利金，那么，就长时间多次交易平均而言，他不会赚钱也不会亏钱。如同互换一样，这种公平权利金并不是交易时最合理的水平。期权的出售者很可能会由于承担了支出风险而想要得到奖励，因此权利金可能会因加上了风险载荷而稍高于期望支付。

确定这种风险载荷最简单的方法就是使用合约支付标准差的一部分，举个例子来说，价格可能被定为期望支付加上支付的标准差的20%。

同互换一样，做市商可能会因风险载荷为权利金报出高于或者低于期望支付的价格。与互换不同的是，做市商很有可能更愿意买进而非卖出，因为只有卖出会带来不得不大笔支付的风险。报价可能会被调整以反映这一点，而且可能并不关于公平价格对称。

3.1.3　支付的分布

能够估计互换或期权合约可能支付的分布——例如估计不同结果的概率——通常是有用的。用燃耗分析法来做的话，需将历史支付数据进行排序，

① 注意：即便指数已经被去趋势，因而严格来说，它们并没有在历史上出现过，但我们依然用“历史指数”或“历史支付”来指代它们。

然后得出支付分布的累积分布函数。这可以通过给定每个排序后的值一个 0 到 1 之间的概率来实现。由于年份被认为是相互独立的,所以我们在各年中以均等的方式设置概率。为了精确地拟合概率我们需要一个模型,而可供选择的模型有很多。在本书中会一直使用的一种方法是,将第一个概率设为 0 而最后一个概率设为 1。那么第 i 个排序支付值的概率由 i/N_y 给定,这里 N_y 是年数。这一模型给出了真实概率的无偏估计。

如果已经估计出了支付的累积分布函数,我们就可以读取不同事件的概率
63 值,例如触发行权价格或者触发极限值的概率。我们也可以读取给定百分数时的支付,例如支付的中位数(50% 处的支付)。

3.1.4 燃耗分析法中的假设

使用燃耗分析法必须作何假设呢?在使用燃耗分析法之前,可按第 2 章所述的方法对基础历史数据进行清洗和去趋势。由此我们可以假设历史指数时间序列是平稳的,并且与合约进行期间的气候具有统计学上的一致性。之后我们只需再做一个假设以应用燃耗分析法:不同年份的数据值是独立同分布的(实际上这一假设在拟合趋势时已经用到,见 2.3.1 节)。

各年份相互独立这一假设的有效性如何呢?单月合约的历史指数值间隔为 11 个月,对 5 个月的合约来说则间隔 7 个月,等等。在欧洲,气候距平(anomalies)的自相关在大约 1 个月之后就降到接近于零了,这说明年份相互独立这一假设对时长 11 个月及以下的合约来说是有效的。在美国,气候自相关则可以持续至少 6 个月,这主要是由于厄尔尼诺南方涛动(El Niño Southern Oscillation,ENSO)的影响。① 如果 ENSO 效应没有从历史数据中移除,那么这就意味着比 6 个月左右长的合约的历史指数确实不能被认为是相互独立的。不过我们将在第 10 章讨论从历史数据中去除 ENSO 效应的方法(虽然并不完全)。这就可以证明,像在欧洲一样,各年份相互独立这一假设对时长 11 个月及以下的合约是适用的。

对 12 个月时长的合约来说,假设各年份相互独立并不完全适当,因为一年的最后一天确实与下一年的第一天相关。不过这样的合约是非常少的。

3.1.5 例子

我们现在分别给出互换、上限互换和期权的燃耗计算的例子。我们考虑伦
64 敦希思罗 9 月到 3 月的冬季合约,合约基于 HDD 指数。我们使用 44 年的已经去除缺失值和跳变值的清洗后的数据。分析的第一阶段是将这一数据转换为

---

① ENSO 的影响将会在第 9 章中讨论。

指数值:我们44年的数据中只有43个完整的9月到3月的时间段,因此我们基于这些时间段计算了43个历史指数值。这些值显示在图3.1的第一幅中。这些指数值清楚地呈现出一个下降(即增暖)的趋势,然后我们用一个线性趋势模型来去除这一趋势。① 去趋势值显示在图3.1的第二幅中。

一个线性互换的例子

我们现在以最小变动价位5000英镑/HDD来定义一个线性互换。为给这一线性互换定价,我们要计算去趋势指数值的均值和它的标准差,得到1698HDD和128HDD。公平行权价格因而就是1698HDD。一个做市商可能想要以低于或者高于公平价格20%的标准差的价格买进或者卖出这一互换,即分别为1672HDD和1724HDD。

为了估计行权价格为1698HDD的互换的结果的分布,我们将指数值转换为互换支付,结果在图3.1的第三幅中显示。因为互换是线性的,所以指数值的图形与支付的图形相同,除了根据行权价格进行调整并用互换的最小变动价位进行度量。

图3.1的第四幅显示了互换合约支付的累积分布函数的估计。

一个上限互换的例子

现在我们假设上述的互换合约有支付上限为100 000英镑。实际上,上限会设置得比这极端得多(这一合约的上限通常设置为1 000 000英镑);我们选择这一数值是因为它可以将上限的影响很清楚地展现出来。正如我们已经提到的,实际上上限互换的上限通常是足够极端的,因而我们可以将其考虑为线性互换然后应用上面所述的方法。

我们计算上限互换的历史支付,用它们来估计累积分布函数。用这一累积分布函数我们可以计算出当行权价格设置为期望指数时,此互换的期望支付为 -2 572英镑,而非零。这是因为历史指数值并不在期望指数周围均匀分布,并且低于期望指数时的支付没有与高于期望指数时的支付相平衡。

当我们使用迭代方法来计算期望支付为零的行权价格时,我们可以得到 66
1694HDD,这比期望指数的值稍低。这一价格将作为上限互换的公平行权价格。

此上限互换支付的时间序列及分布显示在图3.1的第五幅和第六幅中。

一个期权的例子

现在将我们的例子延伸至一个期权合约结构。我们以高于期望指数25%的标准差的价格定义一个看涨期权——交割价格为1 730英镑。此期权最小变动价位为5 000英镑且上限为1 000 000英镑。

---

① 注意,我们在这一例中对44年数据以及线性趋势的使用纯粹是为了举例说明。我们不必认为这是一种在实际中给这一指数的合约定价的好方法。

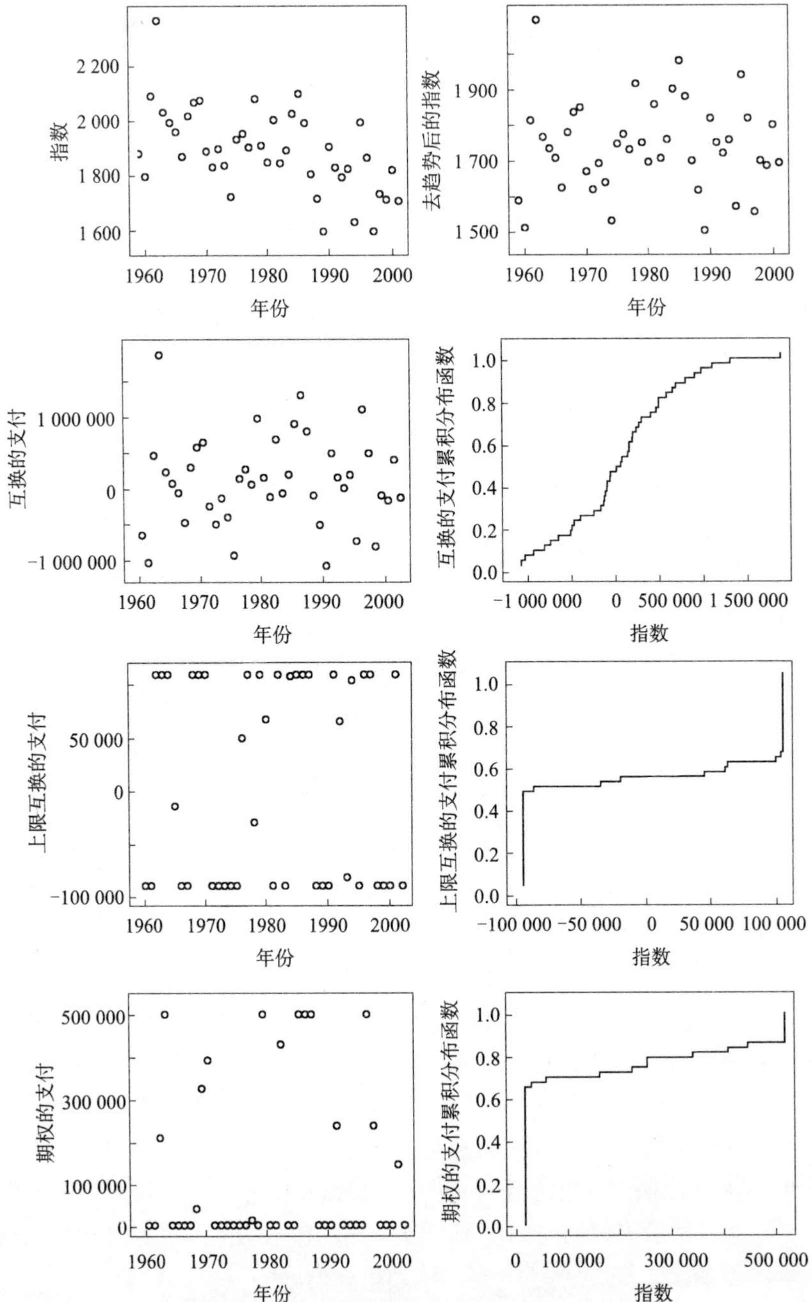

图 3.1 基于伦敦希思罗的三种合约的燃耗分析结果(第 1 幅显示了 43 年的未去趋势历史指数值。这些值呈现出明显的趋势。第 2 幅显示了去除线性趋势后的相同指数值。第 3 幅显示了基于这一指数的线性互换的历史支付。第 4 幅显示了从这些历史支付中估计出的累积分布函数。第 5 幅显示了基于这一指数的上限互换的历史支付,上限被有意地设置为不切实际的低值以说明问题的关键。第 6 幅显示了从上限互换历史支付中估计出的累积分布函数。第 7 幅显示了基于这一指数的看涨期权的历史支付,而第 8 幅则显示了这一看涨期权的累积分布函数)

这种情况下的燃耗支付显示在图 3.1 的第七幅中。这些支付的期望为 116 731英镑，标准差为 191 025 英镑。公平权利金因此为 116 731 英镑，而加入标准差的 20% 作为风险溢价的做市商可能会提出以 78 526 英镑买进或者以 154 936 英镑卖出。

收益累积分布函数的估计显示在图 3.1 的最后一幅。注意垂直部分表明有很大的概率获得零支付。

讨　论

燃耗分析法有什么优缺点呢？燃耗分析法的**优点**是非常简单，并且正如上面所讨论的，它基于的假设很少。所做的假设尽可能少是重要的：当我们在为数据建模而做出假设时，我们会增加一些信息，但任何假设都不是绝对正确的，因此我们也同时引进了误差。之后我们将会展示一些在某些情况下比燃耗分析法更加精确的方法，因为它们所使用的假设要么增加了信息，要么使得我们可以更加有效地利用获得的数据，或者这两者都具备。不过，当这些假设出现错误时，这些方法可能得到比燃耗分析法更差的结果，即使它们复杂得多。复杂并不等同于精确。燃耗分析法的主要**缺点**是，我们不知道那些比在我们所考虑历史时段内发生过的事件更极端的事件的概率大小，并且逐步估计累积分布函数也相当地不现实。

3.1.6　交易模拟及交易大型投资组合的好处

我们现在来考虑每次出售单个合约会得到什么样的结果。我们在数值试验中重复模拟单个期权合约的交易，图 3.2 展示了数值试验的结果。在每一个
时间点上发行者发行一个期权合约，获得与公平价值相同的权利金，如果必要 67
的话，他还会履行偿付义务。连续结算指数被认为是相互独立的。我们做出了利润与偿付次数之比的曲线，可以看出它是逐渐趋近于零的。

很清楚的是，发行者应该收取得比期望支付更多以在长期交易中获益。例如，他可能会选择收取比期望支付高出标准差的 10% 的价格作为权利金。长期来看，他将获得标准差的 10% 的平均利润。不过，就短期而言，他还是很可能会亏损。交易模拟中的第二条曲线表明：即使我们在权利金中考虑了风险载荷，投机者在前 22 年也不会赚钱。

大多数投机者更加关心这一季度而非长期的合约的结果。没有好的短期结果就不会有长期的存在，因为交易将会被持有者关闭。我们可以从这里得出两个结论：

1. 对发行者来说，单一合约具有很大风险，因为有很大概率会亏损。收取很高的权利金可以解决这一问题，但这样一来没人会购买合约。在第 7 章中我们将
基于多样化和对冲的想法考虑一些更加合理的通过出售天气衍生品获益的策略。 68

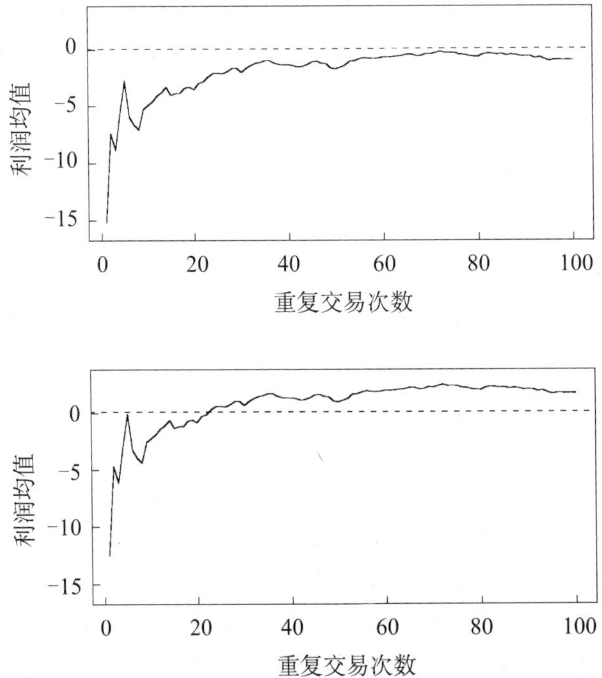

图 3.2 假设指数相互独立时重复交易同一期权的交易模拟结果(在上幅中我们假想期权以公平价格交易,因此利润和亏损最终趋向于零。在下幅中我们加入了标准差的10%作为风险加载,因此利润最终趋向于正值。不过在到达最终值之前还是有相当大的震荡及亏损的时段)

2. 期望支付的估计并不是收取权利金的一个很有用的测度,就其本身而言,也不是管理投资组合的有效方法,因为它只告诉了我们长期平均状况下会发生什么。但长期平均状况通常不是我们关注的重点。这一季度赚钱或者亏钱的概率可能更为重要。

3.1.7 价格的不确定性:抽样误差的影响

我们现在来考虑统计学或抽样不确定性对燃耗分析法的影响。

历史指数的均值仅是真实期望指数的一个估计,而燃耗支付的均值也仅是真实的合约期望支付的一个估计。在上面的例子中,我们使用了44年的数据。这些年份有可能不同寻常地暖或冷,因此我们的结果对于未来的可能结果的分布可能并不具有代表性。我们现在来探究这些不确定性会在多大程度上影响我们对期望指数、期望支付和支付分布的估计。我们假设指数服从正态分布,且期望 $\mu = 1\ 700$,标准差 $\sigma = 120$。[①]

① 伦敦希思罗11月至3月HDD指数的粗略准确值。

期望指数的不确定性

我们首先考虑指数的期望。对于没有去趋势的数据,有一个著名的数学理论告诉我们:我们对基于样本的期望指数的估计服从正态分布,这一分布的均值等于实际未知的均值 μ,且标准差为 $\frac{\sigma_x}{\sqrt{N_y}}$,这里 σ_x 是实际未知的标准差。这一标准差经常被称作**标准误差**(standard error)。应用这一公式可知,9 年数据得出的期望指数的标准误差等于标准差的 1/3,16 年数据得出的是 1/4,25 年数据得出的是 1/5,以此类推。作为一个例子,我们把用 10 年、20 年、30 年和 40 年数据计算出的期望的不确定度制成表格,如表 3.1 的第二列所示。计算 $\frac{\sigma_x}{\sqrt{N_y}}$ 时应用了我们从数据中估计出的 σ_x。

表 3.1　使用 10 年、20 年、30 年和 40 年数据估计出的天气指数的均值及标准差的采样不确定性的估计(我们假设均值为 1 700,标准差为 120)

年数	均值的不确定度	标准差的不确定度
10	37.9	26.8
20	26.8	19.0
30	21.9	15.5
40	19.0	13.4

当数据已经被去趋势时,这一公式不再精确适用,因为数据的自由度已经发生了变化。作为替代,对协变量为线性(线性或局部加权回归散点平滑)的趋 69
势可以使用附录 A 中的解析表达式或蒙特卡洛法。

不过,对于去趋势数据的不确定度,也可以用 $\frac{\sigma_x}{\sqrt{N_y}}$ 规则进行**近似的**估计。这样往往会稍微低估不确定度,不过在大多数情况下它们的差异不大,并且这种方法要简单得多。

指数标准差的不确定性

现在我们来考虑标准差的估计。这同样来自一个分布。对于没有去趋势的数据也有一个简单的公式用于计算这一分布的标准差:$\frac{\sigma_x}{\sqrt{2N_y}}$。这告诉了我们一个相当令人惊讶的结果,即标准差的估计要比期望的估计更加精确。表 3.1也给出了我们的例子中标准差的不确定性水平。

指数分位点的不确定性

现在我们来考虑指数的分布中分位点的估计。概率为 p 的分位点的估计之方差为:

$$方差 \approx \frac{\sigma_x^2}{2N_y}(2 + [\Phi^{-1}(1 - p)]^2) \tag{3.2}$$

这里 Φ^{-1} 是正态分布的累积分布函数的反函数。

期权权利金的不确定度

期权的公平权利金的估计的不确定度是多少呢？为了说明怎样估计这一不确定度，我们考虑一个看涨期权，它的交割价格为期望指数加上标准差的25%。与前面一样，我们假设已经估计出了指数的均值 1 700 和标准差 120。

70 为了估计期权的权利金的不确定度，我们求助于一种有点“强力”的方法，即运用模拟。

模拟按以下方式进行。我们从拟合的指数的累积分布函数中模拟出 100 万年的指数，然后以 40 年为一段进行采样来模拟燃耗过程。我们用每个 40 年长的时间段来产生一个期权的期望支付的估计。

我们也可以用整个 100 万年的模拟数据估计出期权支付的均值和这些支付的分布。我们将这些估计当作“真值”，然后将它们作为与用 40 年的次样本得出的估计的对比基础。

100 万年的数据每 40 年一段可以得到 25 000 个次样本。因此我们可以得到指数和支付的均值、标准差和分布的 25 000 个估计。

从模拟中得到的期权的期望支付的分布显示在图 3.3 中。25 000 个值中，最小的为 4.0，最大的为 76.8。这一分布的期望为 33.37，标准差为 8.8。期望支付的估计值有 10% 的概率比真值高 8.8 以上，或者比真值低 8.6 以上。

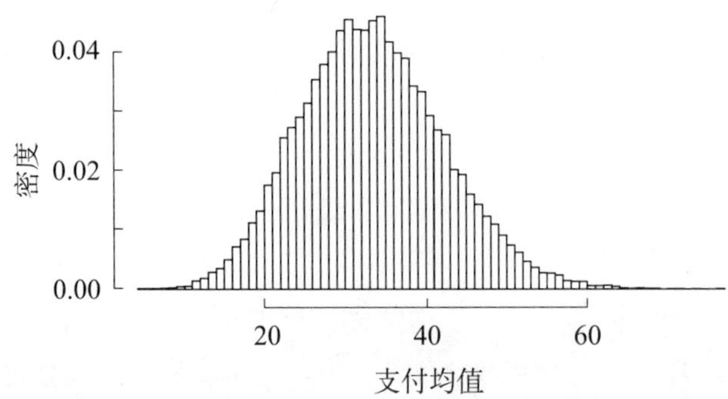

图 3.3 设一指数的均值为 1 700，标准差为 120，行权价格为均值加上标准差的 25%且上限为高于均值 2 个标准差，如果我们使用 40 年的数据来估计一个基于此指数的期权的公平价格，则这就是公平价格的估计所遵从的分布。期望支付分布的均值是 33.34。

期权定价不确定度的线性理论

我们也可以使用误差传递的概念来解析地估计期权的可能支付的分布的分散程度，这样避免了使用模拟的方法并且要方便得多。

支付的标准差可以用指数均值估计的标准差和标准差来表示。我们有 71

$$\mu_p = f(\mu_x, \sigma_x) \tag{3.3}$$

其中 μ_p 是合约的期望支付，μ_x 和 σ_x 分别是指数的均值和标准差。如果我们用指数均值的估计 $\hat{\mu}_x$ 和指数标准差的估计 $\hat{\sigma}_x$ 来计算期望支付 μ_p 的估计 $\hat{\mu}_p$ 的话，那么期望支付的估计的误差就是

$$\mu_p - \hat{\mu}_p = f(\mu_x, \sigma_x) - f(\hat{\mu}_x, \hat{\sigma}_x) \tag{3.4}$$

$$= \frac{\partial f}{\partial \mu} \mathrm{d}\mu + \frac{\partial f}{\partial \sigma} \mathrm{d}\sigma + \cdots \tag{3.5}$$

其中 $\mathrm{d}\mu = \mu_x - \hat{\mu}_x$，$\mathrm{d}\sigma = \sigma_x - \hat{\sigma}_x$。

忽略二阶项，两边同时平方然后求取平均以计算误差的方差，我们得到

$$\sigma_{\mu_p}^2 = \left(\frac{\partial f}{\partial \mu}\right)^2 \sigma_{\mu_x}^2 + \left(\frac{\partial f}{\partial \sigma}\right)^2 \sigma_{\sigma_x}^2 \tag{3.6}$$

$$= \left(\frac{\partial f}{\partial \mu}\right)^2 \frac{\sigma_x}{N_y} + \left(\frac{\partial f}{\partial \sigma}\right)^2 \frac{\sigma_x}{2N_y}$$

可见，在期望支付的误差很小这一近似下，期望支付的估计的误差方差可以写成指数均值估计误差的方差 σ_{μ_x} 和指数标准差估计误差的方差 σ_{σ_x} 的线性组合。因此，可以认为期望支付的估计的误差是由指数均值的估计的误差和指数标准差的估计的误差引起的。

对我们的期权来说，偏导数 $\frac{\partial f}{\partial \mu}$ 和 $\frac{\partial f}{\partial \sigma}$ 分别等于 0.296 和 0.204（我们将在 5.1 节中讨论计算这些值的方法）。这样就有

$$\begin{aligned} \sigma_{\mu_p}^2 &= (0.296 \times 120)^2/40 + (0.204 \times 120.0)^2/80 \\ &= 31.5 + 7.5 \\ &= 39 \\ &= 6.2^2 \end{aligned} \tag{3.7}$$

我们可以看到，对这一期权来说，与指数标准差的不确定性相比，指数均值的不 72
确定度是造成期望支付不确定度的重要得多的因素。

我们也可以看出，虽然这一线性理论稍微低估了一些，但它给出了从模拟中得到的更精确结果的一个合理近似。

在实际中，线性理论是快速估计期权价格不确定度的一种有效方法，并且当为期权定价时，我们用式（3.6）计算 $\sigma_{\mu_p}^2$ 来了解这一不确定度是有意义的。

不确定性问题的总结

我们看到燃耗分析法是用于估计期望支付或支付分布的一种合理的非精确的方法。这导致了定价的显著不确定性，因而即便从长期平均地来看，天气合约或者投资组合的利润或者亏损也可能存在显著不确定性。

第 4 章和第 6 章中讨论的定价方法在某些情况下能减少这种不确定性。不过即使在最好的情况下也不能减少很多。但上述对不确定性的分析在使用非燃耗分析的其他方法时也是适用的。这种定价中的不确定性是天气衍生品市场的一个基本特征,所以在天气衍生品定价和交易的整个过程中它都应被考虑。

3.2 延伸阅读

关于指数和期权价格的不确定性分析来自 Jewson(2003j)。

第4章　单一合约的估值：指数模型法

4.1　统计建模方法

我们现在来探讨一种统计建模方法，以期比燃耗分析法更为精确，并可能带来其他方面的收获。原则上，在天气衍生品结算过程中的任何一个阶段我们都可以使用统计建模。例如，对于一个基于 HDD 的合约，其结算过程包含以下阶段：

1. 采集每日最高温及最低温值。
2. 计算日均温。
3. 计算每日 HDD 值。
4. 计算总 HDD 值。
5. 计算支付。

因此我们可以在以下任何一个阶段使用统计建模的方法：

1. 每日的最高温及最低温。
2. 每日的均温。
3. 每日的 HDD 值。
4. 总 HDD 值。
5. 支付值。

我们现在逐一来讨论每个阶段。最高温及最低温的时间序列可以通过随机时间序列来建模。我们可以在图 1.1 中看出温度时间序列的平均值、方差有明显的季节循环和时间上的相关性（自相关）。同时，它们在一定范围的时间滞后期下交叉相关。这是一个复杂的统计建模难题，而关于一系列解决方法的讨论将会在第7章中予以说明。由于只存在一个序列,均温相较而言更易于建模,而且不存在任何的交叉关系。由于所观察到温度的季节性及自相关的原
74 因,即使仅以均温建模也是一个不小的挑战。我们将会在第6章对以均温建模进行详细的探讨。图1.2展示了一个HDD值的逐日时间序列(以曲线下的直方长度表示)。因为存在许多零值,该时间序列显得有些奇怪。尽管最高温、最低温及均温粗略看来都是呈正态分布的,但由于基线的设置方法,我们可以清楚看到HDD数据的分布显然不是正态的。以上原因可能增加了建模的复杂程度,因此,对于逐日HDD时间序列的处理我们不会考虑任何统计建模方法。

图3.1的前两幅图显示了总HDD值。连续数年的值看上去独立可信(就像之前讨论过的那样),而值的分布与图3.1第4幅图所介绍的累积概率分布有着相似的分布形状:显得平滑可控。这意味着总HDD值可以使用一元分布来合理进行建模,而事实上也正是如此。这看起来已经是最简单的建模方法,并在天气衍生品市场上被实践者们广泛运用。我们会在本章中对这样的指数建模进行详细探究。最后,我们来看如何对支付的分布进行建模。对一个互换合约而言,支付分布建模相对简单,而且事实上,对支付分布的建模与对指数分布的建模几乎一样。指数建模通常是一种更优的选择,因为指数分布有平滑尾部而上限互换的支付分布则会受限于其上限值。一个看涨期权合约的支付分布包含了在合约边界点处的两个陡增[统计学上称为“点质量”(point masses),物理学上称为“delta函数”(delta functions)]及其间的一条平滑曲线,因此难以直接对其建模,所以,这再一次说明,对指数进行建模是一种更好的选择。

4.2 对指数分布进行建模[①]

我们已经知道,在所有可能的统计建模方法中,对指数分布进行建模看起来是最简单的。然而这样的方法是否能比第3章所介绍的燃耗分析法更有效呢?对这个问题不能一概而论。如果我们能知道哪一个分布与历史指数拟合最优,我们就可以得到该分布的高精度参数估计,那么当然,指数建模会比燃耗分析法具有更高的准确性。该结果的分布会显得更平滑(也就是更符合实际)并且会通过较为现实的方式延伸到数据以外的尾部。然而,仅仅只有为数不多的理论来告诉我们什么样的分布会拟合这些指数,而且可以用来估算那些分布
75 参数的数据是很少的(同样的数据在燃耗分析法中也会被用到)。结果就是可

① 本书中的“指数分布”是指天气衍生品的标的指数的分布,对应英文原书的“index distribution”,而非统计学中的指数分布,对应英文的“exponential distribution”。——译者注

能存在巨大风险:我们拟合的分布无法接近(未知的)真实分布。这样的话,指数建模法显然就不如燃耗分析法了。

燃耗分析法和指数建模法哪种方法更为精确还取决于被计算的内容。这个问题将在第5章中得到详细阐述,我们将在该章看到燃耗分析法和指数建模由于期望收益及希腊参数(greeks)的不同而产生了其相对精确性的不同。当然,除了精确性之外,还有另一使用指数建模的原因。因为拟合一种分布,尤其是正态分布,能让我们非常有效地来归纳数据。就像我们看到的那样,我们能够简单快速地计算出很多有用的结果。我们已经(在3.1.7小节)看到如何根据均值综合归纳指数数据,同时标准差也可以帮助我们理解估算期望支付中所存在的不确定性,而且我们将在下面看到很多这种类型的简化的例子。

指数建模方法

我们现在开始来详细探讨指数建模方法。

第一步就是选择一个可能精确代表真实未知的指数分布的分布类型,然后我们可以估算出分布的参数,并且对“样本观测值来自这个分布”的假设进行检验(至少对于参数模型),如果检验都通过了,该分布就可以被用来代表未知的指数分布。

离散分布还是连续分布

首先考虑的问题是:我们应该使用离散分布还是连续分布?温度变量可以作为一个连续随机变量出现,但其度量单位通常会舍入到一定程度。在美国,最高温和最低温的度量会对华氏温度取整。当均温作为一个中值来被计算时,它既可以作为一个整数,也可以作为一个半整数(精度为0.5)出现。在欧洲,最高温和最低温通常在以摄氏度计量的情况下保留到小数点后一位,而均温则保留到小数点后两位,其末位可能是0或5。正是由于这样的舍入,造成了在给定期间所测量温度的可能结果只是离散数,因此也只能得到潜在指数值的离散数。这可能使我们得出这样的结论:所有的指数分布都应该采用离散分布。然而,不同的指数可能取值的真实数量通常非常大,甚至数以千计,而寻找拟合这 76
样数据的离散分布,并进行模拟,过程会非常缓慢。实际上,连续分布通常是一个更合理的替代。我们遵循这样的黄金法则:在有超过100个以上指数可能取值的情况下采用连续分布;其他情况下都采用离散分布。

参数分布还是非参数分布

第二个问题:我们应该使用参数分布还是非参数分布?参数分布会用一种特定的形状或形状族来描述分布,然后用历史数据来对少量的参数进行估计,以从现有的形状族中确定出一种恰当的形式。使用这种方法的部分依据在于,被估算的参数的数量远远少于所使用的数据点的数量,所以这些参数能够被合理准确地估算,从而为我们提供了一个相对正确的模型。拟合分布也可以被检验其拟合优度。

一般情况下,在我们查看数据之前,如果我们有充分的理由相信一个给定的参数分布是正确合适的(主要基于之前的经验或理论性的依据),那么我们会通过数据检验该分布;而且,如果它不能被拒绝,我们就应该使用它。这里,我们通过使用额外信息来解决这个问题。

另一方面,如果我们几乎没有理由来确信任何特定的参数分布适合于这些数据,那么除了在总结数据时参数分布法显得便捷以外,就没有多少理由使用该方法。尽管我们可以进行一些随机参数分布检验,但是由于数据通常并不充分,使得检验的结果难以令人信服。在这样的情况下,我们可以使用非参数分布法。

相比于参数法,非参数法仅仅是通过对直接根据历史数据计算出的累积密度函数指数进行平滑,在更小的程度上限制了拟合分布的形状。其中一种方法就是**核密度**法(kernel density)。核密度在每个数据点周围创建一个特定形状的小"密度",并把它们都合并起来。这个方法可以在历史累积密度函数上的点之间进行插值,同时在端点处外推一些。非参数方法的一个缺点就是拟合分布无法被检验,因为从设计之初它就总是贴近拟合数据。

我们现在来更详细地讨论参数分布和非参数分布方法。

77 4.3 参数分布

4.3.1 拟合参数分布的方法

我们应该如何去拟合参数分布中的参数呢?事实上我们有两种拟合参数分布的标准方法:**矩估计法**和**最大似然法**。矩估计法包括估计数据的矩和导出以分布参数表达的这些矩的解析式。可通过求解得到的方程,来导出以矩的形式表示的分布参数的估计。这种解法适用于许多简单的分布,例子详见本章末的参考文献。

尽管矩估计法在大多数情况下已经足够用了,但其不足在于它很难得出被估计参数的不确定性方面的信息。

这个问题可以通过最大似然法来解决,因此最大似然法也是参数估计的理想方法,特别是在分布复杂的情况下。其操作如下:对于一个给定的分布及任何的参数组,我们可以计算出可观察的数据的概率密度(连续分布)或概率(离散分布)。尝试使用不同参数值的过程可能会增加或减少这个概率,参数的最大似然估计可以给出最大的概率。研究最优参数附近的似然函数的形状可以为参数的不确定度及它们误差之间的相关性提供信息。关于最大似然法的详细描述可参见附录 B。

4.3.2 方差估计

对于很多分布而言,矩估计法需要估计数据的方差。怎么做呢? 需要强调的是,在第 2 章中所描述的去趋势法降低了历史指数值中自由度的数目。最简单的方差无偏估计量是

$$\sigma_x^2 = \frac{\sum_{i=1}^{N_y}(x_i - \mu)^2}{N_y - M} \tag{4.1}$$

其中 M 是去趋势过程中剔除的自由度数目。在只有均值被移除的情况下,自由 78
度减 1,而这个表达式也成了方差的标准表达式:

$$\sigma_x^2 = \frac{\sum_{i=1}^{N_y}(x_i - \mu)^2}{N_y - 1} \tag{4.2}$$

在只有少数历史数据被使用的情况下或者在非参数去趋势法下,确保自由度数目的正确性是最重要的,因为它们会剔除大量自由度。

4.3.3 拟合优度检验

使用矩估计法或最大似然法完成分布的参数估计后,下一步就是检验分布的这些最佳参数估计是否能够很好地拟合数据。通常最有效的方法是图解法。首先,我们可以将数据所得的柱状图与模型的概率密度函数(PDF)(连续分布)或概率质量函数(PMF)(离散分布)相比较。图 4.1 的第一幅图就是一个例子。显然我们无法直接通过图形判断其拟合度,并且直观印象取决于柱状图直方的数量。一大改进在于对数据中所得出的累积分布函数与模型进行对比(详见图 4.1 第二幅图)。在这里,模型的累积分布函数和经验的累积分布函数都呈现 S 形曲线。相比第一种方法(对比 PDF 和直方图)而言,该方法更为简单,但事实上仍不易于操作。我们有两种基于直线对比的更好的方法。其一是 QQ 图,画出历史数据分位数与理论模型分位数对比图,拟合正确则显示为一条直线(见图 4.1 第四幅图)。其次是 PP 图(见图 4.1 第三幅图),画出历史数据的概率与理论模型的概率对比图。同样,如果拟合正确则会显示为一条直线。无论是 QQ 图还是 PP 图,都可以被看作其中一个坐标轴通过非线性变换(此变换基于模型,并把模型 CDF 曲线拉直了)被拉伸的 CDF 图。因此,可以旋转 QQ 图及 PP 图的坐标轴以便于其与 CDF 图保持相同的顺序(就像我们在例子中所做的)。这样惯于读 CDF 图的人们就可以相对轻松地查看 QQ 图或 PP 图,反之亦然。

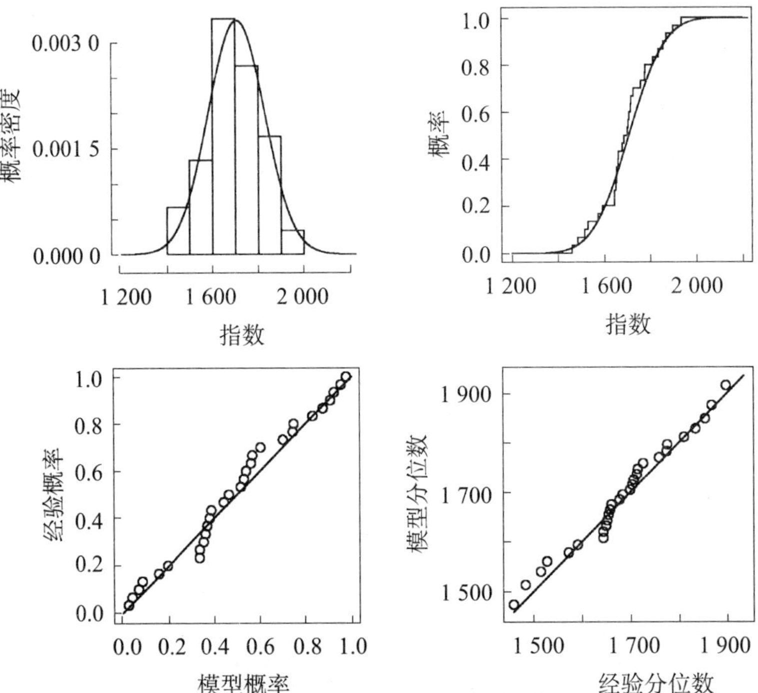

图 4.1 比较拟合分布和数据的不同方法(第一幅展示了拟合 PDF 和数据的直方图之间的对比。第二幅则展示了通过数据得出的拟合 CDF 和经验 CDF 的对比。第三幅和第四幅分别展示了 PP 图和 QQ 图。PP 图和 QQ 图是评估分布拟合优度的最简单方法,因为它们基于直线进行对比)

我们给出了以下 QQ 图及 PP 图的解释规则(绘制时请使用以上惯例):

79 1. 如果较小值时观测值在模型值上方,且较大值时观测值在模型值下方,则意味着理论模型相对于历史数据分散程度低得多。

2. 如果较小值时观测值在模型值下方,且较大值时观测值在模型值上方,则意味着理论模型相对于历史数据分散程度高得多。

3. 如果较小值时观测值在模型值上方,且较大值时观测值在模型值上方,则意味着理论模型相对于历史数据右偏。

4. 如果较小值时观测值在模型值下方,且较大值时观测值在模型值下方,则意味着理论模型相对于历史数据左偏。

置信区间

我们上面提到的分布图检验法的一个难点在于很难判断模型分布与经验分布之间的差异是否显著。即便模型确实是正确的,由于样本有限,其观测值也不会很精确地与该模型吻合。为了解决这一问题,我们将置信区间和已观测
80 到的分布联系到一起。逻辑是这样的:当我们拟合并检验一个分布时,我们做

出这样一个假定,即数据从分布中而来。基于(拟合分布是正确的)这个假定,我们可以使用模拟技术从分布中生成任意多的样本,样本和我们开始使用的历史数据等长。对于每一个样本,我们都可以绘制直接估计的 CDF。通过将经验的 CDF 与模拟的 CDF 进行对比,我们可以评估历史 CDF 是否与假设一致。我们可以选择一个置信水平,比如 90%、95% 或 99%,而不是绘制所有的模拟 CDF。图 4.2 展示了 CDF 的这种方法,尽管这些方法对 PP 图和 QQ 图也适用。第一幅图展示了一个历史的 CDF,且拟合分布在其上方。第二幅图展示了从拟合模型中生成的大量 CDF,而第三幅图展示了基于模拟 CDF 的 90% 的置信区间。对坐标轴上的每个点,通过去掉模拟 CDF 中的最高 5% 和最低 5% 来生成置信区间。在这里,我们可以发现历史数据分布的范围与模型一致。特别是,我们发现模型与实际观测结果在 1 650 附近的偏差并没有带来多少影响。我们的结论是,使用已知的历史数据无法拒绝该模型。这种判断比宣称该模型正确更弱,但根本无法证明该模型正确。所以我们能做的工作就是用更多的测试来检验该模型,如果我们总能够发现我们无法拒绝该模型,那么我们对该模型的信心也会不断增长。

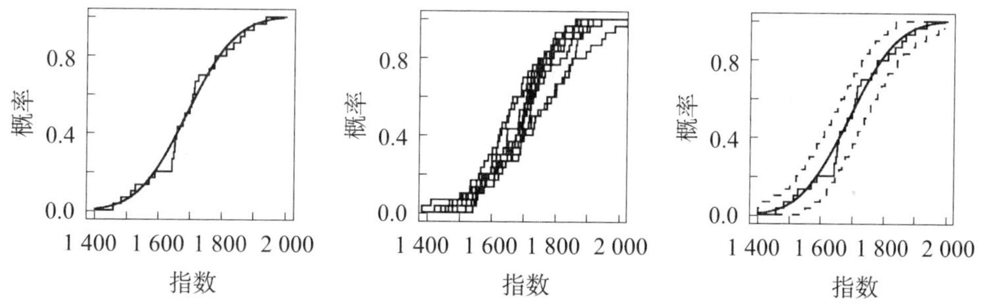

图 4.2　第一幅图展示了从数据中推出的 CDF 及拟合分布,第二幅图展示了从拟合模型中模拟出的一些 CDF,第三幅图展示了基于模拟的实际观测 CDF 的置信限

这种生成置信区间的方法存在一定的缺陷:如果我们在 90% 的置信区间内测试该模型 10 次,平均至少会失败 1 次,即便这是正确的模型。为了弥补这样的缺陷,理想情况下我们需要随着测试次数的增加不断改变置信水平。这样的 81
做法有时会用到,但却相当复杂。

拟合优度的标准数值检验

除了图解法,我们也可以采用数值法检验拟合优度。这些检验会非常详细:每一项检验会着眼于分布的某一特定方面,它们在需要得出不同模型的数量排序时会显得非常有用,但并不一定比图解法更好。主要使用的方法如下:

- **Chi-squared(卡方)检验**:可应用于所有分布,但是功效(power)较小,通常易于通过检验而难以拒绝。

- **Kolmogorov-Smirnov 检验**:同样可应用于所有连续分布,但和卡方法同样功效较低。
- **Anderson-Darling 检验**:应用于所有连续分布,较之前两种方法功效更高,缺点是更加难以应用。
- **Shapiro-Wilk 检验**:这是一个功效较高的检验法,但只能应用于正态分布。

每一个检验都会给出一个检验概率。然后分布会在不同的置信水平上被接受或拒绝。高值表明高拟合度而低值表明低拟合度。低于5%的值通常预示着检验失败。附录C会对这些检验进行详述。

4.3.4 标准日度值及CAT合约的正态性

是否有可以帮助我们为标准合约选择分布的理论基础呢?接下来一节我们将讨论用正态分布来处理标准季度及月度的指数是否合适。

正态分布的争议

美国天气衍生品市场上的标准季度指数是从11月到次年3月的HDD和从5月到9月的CDD。在欧洲市场上则是从11月到次年3月的HDD和从5月到9月的CAT。每一种指数都是一期内所有日度指数值的和,在时间跨度上约为150天。不同的可能指数取值数量通常在数百或数千,因此连续分布是一种
82 合理的近似。就如我们将在下章中看到的,日度温度值的自相关系数在2天中下降到0.5,所以我们可以认为所有这些周期包含了大量独立有效的样本。而且,我们将看到,温度一般接近于正态分布。作为普通的随机变量的和,我们可以应用中心极限定理,从而得到这样的结论:聚合指数可以很好地由正态分布来拟合。事实上接近于正态的单个分布将加快收敛速度。由于使用正态分布会使得总结数据显得相对简单便捷,所以如果我们能下定结论使用正态分布,分析就会比较简便,并且能从正态分布中推导出大量的闭式解。在我们基于中心极限定理假设正态分布之前,还有一些其他相关因素值得考虑。(a)由于气温的季节性周期,我们并不能将每日的日度值当作是一个平稳的过程(详见图1.2,该图清晰展示了每天日度值的季节性周期);(b)对于某些站点而言,很多的每天日度值可能为零;(c)尽管其自相关性在一开始就快速下降,但长期仍保持非零。结果是,中心极限定理就其本身而言,除了作为一个综合定理而告诉我们应该至少尝试使用正态分布外并没有太大用处,而为了判断正态分布是不是确实能为我们所用,我们需要评估数据本身。

Jewson(2004g)分析了美国气温的标准季度和月度指数的正态分布,并得出以下结论:

- 对于冬季的HDD和CAT指数,以及夏季的CDD和CAT指数,正态分布在几乎所有地点都给出了理由充分的拟合;

- 对于基于每个独立冬季月份所得出的 CAT 和 HDD 指数,11 月、1 月、2 月和 3 月在大多数地点都能被正态分布拟合,即便不是所有地点,而 12 月并不服从正态分布,很多位置有一个厚尾;
- 对于基于每个独立夏季月份所得出的 CAT 指数,在各方面都服从正态分布;
- 对于基于每个独立夏季月份所得出的 CDD 指数,总体而言并不是特别符合正态分布,大概是因为温度经常在基线上下浮动,只有在 7 月看起来比较符合正态分布。

我们总结得到:人们可以对季度合约大致使用正态分布,而对月度合约而言就不怎么合适了。特别是,对于基于 12 月气温的合约以及基于夏季月份 CDD 的合约,在使用之前检查正态分布的有效性会显得更明智。

4.3.5 标准合约除正态分布外的其他参数分布法 83

如果一个分布在正态性检验中被拒绝了,即说明理论有误,如果我们执意采用参数分布,那么我们所能做的就是尝试一些标准分布以期能得到某些拟合。事实上存在一系列近似于正态分布但包含一些不对称的分布可供我们选择,其中包括偏正态分布:伽玛分布和对数正态分布。

4.3.6 事件合约的参数分布

一般而言,从事件指数得出的指数值较从日度值得出的指数值要低很多。其结果就是,通常情况下离散分布更为合适。我们介绍 3 种可以用来解决这种合约的参数分布:泊松分布、二项分布及负二项分布。

泊松分布

包含完全随机事件的随机过程被称为泊松过程。在有限时期内泊松过程中事件的数量分布服从泊松分布,且泊松过程中事件的区间的分布服从指数分布。泊松分布起初看起来是一些气象事件——如超过一定临界值的温度等——的合适模型。但有两个问题是:(a)在特定时期内,每日气温超过一定临界值的次数明显不会超过在整个时期的天数,而泊松分布在任何时期都能出现任意数量的事件;(b)气象事件在时间上并不完全独立,而泊松过程中的事件完全独立。

第一个问题不足以扼杀我们使用泊松分布的想法。只要事件的平均数目相较于区间长度而言极小,那么泊松分布给出荒谬结果(比日期数目更多的事件)的概率就很低。泊松分布所面临的第二个问题似乎更加严峻。图 4.3 中第一幅图展示了泊松分布拟合伦敦希思罗机场夏季气温超过 20℃ 的天数的 QQ 图。在 92 天的区间内其分布的平均值为 15.6 天。这个拟合显然非常不好,而实际分布比泊松分布有着更厚的尾部。这意味着,极端事件比通过泊松过程得 84

出的结果更为常见。这恰好是我们所预计的事件的自相关性起到了作用,且符合我们对天气的一贯直觉:炎热的天气总是结伴而来。泊松分布的方差等于其均值,事件聚集的一种结果是指数的方差会趋向高于泊松分布所预期的方差。在这种情况下,统计学家认为观测值是**过度分散**的。

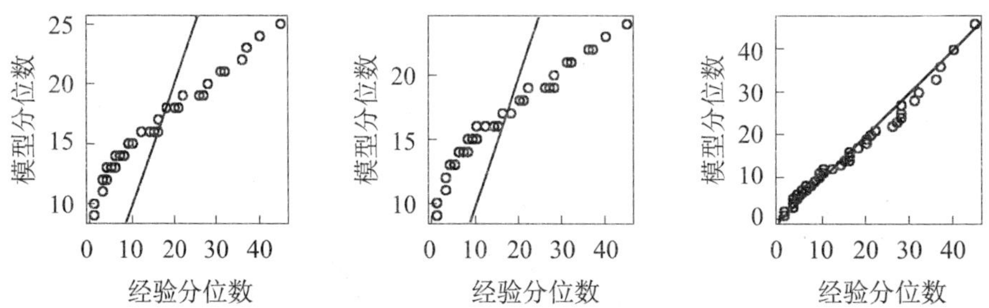

图 4.3 QQ 图展示了极端天气指数的泊松分布、二项分布及负二项分布的拟合优度

事件合约的其他参数分布法

我们在上文中提到泊松分布所面临的一个问题是:理论上,该模型可能会给出比实际合约期限中的天数更多的事件。尽管在事件的平均数目远小于天数的情况下这可能不是一个实际问题,但我们仍然可以考虑通过使事件的数量小于或等于天数来解决这个问题。从数学上来讲,我们可以通过以事件的数量小于或等于天数为限制条件的泊松分布来建模,这样的过程被称为二项过程,且事件的总数服从**二项分布**。二项分布的使用解决了泊松分布的第一个问题(即泊松分布在有限的区间内可以给出无限个数目的事件),且很可能被用于包含与天数一样多的事件的合约。较泊松分布而言,二项分布的主要缺点在于其假设所谓的**分散不足**,即方差低于平均值。由于自相关性在气象事件中经常出现(我们已知其导致观察结果的过度分散),因此二项分布在这方面的用处比泊松分布要差。以上可以参考图 4.3 的第二幅图,其展现了对上述相同极端数据的二项分布拟合,我们又一次看到拟合效果是非常糟糕的。

85 一种对过度分散的事件数据建模的方法是使用随机均值的泊松分布。这将保证产生过度分散,因为如果我们让 X 服从泊松分布并使 Y 为随机均值,那么

$$\mathrm{V}X = \mathrm{EV}(X|Y) + \mathrm{VE}(X|Y) \geq \mathrm{EV}(X|Y) = \mathrm{EE}(X|Y) = \mathrm{E}X$$

这样的模型被称为混合泊松分布。通常情况下我们会选择伽玛分布来作为均值的分布,这将会使事件的数目呈**负二项分布**。我们可以把包含极端的自相关的气温事件的过程看作一个泊松过程,而且其期望会在几天时间内随着时间不断变化。在一段炎热的时期,我们得到大量极其炎热的天数,会拥有较高的期望。事实上,该期望通常并不服从伽玛分布,但它可能也是一种不错的方法,特别是由于伽玛分布是一种涵盖了广泛形状的相当普遍的一种分布。基于这些

分析，我们尝试用负二项分布拟合上述例子中所考虑的极端天气数据。其结果为图 4.3 的第三幅图。这表明负二项分布良好地拟合了所观测的数据。

基于这个例子（及其他相似例证），我们可以这样下结论：负二项分布法是为事件指数建模的合理优秀候选方法之一。

4.4　非参数分布

我们现在考虑采用核密度法来为非参数分布建模。核密度法通过使用围绕每个数据点的加权密度（或核函数）之和来估算未知的密度。我们会讨论两种操作方法。第一种是最普遍使用的方法，简单地在每个数据点周围设置密度值。但这种方法的缺陷是：拟合分布的方差会比无偏估计的方差要大。另一种方法则调整了方差，从而避免了上述问题。

非参数方法的主要优点如下所述：

1. 非参数法比参数法包含的关于分布的整体形状的假定更少，而这些假定有着与优点同样明显的缺点。

2. 非参数法完全可以在任何情况下应用于任何指数（尽管总是给出连续分布）。

从另一方面来讲，如果正态分布或负二项分布真的有利于为该指数建模的 86
话，那它们会得出更好的结果。非参数法不能像参数法那样给出数据的简便的总结，甚至比参数法更难去验证。

4.4.1　基础核密度法

基础核密度法中的密度为

$$f(x) = \frac{1}{\lambda N_y}\sum_{i=1}^{N_y} K\left(\frac{x - x_i}{\lambda}\right) \tag{4.3}$$

其中 K 是概率密度。核函数 K 的通常选择为正态分布，因此

$$f(x) = \frac{1}{\lambda N_y}\sum_{i=1}^{N_y} \frac{1}{\sqrt{2\pi}}\exp\left(-\frac{(x - x_i)^2}{2\lambda}\right) \tag{4.4}$$

我们的核密度法中有一个自由参数：窗宽 λ。$\lambda = 0$ 的值产生了一个等效于经验 CDF 的进阶 CDF，且密度包含每个数据点的 delta 函数（点质量）。λ 的取值较小则会在一定程度上平滑 CDF 曲线，且通常会产生有限但多峰的密度。λ 的取值较大，则会创造一个平滑的 CDF 曲线和单峰密度，而对于 λ 的非常大的值而言，其密度几乎为单峰。

选择 λ 有很多常用的方法，无论什么方法都或多或少是有些特设的。其中之一是“Silverman 的经验法则”，即

$$\lambda = \frac{0.9}{1.34}\min(s, q) N_y^{-\frac{1}{5}} \tag{4.5}$$

s 为数据 x_i 的样本标准差，q 是四分位差。这是一个来自 Silverman（1986，式 3.31）的等式。

另一个方法来源于 Jones（1991，式 6）：

$$\lambda = 1.034 s N_y^{-\frac{1}{5}} \tag{4.6}$$

Silverman 和 Jones 都为他们给出的表达式提供了理论依据。

举一个拟合伦敦希思罗的历史 HDD 值的核分布的例子，采用 4 种窗宽，并使用高斯核函数，见图 4.4。

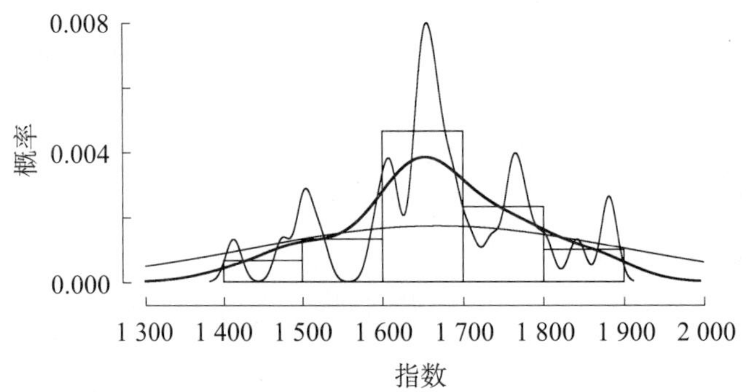

图 4.4　直方图及 3 条不同的核密度曲线拟合了伦敦希思罗 30 年来从 11 月到次年 3 月的 HDD 指数的局部加权回归散点平滑的去趋势的历史数据（核的窗宽为10、47.5和 200。47.5 是式（4.5）的最佳值）

87 ### 4.4.2　经调整的核密度法

f 的方差通过下式给出：

$$\text{拟合的核方差} = \text{样本方差} + \lambda^2 \tag{4.7}$$

我们可知，随着 λ 的增长，拟合分布的方差也增长，并迅速超过通过 $\frac{\sum x^2}{N_y - M}$ 给出的方差的无偏估计量，其中 $N_y - M$ 是数据去趋势后的自由度。不幸的是，对方差的过高估计很可能会意味着 λ 的大值毫无意义。为了修正这样的问题，我们可以令方差恰好等于方差的无偏估计量。这种方法被称为经调整的核密度法。

在经调整的核密度法中，λ 成为一个纯粹的形状参数，当 λ 趋近于无穷时，形状趋近于正态分布。

4.5　估计支付的分布及期望支付

我们现已细致地探讨了当对历史指数值进行拟合分布时出现的一系列问

题。当已经拟合这样的分布后,我们通过将其与支付结构结合来计算合约的财务结果的分布以及如期望支付、支付的标准差、触发行权价格的概率和限价等统计数据。我们有诸多办法来实现:通过推导闭式表达式,通过数值积分或者 88
通过模拟。我们会在下文中对以上每种方法分别进行讨论。我们首先从闭式表达式开始。

4.5.1　支付分布的闭式表达式

已知指数的分布,推导我们在第 1 章中描述的 7 种合约类型支付分布的闭式表达式是完全可行的。我们会在附录 D 中给出这些表达式的推导,在图 4.5 中展示这些分布的相关图像。

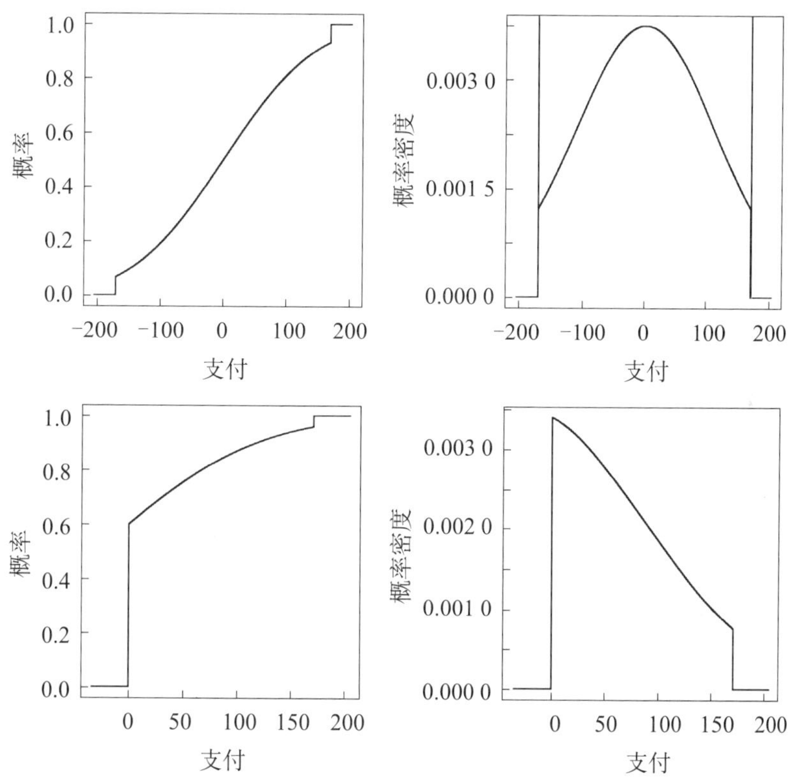

图 4.5　上限互换(上方两幅图)及上限期权(下方两幅图)的支付的 CDF 和 PDF。所用的是伦敦希思罗 30 年的历史数据经局部加权回归散点平滑(1,0.9)去趋势化后的指数。HDD 的平均值为 1 665,标准差为 114。互换的行权价格设定为指数平均值,而互换限价设定为 1.5 倍的标准差。期权的行权价格设定为高于均值的 0.25 倍标准差,而期权的限价设定为距均值 1.5 倍的标准差。注意,为了便于说明,这里上下限价的设定异常低

通过附录 D 我们可以看到这些支付的分布,包括在上下限价(对于互换)以及在行权价格和限价(对于看涨期权)下,都有与原始指数分布同样的图形。

89 4.5.2 期望支付及支付方差的闭式表达式

尽管无法应用于所有的合约和所有的分布,但推导某些合约和某些分布的支付的期望和方差的闭式解法的确是可行的。最重要的例子即正态分布和核密度法。

这些分布的闭式解法及表达式本身在附录中有详细推导。在附录 D 中,我们给出了 7 种合约类型的期望支付在正态分布下的闭式表达式。在附录 E 中,我们给出了 7 种合约类型的支付方差在正态分布下的闭式表达式。在附录 G 中,我们给出了期望支付及支付方差在核密度法下的闭式表达式。

对于其他的分布,总的来讲,更难甚至无法来计算确切的表达式,从而被数值方法取而代之。

4.5.3 有限期望函数的使用

我们对期望支付及支付方差的闭式表达式的推导全部基于定义这些量的积分的直接估计。我们现在要讲一种与推导天气合约的期望支付的闭式表达式等效却又有所不同的方法。

我们定义一种**有限期望函数**(limited expected value function,LEV):

$$L_x(m) = E\min(x,m) \tag{4.8}$$

$$= \int_{-\infty}^{m} x dF(x) + m(1 - F(m)) \tag{4.9}$$

其中 m 是 L 的参数。有限期望函数忽略了 x 值大于 m 值的情况,而只得出了 x 值小于 m 值时的变量 x 的期望。随着 m 的增大,LEV 函数收敛于 x 的期望值。

参照式(1.16)的期望,我们可以发现看涨期权的期望支付为

$$\mu_p = D(L_x(L) - L_x(K)) \tag{4.10}$$

这个表达式是表达式(D.33)的另一种写法。

90 如果对支付分布的其他矩感兴趣,这些矩可以通过使用高阶有限期望函数来被计算,如 $E\min(m,I)^k$:

LEV 函数的使用源于精算文献,它在其中被用来计算再保险项目的期望超额损失。

4.5.4 期望支付和支付分布的数值估计

我们现在来讨论怎样使用数值积分和蒙特卡洛模拟来估计任意指数分布的期望支付和支付分布。

数值积分

数值积分的工作原理如下。所有可能的指数值取值范围被分割成小区间。这些区间有可能相等也有可能不等。通过支付方程把每一个区间的指数值都

转换成支付。使用 CDF 指数计算每个区间的概率,使用 PDF 指数计算概率密度。为了估计支付的分布,需要将支付值进行分类并通过 CDF 对其概率进行分配。为了估计期望支付,支付结合了由 PDF 得到的概率密度。

数值积分的一大优点在于其可以在数值上进行高效运算,因为可以调整指数的采集从而使其只包括相关值。例如,对于期权而言,指数的采集不需要包含任何支付为 0 的指数值。然而,假如我们拥有最快的电脑,那么数值高效计算的问题也算不了什么了。

数值积分的一大弊病在于:不同于模拟,它在实践操作中无法很好推广到大型投资组合领域。

模　拟

相较于数值积分,模拟的原理略微有所不同。首先,在绝大多数的计算机语
言及电子表格中,可用的标准格式的指数分布可以产生伪随机数字(更多在模拟
中常用的数学方法细节会在附录 I 中给出)。每个模拟指数会被转化为支付。就
如同燃耗分析法中历史支付被用来生成 CDF 一样,支付可以被整理来生成支付
CDF 的估计(详见 3.1.3 节)。这些支付的平均值会被计算。在这样的情况下,与 91
分布形状相关的信息会包含在随机采样中,所以不需要用到概率。

模拟的期望指数的收敛率通常以 $\frac{\sigma_x}{\sqrt{N_s}}$ 给出,而模拟指数的标准差的收敛率则通过 $\frac{\sigma_x}{\sqrt{2N_s}}$ 来得到,其中 N_s 是所使用的模拟的次数(我们已经在 3.1.7 节中了解到这些表达式)。期望支付和支付标准差的收敛率分别为 $\frac{\sigma_p}{\sqrt{N_s}}$ 和 $\frac{\sigma_p}{\sqrt{2N_s}}$, 其中 σ_p 是支付分布的标准差。图 4.6 给出了指数均值和标准差收敛的例子,以及期权支付与模拟次数关系的例子。

用大量的模拟来达到高水平的收敛性在没有正确说明的情况下很容易引
起误导:模拟所给出的精确程度建立在假设基础模型完全正确的基础上。然
而,基础模型从来不完全正确。我们所使用的很多模拟由于原始历史数据的信 92
息数量及分布参数的样本误差而从根本上受到限制。这些误差的来源通常远
远大于由于模拟次数太少而造成的误差,式(3.6)还是或多或少反映了期权价
格不确定性的来源。

如果模拟的速率很重要的话,那么的确存在方法使模拟提速。然而,强有力的电脑的广泛使用意味着这样的方法对我们现在所考虑的样本模拟分析总体而言没有太大必要。

模拟的一大优点会在第 7 章中逐渐清晰:它是天气衍生品组合投资定价的

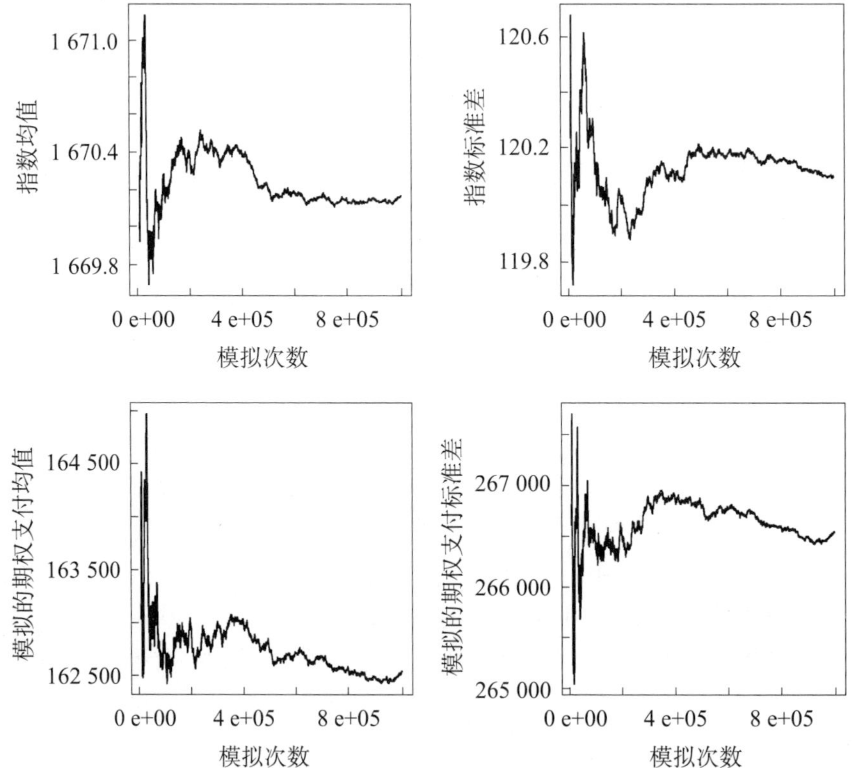

图 4.6 左上角的图展示了期权合约中指数均值基于模拟的估计随模拟次数增加的收敛性。右上角的图展示了指数标准差的收敛性，左下角的图展示了期望支付的收敛性，而右下角的图展示了支付的标准差的收敛性

唯一实用方法。

方法的对比

在使用正态分布并限定计算时间的前提下，相对于数值积分法或模拟法，闭式表达式法能得到精确度高得多的结果。然而，除非追求极端速度，这个问题（这样的担忧）并无意义。举例来说，大多个人电脑可以在数秒内为已知特定分布模拟数以百万计的数值，同时能确保模拟方法的高精确性。模拟的一个额外优势在于其可被扩展用于投资组合领域，正因其对所有合约、分布及投资组合的普适性，所以被普遍应用于资产的定价。

尽管如此，闭式表达式也仍有其用处。首先，它可以被用来检验模拟和数值积分法的正确性。其次，它在需要进行大量定价计算的情况下很有用处，这在研究天气衍生品价格行为时经常出现（也是因为这个原因我们拓展应用闭式表达式法）。再次，其在“反转”天气期权的权利金以求得隐含标准差时非常有用（见 11.4.9 节）。这是一种需要大量连续精确计算期望支付的算法，使用模拟法通常会比较慢。最后,通过研究闭式解法我们可以加深理解价格和其诸多决定性因素之间的依存关系,而不需要去编写电脑程序或执行大量的模拟来回答每一个问题。

4.6　延伸阅读

本章所涉及的有用的精算类文献中的分布及一些细节来自 Hogg 和 Klug-
man(1984)及 Klugman 等(1998)。关于单变量离散型分布可参考 Johnson 等 93
(1993),单变量连续型分布同样来自 Johnson 等(1994)。

期望支付在正态分布下的闭式表达式从一开始就被用于天气衍生品市场。一些特殊情况下的例子可以参考 McIntyre(1999),Moreno(2001b),Henderson(2002),Jewson(2003t)及 Brix 等(2002)。综合的推导及表达式可参考 Jewson(2003a),Jewson(2003c)及 Jewson(2003d)。

经调整的核密度法在 Jones(1991)中有所描述,而 Jewson(2003q)第一次描述了其被应用于天气产品定价。LEV 函数在天气产品定价方面的应用来源于 Brix 等(2002)。

第 5 章　深入探讨单一合约的定价问题

94 在前两章我们讲述了燃耗分析法和指数模型法。这两种方法是最常用的天气衍生品定价方法。在我们考虑基于日度温度所建立的统计学模型等其他复杂的定价方法之前,先离题来看一些在单一天气衍生品合约定价过程中出现的有趣问题。我们首先讨论所谓的“希腊参数”(greeks)。接下来看看该如何选择趋势和分布,这些选择的相对重要性如何,还有燃耗分析方法和指数模型方法的相对精确性以及二者产生的结果的相关性。接着我们考察期权的期望支付函数因参数变化而带来的效应,由此可以建立不同的合约(应该)有不同的价格的直觉。最后我们会讨论一些其他问题,包括如何对多年合约进行定价,如何根据市场数据进行定价,如何开展静态对冲,以及如何处理闰年的相关问题。

5.1　线性敏感度分析:希腊参数

大多数类型的金融期权的定价、交易和风险管理都是基于使用风险对冲和频繁的再对冲以保持一个低风险的投资组合的想法。[①] 为了实现有效的风险对冲,通常会计算期权套利价格的各种偏导数,它们被称为“希腊参数”。这会告诉我们期权(或期权的投资组合)的价值如何随着标的指数、时间、利率或波动率的
95 微小改变而变化。偏导数是有用的,因为期权通常极频繁地进行再对冲——足够频繁以至于由这样一个线性理论预测出的微小变化(之间)是相关联的。

套利价格对指数的导数被称为 delta(Δ);delta 值很小意味着指数对这个合约没有太大的影响。delta 对指数的导数被称为 gamma(Γ);Γ 值很小意味着指数的微小变化对 Δ 的影响不大。套利价格对时间的导数被称为 theta(Θ),对利率的导数被称为 rho(ρ),以及对指数波动率的导数称为 vega(没有符号,因为它

---

① 在大多数情况下,这种策略不能应用于天气期权,因为非常频繁的再对冲在经济方面是不可行的(这将在第 11 章详细讨论)。

并不是一个真实的希腊字母)。

我们还没有考虑天气方面的套利定价理论。这些理论都同样涉及希腊参数,与其他类型的期权套利理论相同。这将在第 11 章中讨论。不过现在我们会主要考虑精算定价与希腊参数之间的相关关系。在精算定价理论中,不能为希腊参数精确定义相似的东西。这是因为精算定价不会与套利定价一样导出一个单一的价格,正如我们在第 3 章中描述的,因为每个价格都有一个主观的风险载荷在里面。此外,价格的偏导与精算定价之间具有较少相关性,因为天气合约和投资组合的精算管理不仅与微小变化相关 ,更与结果的最终分布、基础指数的巨大变化相关。

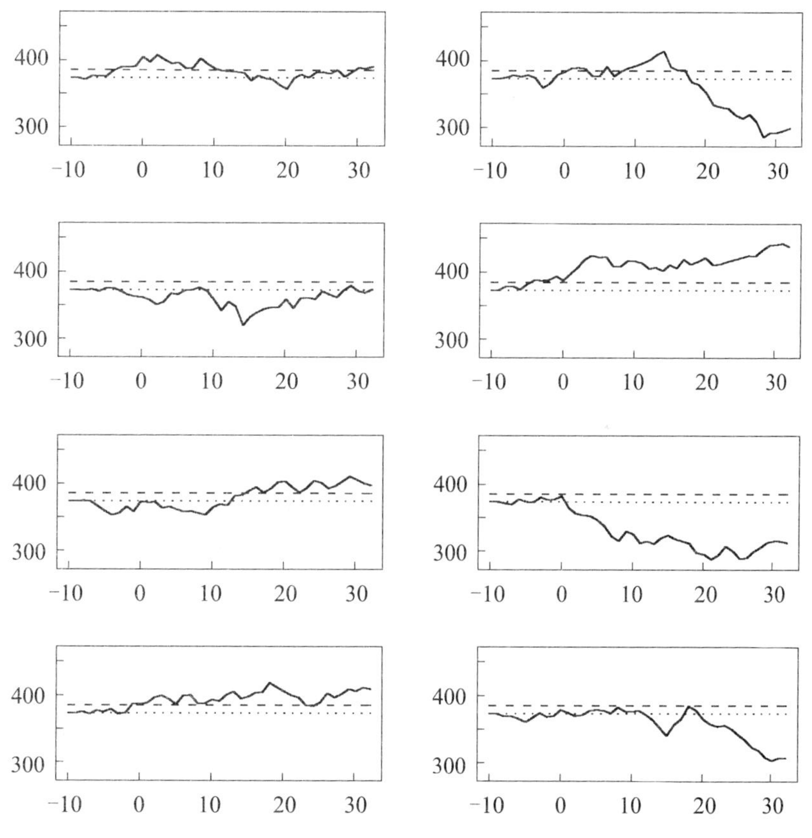

图 5.1　看涨期权合约的期望指数的八种可能值走势图(详情见 5.4 节)

然而,在精算定价和投资组合管理中,有可能计算合约价值估计值的各种偏导数,并且由于得到的结果在形式上与希腊参数非常相似(而且因为许多天气交易者有着金融期权交易背景),这些结果通常被给予相同的称呼。不过这些希腊参数的精确定义与那些套利中的希腊参数相当不同。

我们现在考虑一些可以使用天气合约精算价值的偏导数解决的现实问题,

并了解其如何计算。

1. 如何使用同样的指数下的互换合约来最佳对冲期权合约？一个答案是，互换的最小变动价位应该等于期权价值关于这个指数(或期望指数)的偏导数，我们可以称这些偏导数为合约的“delta”。对这一问题的其他可能的答案在5.13.2 节讨论。

2．如果天气预报突然发生变化，合约的估值会如何变化呢？我们将在第
96 10 章描述更多的利用天气预报对天气合约进行定价的细节。不过现在我们假设一下，如果在合约的定价过程中同时使用天气预报和历史数据，价值对指数的偏导(Δ)可以帮助我们计算合约价格对于一天天气预报变化 1°的大致敏感度。如果我们希望知道由于天气预报变化产生的对合约的可能影响程度，那么我们也必须结合 Δ 考虑天气预报变化的可能分布。

3. 如果投资组合没有发生任何变化，基础指数也不变，那么从今天到明天的投资组合的价值可能会发生什么样的变化？要回答这个问题，我们可以计算对时间的偏导数，其结果可以被称为“theta”，与计算套利定价中的 theta 类似。投资组合价值的日变化约是 theta 乘以一天。

4. 精确估计指数的标准差究竟有多重要？这个问题出现在第 10 章中，我们在那一章提出了多种方法，用于估计合约内的标准差。我们将看到的是，简单和准确之间有一个权衡的问题。合约价值对标准差微分可以给我们一些参考：标准差的误差是怎样转化成期望支付的误差的。

所有这些问题的答案都取决于天气合约的价值是如何定义的。价值最简单的定义是期望支付(或期望利润)，这个定义的优点是它与合约是多头还是空
97 头头寸无关，且不存在主观成分。同样，我们将会在第 11 章介绍，这意味着与某些天气衍生品的套利定价理论是统一的。然而，这种定义并不能真正反映大多数交易者在交易时所秉承的价值理念，他们会在风险和回报之间进行权衡。这可以体现在价值的定义里，例如，将价值定义为期望支付减去支付的标准差的某个比例。这个定义的优点是它以一种合理的方式强调了风险和回报之间的必须进行的权衡。但是，根据这个定义，合约的价值还取决于交易双方的抗风险程度(反映为所使用的标准差的比例)，以及持有的合约是多头还是空头头寸，从而是加上还是减去风险载荷。使用这种更为复杂的价值定义意味着希腊参数的计算将因不同的交易者和不同的头寸而不同。

只要价值定义为期望支付，那么它就是可加的(两合约的价值是两个单独合约的价值之和)。价值的偏导也是可加的。如果价值既考虑到期望支付又考虑到支付的标准差，那么它就不是可加的，偏导值也不可加。

我们现在定义天气的各种希腊参数。基于简化考虑，我们将使用的定义仅基于期望支付而不考虑风险载荷。然而，实际从业者可以基于风险与回报的权

衡在某些情况下自行调整，事实上，在有些情况下同时考虑这两种定义是有帮助的。

Delta

我们将 delta 定义为期望支付对指数当前值的偏导数，σ_x 保持不变。

$$\Delta = \frac{\partial \mu_p}{\partial x} \tag{5.1}$$

这就相当于期望支付对指数期望值的偏导数，因为指数当前值的变化会导致指数期望值的变化。我们用期望指数的当前估计值，甚至是互换价格的市场值，而不是当前指数，作为期权的标的指数，通常更加合适。我们会在第 10 章和第 11 章详细讨论这一点。

图 5.2 给出了期权合约过程中 delta 可能变化的八种情况，第 5.4 节会进行 98
讨论。

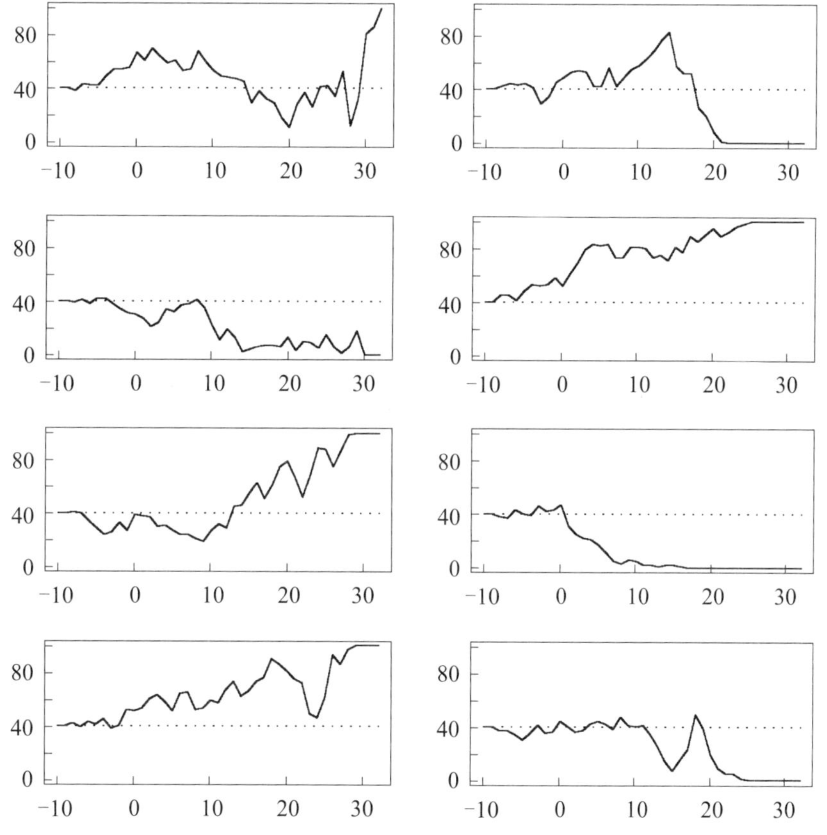

图 5.2　看涨期权合约的 delta 的八种可能变化趋势

Gamma

我们定义 gamma 是 delta 对指数当前值的偏导数，σ_x 恒定。

$$\Gamma = \frac{\partial \Delta}{\partial x} = \frac{\partial^2 \mu_p}{\partial x^2} \tag{5.2}$$

图 5.3 中给出了一个期权合约中 gamma 如何变化的八种可能情况。

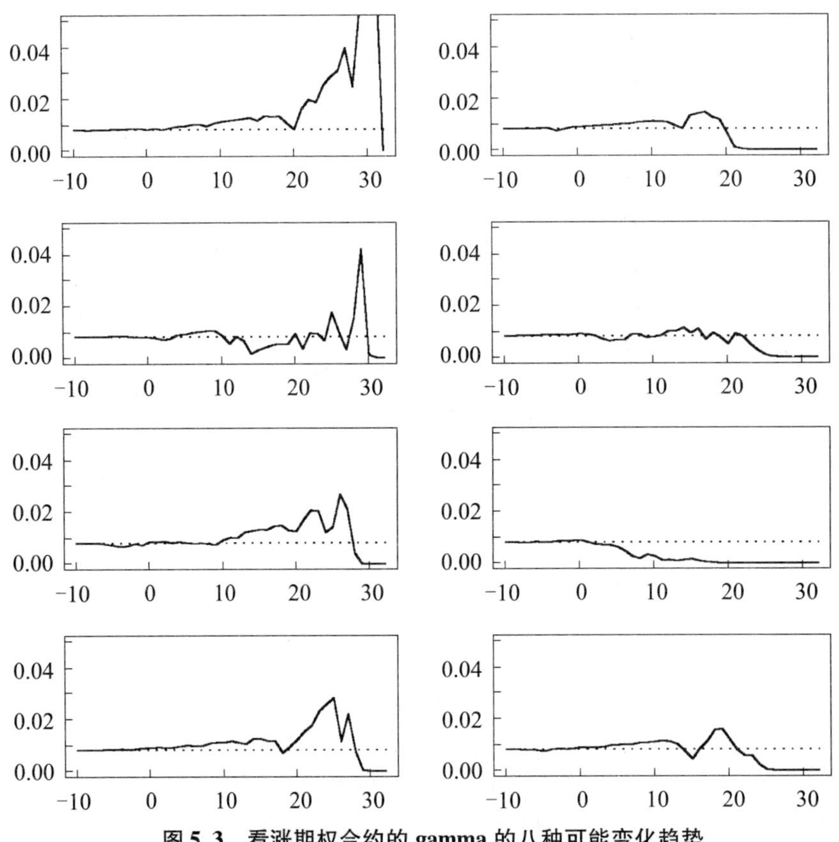

图 5.3 看涨期权合约的 gamma 的八种可能变化趋势

Zeta

我们将 zeta 定义为期望支付对指数标准差 σ_x 的偏导数，μ_x 保持不变，它对天气衍生品来说是个独特的参数。

$$\zeta = \frac{\partial \mu_p}{\partial \sigma_x} \tag{5.3}$$

Zeta 有时被称为"指数 vega"，但我们更愿意用"zeta"，因为它有一个符号。图 5.4 说明期权合约中 zeta 可能的八种变化过程。

99 ### Theta

我们将 theta 定义为期望支付在 μ_x 恒定的情况下对时间的偏导数。

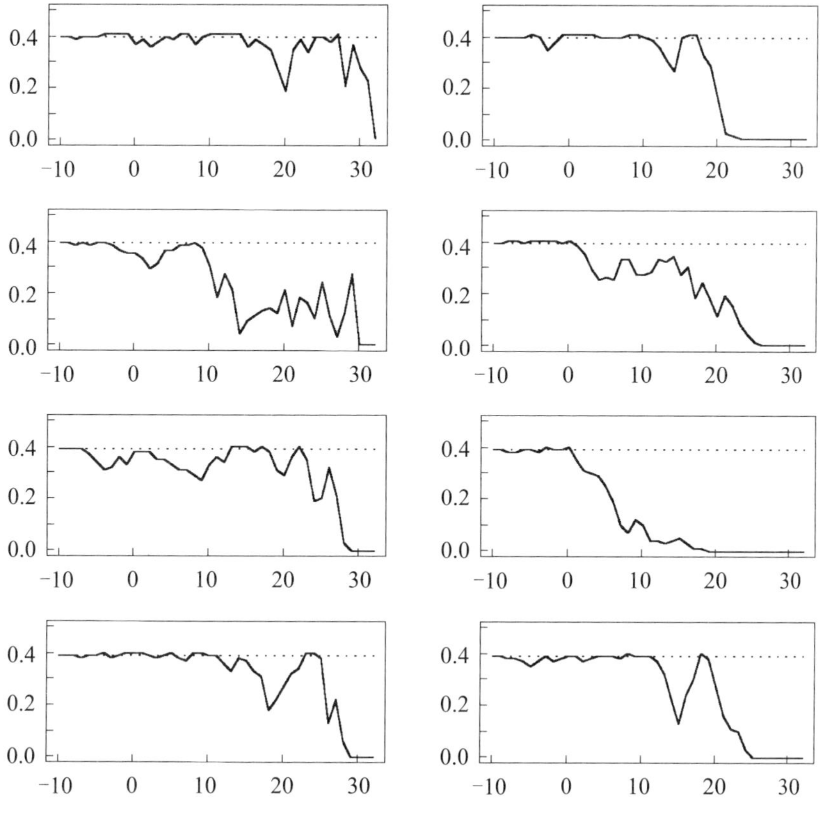

图 5.4　看涨期权合约的 zeta 的八种可能变化趋势

$$
\begin{aligned}
\Theta_v &= \frac{\partial \mu_p}{\partial t} \qquad (5.4) \\
&= \frac{\partial \mu_p}{\partial \sigma_x} \frac{\partial \sigma_x}{\partial t} \\
&= \zeta \frac{\partial \sigma_x}{\partial t}
\end{aligned}
$$

Vega 100

在标准的套利理论中，vega 的定义是套利价格对标的指数波动率的导数。为天气衍生品定义 vega，我们首先需要建立一个标的指数的合理代理变量。最显而易见的选择是由结算指数的条件期望定义的随机过程，基于我们在时刻 t 已经掌握的信息。这可以用布朗运动的确定性函数来模拟，由 $d\mu_x = \sigma dW$ 给出（更详细的讨论可见第 9 章），这样就有一个定义得很好的波动率 σ。Vega 因而就是期望支付对此波动率的导数。于是我们有

$$
\text{vega} = \frac{\partial \mu}{\partial \sigma} \qquad (5.5)
$$

$$= \frac{\partial \mu}{\partial \sigma_x} \frac{\partial \sigma_x}{\partial \sigma}$$

$$= \zeta \frac{\partial \sigma_x}{\partial \sigma}$$

从这里我们可以看出，vega 与 zeta 相关。

为波动率建模

为了计算 theta 和 vega，我们需要将指数的标准差 σ_x 与波动率 σ 及时间 t 相联系。这将在第 9 章中详细讨论，我们会介绍几种描述这种关系的几个模型，但目前我们认为，指数标准差和期望指数的波动率之间最简单的关系是，波动率在合约期内是常数，在合约期外为零。这不完全准确，因为在合约开始之前，预测已经影响了我们估计的期望指数，不过这可以作为一个理想的起点。我们有

$$\sigma_x = \begin{cases} (T - t_0)^{\frac{1}{2}} \sigma & t \leqslant t_0 \\ (T - t)^{\frac{1}{2}} \sigma & t \geqslant t_0 \end{cases} \tag{5.6}$$

其中 $T - t_0$ 是合约期的长度，σ 是期望指数的波动率。我们将这种关系称为“波动率-方差”约束。我们会在第 9 章给出其他模型的这一约束形式，求微分得

$$\frac{\partial \sigma_x}{\partial t} = \begin{cases} 0 & t \leqslant t_0 \\ -\frac{1}{2}(T - t)^{-\frac{1}{2}} \sigma & t \geqslant t_0 \end{cases} \tag{5.7}$$

101 及

$$\frac{\partial \sigma_x}{\partial \sigma} = \begin{cases} (T - t_0)^{\frac{1}{2}} & t \leqslant t_0 \\ (T - t)^{\frac{1}{2}} & t \geqslant t_0 \end{cases} \tag{5.8}$$

结果为

$$\theta = \begin{cases} 0 & t \leqslant t_0 \\ -\frac{\zeta \sigma_x}{2(T - t)} & t \geqslant t_0 \end{cases} \tag{5.9}$$

和

$$\text{vega} = \begin{cases} \zeta (T - t_0)^{\frac{1}{2}} & t \leqslant t_0 \\ \zeta (T - t)^{\frac{1}{2}} & t \geqslant t_0 \end{cases} \tag{5.10}$$

温度 delta

关于 delta 的最后一点是，偶尔对温度而不是仅对指数求期望支付的偏导是有帮助的。这样做的好处是，不同的基于相同标的变量（如同一时期的 CAT 和 HDD 指数）的指数的 delta 可以被合并。要正确定义该偏导数，就必须明确使用的是哪个温度。最明显的例子是考虑最近测得的温度的变化。不过，人们也可以考虑改变未来温度的平均值。

由下式

$$\mu_p = \mu_p(\mu_x, \sigma_x) \tag{5.11}$$

对温度 T 求微分为

$$\begin{aligned}\frac{\partial \mu_p}{\partial T} &= \frac{\partial \mu_p}{\partial \mu_x}\frac{\partial \mu_x}{\partial T} + \frac{\partial \mu_p}{\partial \sigma_x}\frac{\partial \sigma_x}{\partial T} \\ &= \Delta\frac{\partial \mu_x}{\partial T} + \zeta\frac{\partial \sigma_x}{\partial T}\end{aligned} \tag{5.12}$$

我们看到，温度 delta 在一般情况下与 Δ 和 ζ 都相关。

期望支付的全导数

我们现在考虑期望支付的实际变化。

如果我们认为期望支付是一个关于指数的均值和标准差的函数（这适用于正态分布、对数正态分布和 γ 分布），那么

$$\mu_p = \mu_p(\mu_x, \sigma_x) \tag{5.13}$$

有两种导数可以考虑。首先，看那些由于 μ_x 和 σ_x 的随机变化而导致的 μ_p 102
的变化，例如那些由抽样误差引起的变化。给出下式：

$$\begin{aligned}\mathrm{d}\mu_p &= \frac{\partial \mu_p}{\partial \mu_x}\mathrm{d}\mu_x + \frac{\partial \mu_p}{\partial \sigma_x}\mathrm{d}\sigma_x \\ &= \Delta \mathrm{d}\mu_x + \zeta \mathrm{d}\sigma_x\end{aligned} \tag{5.14}$$

换句话说，总的变化取决于 delta 和 zeta。

我们已经在第 3 章用这个表达式评估了 μ_x 和 σ_x 的抽样误差是如何导致期望支付估计的误差。

第二种导数关注由时间变化引起的 μ_p 的变化。在这种情况下，我们需要将 μ_x 当作一随机过程，这在上面有提到，并且将会在第 9 章中详细地解释。事实上，可以把 M_x 看作一种称为扩散过程的随机过程。当对一个扩散过程的函数求微分时，我们需要利用伊藤引理，并且相对于确定性过程函数的全导数会多出一项。

对 μ_p 泰勒展开，我们有

$$\begin{aligned}\mathrm{d}\mu_p &= \frac{\partial \mu_p}{\partial \mu_x}\mathrm{d}\mu_x + \frac{\partial \mu_p}{\partial \sigma_x}\mathrm{d}\sigma_x + \frac{1}{2}\frac{\partial^2 \mu_p}{\partial \mu_x^2}\mathrm{d}\mu_x^2 + \cdots \\ &= \Delta \mathrm{d}\mu_x + \zeta \mathrm{d}\sigma_x + \frac{1}{2}\Gamma \mathrm{d}\mu_x^2 + \cdots \\ &= \Delta\sigma \mathrm{d}W + \Theta \mathrm{d}t + \frac{1}{2}\Gamma\sigma^2 \mathrm{d}W^2 + \cdots \\ &= \Delta\sigma \mathrm{d}W + \Theta \mathrm{d}t + \frac{1}{2}\Gamma\sigma^2 \mathrm{d}t + \cdots \\ &= \Delta\sigma \mathrm{d}W + \mathrm{d}t\left(\Theta + \frac{1}{2}\sigma^2\Gamma\right) + \cdots\end{aligned} \tag{5.15}$$

对于无穷小的变化我们使用伊藤引理，在这种情况下，有

$$d\mu_p = \Delta\sigma dW + dt\left(\Theta + \frac{1}{2}\sigma^2\Gamma\right) \tag{5.16}$$

我们看到，μ_p 的变化是由随机变化（dW 项）和确定性漂移（dt 项）引起的。

但 μ_p 是一个条件期望，所以它不能存在漂移（Jewson（2003s）对此进行了更详细的讨论），因此在这个方程中 dt 的系数必须为零。

这得出两个有趣的。第一，

$$\Theta + \frac{1}{2}\sigma^2\Gamma = 0 \tag{5.17}$$

103 或者再展开为完整的形式

$$\frac{\partial\mu_p}{\partial t} + \frac{1}{2}\sigma^2\frac{\partial^2\mu_p}{\partial\mu_x^2} = 0 \tag{5.18}$$

我们得出这样的结论：天气期权的公平价格满足一个偏微分方程（partial differential equation，PDE），这是一种向后扩散型方程。扩散系数来自波动率。这个 PDE 还将在第 11 章稍有不同的情境中再次出现。

第二，

$$d\mu_p = \Delta\sigma dW \tag{5.19}$$

换言之，在短时间维度内，天气衍生品公平价格的变化围绕当前公平价格呈正态分布，并有一个波动率，可以简单地用合约的 delta 和期望标的指数的 σ 来表示。这可以用来估计一个合约的价值在短期内可能发生的变化，而这是一个在风险管理中经常遇到的问题。我们会把这个思路扩展到投资组合合约，详见第 12 章。

5.1.1 估计希腊参数

我们现在讨论如何估计希腊参数。

最简单的估计 delta 的方法也许是根据期望指数的微小变动计算两次合约价格，这将导致期望支付的小幅变化。于是就可以用价格变动对期望指数变动的比率来估计 delta。

$$\text{delta} \approx \frac{\mu_p(\mu_x + \Delta x) - \mu_p(\mu_x)}{\Delta x} \tag{5.20}$$

然后 gamma 也可以用 delta 的两个不同值的差异以类似的方式来估计。可以通过标准差的微小变化估计 zeta。

这些估计只有在期望支付是指数（或标准差）的线性函数情况下才准确，而这仅适用于无限制的互换合约。对于所有其他的合约，指数（或标准差）的变化趋向于零时，这些估计是收敛于真实值的近似值，当对于一个度日数合约，其指数值通常是以千计的，因此将一度日（one degree day）作为指数变动的微小变化是合理的。对于事件合约，通常情况下，其指数值可能在 10 以下，令指数值变
104 动为 1 可能得不到接近正确值的结果，这时应该使用一个小得多的变动值。

当使用这些差分方法计算希腊参数的估计时，检查这些结果是否充分收敛

是非常明智的。最简单的做法是取之前步长的两倍,然后重复估计。如果估计结果保持不变,那么我们原来的估计可能就是相当准确的。如果不同,那么这个估计可能就不准确并需要使用更小的单位进行差分。

希腊参数的闭式表达式

推导出正态分布希腊参数的闭式表达式也是可能的。我们在附录 F 推导了七种合约类型的闭式表达式。在附录 G 中我们也推导出了核密度希腊参数的闭式表达式。

5.2　对 delta 和 gamma 的解释

5.2.1　delta 和期权实值[①]的概率

我们现在知道,对几乎所有的指数分布,当最小变动价位为 1 时,看涨期权的 delta 等于触发行权价格但没有触发上限价格的概率。

$$\begin{aligned}\Delta &= \frac{\partial\mu_p}{\partial\mu_x} \\ &= \frac{\partial}{\partial\mu_x}\int_{-\infty}^{\infty} p(x) f(x)\,\mathrm{d}x \\ &= \int_{-\infty}^{\infty} \frac{\partial}{\partial\mu_x}(p(x) f(x))\,\mathrm{d}x \\ &= \int_{-\infty}^{\infty} p(x)\frac{\partial f}{\partial\mu_x}\mathrm{d}x\end{aligned} \tag{5.21}$$

对许多分布(这里 μ_x 是一个位置参数,即 $f(x,\mu_x) = f(x-\mu_x)$)我们有 $\frac{\partial}{\partial\mu_x}f(x) = -\frac{\partial}{\partial x}f(x)$,所以

$$\Delta = -\int_{-\infty}^{\infty} p(x)\frac{\partial f}{\partial x}\mathrm{d}x \tag{5.22}$$

将各部分合并,得到

$$\Delta = \int_{-\infty}^{\infty} f(x)\frac{\partial p}{\partial x}\mathrm{d}x \tag{5.23}$$

对于一个看涨期权,有 105

$$\begin{aligned}\Delta &= \int_{-\infty}^{\infty} f(x)\frac{\partial p}{\partial x}\mathrm{d}x \\ &= \int_K^L f(x) D\,\mathrm{d}x \\ &= D\int_K^L f(x)\,\mathrm{d}x\end{aligned} \tag{5.24}$$

---

① 期权交易中,实值代表看涨期权的行权价格低于市场价格或看跌期权的行权价格高于市场价格,这时期权价值为正,可以执行期权获得收益。——译者注

$$= D(F(L) - F(K)) \tag{5.25}$$

所以,当 $D = 1$,我们有 $\Delta = F(L) - F(K)$,这是触发行权价格但不触发上限价格的概率。在无上限看涨期权 $\Delta = F(K)$ 的情况下,delta 是期权以实值结束时的概率。

我们注意以下两点:

1. 其他期权结构也存在类似的关系;核心是支付必须是线性分段。

2. 这种关系在传统的 Black-Scholes 期权定价中也经常被讨论。然而,这种关系在风险中立的条件下才成立,而在真实概率下不成立。在天气衍生品中,这个关系在真实概率下是成立的,因为 delta 就是以真实概率下的期望支付定义的。

5.2.2 Gamma 和支付函数的曲率

因为

$$\Delta = \int_{-\infty}^{\infty} f(x) \frac{\partial p(x)}{\partial x} \mathrm{d}x \tag{5.26}$$

我们看到,delta 也可以被解释为支付曲线的平均斜率,由指数不同可能结果的概率加权得到。

同样,gamma 是对支付曲线曲率的加权平均:

$$\begin{aligned} \Gamma &= \frac{\partial}{\partial \mu} \int_{-\infty}^{\infty} f \frac{\partial p}{\partial x} \mathrm{d}x \\ &= \int_{-\infty}^{\infty} \frac{\partial f}{\partial \mu} \frac{\partial p}{\partial x} \mathrm{d}x \\ &= - \int_{-\infty}^{\infty} \frac{\partial f}{\partial x} \frac{\partial p}{\partial x} \mathrm{d}x \\ &= \int_{-\infty}^{\infty} f \frac{\partial^2 p}{\partial x^2} \mathrm{d}x \end{aligned} \tag{5.27}$$

106

5.3 对希腊参数解释的总结

我们现在简要总结不同的希腊参数怎样解释和使用。

Delta:

- 是期望支付对期望指数的偏导数,指数标准差(或日度波动率和时间)是常数;
- 是在许多指数的分布下看涨或看跌期权达到上限但没有触发行权价格的概率,最小变动价位为 1;
- 是支付的斜率的加权平均,权重为指数各种可能结果的概率;
- 是(-1 乘以)期权的最佳线性对冲的规模(这里的“最佳”是指方差最小);
- 可以用来导出一个好的指标来衡量期望支付在 1 天内的随机变化的可能大小,由 delta 乘以日波动率给出[见式(5.19)];

- 可以用来导出一个指标来衡量期望支付在 n 天内的随机变化的可能大小，由上一个估计乘以 n 的平方根；
- 是期望指数估计误差为 1 时，所引致的期望支付的估计误差的可能大小的指标［见式（5.14）和第 3.1.7 节］。

Gamma：

- 当指数的标准差不变时，是 delta 对期望指数的偏导数；
- 是支付的平均加权曲率，权重是各种可能结果的概率；
- 可以用来导出一个好的指标来衡量 delta 在 1 天内的随机变化的可能大小，由 gamma 乘以日波动率给出；
- 可以用来导出一个指标来衡量 delta 在 n 天内的随机变化的可能大小，由上一个估计乘以 n 的平方根得到。

Zeta

- 是期望支付对结算指数标准差的偏导数；
- 是一个衡量我们对期望支付估计的误差的可能大小的指标，这一误差是结算指数标准差的估计的误差引致的［见式（5.14）和第 3.1.7 节］；
- 在计算 theta 和 vega 时用到［见式（5.4）和（5.5）］。

Theta： 107

- 是期望支付对时间的偏导数，其平均指数固定不变，但是允许指数标准差变化；
- 对于正态分布的指数，通过式（5.18）与 gamma 相关。

Vega：

- 是期望支付对标的指数的波动率的偏导数。

5.4　希腊参数的一些例子

我们现在通过单月看涨期权合约的演变来展示希腊参数可能的实现值的模拟，取自 Jewson（2003k）。

该指数的无条件（合约前）的均值和标准差分别为 373 和 48（取自伦敦希思罗机场 11 月 HDD 的典型值），期望指数的演变过程可由布朗运动的确定性函数模拟出，理论依据将在第 10 章给出。图 5.1 显示了相关期望指数的可能变化状况，图 5.2、图 5.3 和图 5.4 显示相应的 delta、zeta 和 gamma 变化。期权期望支付的变化，以及十分位和九十分位数的支付分布情况，显示在图 12.1 中。相对风险价值（VaR）的演变显示在图 12.2 中。每个图中的点线显示了合约前，或无条件的价值。图 5.1 中的虚线表示期权行权价格。理解这些图中的一些细节是有帮助的：例如，在第 1 幅图中，期望指数不会偏离最初的值太远，而结尾仅略高于行权价格。日期接近 0 时的平均指数是相当大的，这导致该点的期望支付是一个很大的值。之后，期望支付减少，最后达到一个较低的结算价值，低于公平价值。支付分布的分位数表明，支付最终变为0总是有可能的。Delta在最后会得到一个最高值，因为我们完成了一个非零支付，在最后，期望支付仍然随着期望指数的变化而变化。在期权到期日前，gamma是非常大的，因为在这一点上我们是相当接近行权价格的，并仍然有支付为0的可能性。其他7个图可以以类似的方式去解释。

108 5.5 选择数据、趋势和分布的相对重要性

前面已经描述了在天气定价时如何使用趋势和分布，接下来的问题是：这两者中的哪一种会导致最终价格的较大差异？对于一个以期望指数定价的线性天气互换，根本没有必要对指数值拟合分布；期望指数直接由去趋势的历史数据计算。对上限天气互换，分布的选择对最终结果的影响较小。对期权来说，使用不同的分布会对定价产生较大的影响，因为期权支付具有非线性的形状。我们可以通过Jewson（2004f）的研究来看这个问题，通过改变一些期权合约的数据的年限、趋势和分布来研究期望支付的敏感性。我们将我们的选择限制在一小部分的合理的趋势和分布。这些分布不能被卡方检验拒绝。我们定义了一个趋势敏感性对分布敏感性的比率的衡量指标，图5.5分别展示了四个

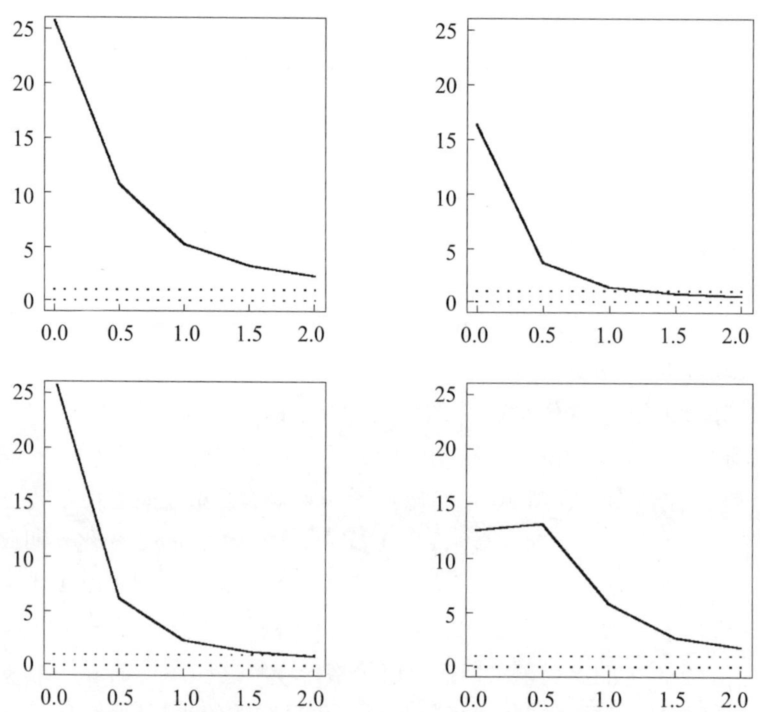

图5.5 看涨期权期望支付的敏感性比率：趋势的变化比分布的变化；横轴为伦敦、纽约、芝加哥和东京四个地区的行权价格（无量纲）

地区(伦敦、纽约、芝加哥和东京)的敏感性比率随行权价格变化的规律。图中的行权价格是无量纲数,所以指数均值为0,标准差为1。我们看到,对于行权价格在均值附近的情况,期望支付对趋势的敏感性比对分布的敏感性大20倍左右。当行权价格远离均值时,分布变得越来越重要,直到行权价格在远离均值的2个标准差的位置时,趋势和分布变得同样重要了。 109

我们再通过比较期望支付对趋势的变化敏感性和对使用数据年数的敏感性重复我们上述的分析。结果如图5.6所示。在这种情况下,我们发现两种因素是同样重要的,与行权价格在什么位置无关。

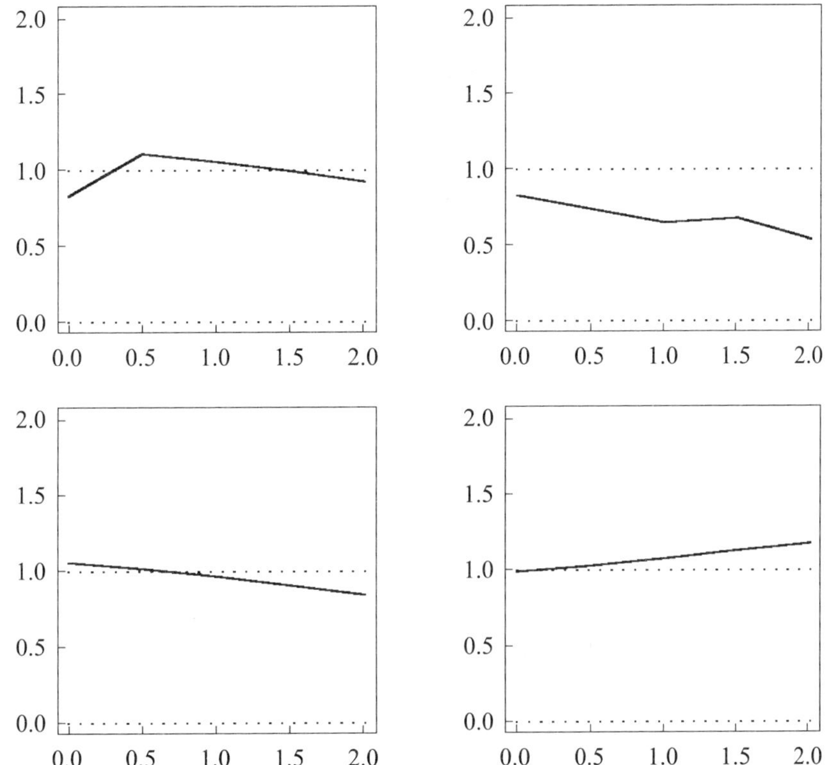

图5.6　看涨期权期望支付的敏感性比率:趋势的变化比使用数据年数的变化;横轴为伦敦、纽约、芝加哥和东京四个地区的行权价格(无量纲)

我们的结论就是,对于行权价格邻近均值的合约,花大量时间试图找出哪一种分布最为合理或者分布对模型风险有什么影响显然是不明智的,因为这时趋势的选择和使用数据的年数会决定最后的结果。在这些例子中,这个结论证明了正态分布在任何情况下被使用的合理性:如果不同分布间没有本质性区别(只要分布拟合数据),那么为什么不使用最方便的分布呢?

对于一个行权价格与均值相差很远的合约,上述方法不适用,这就使得分布的选择变得更加重要。

5.6 比较燃耗分析法和指数模型法在期权定价上的精确性

在前两章我们已经展示了运用燃耗分析法和指数模型法如何来估计支付的分布和期望支付。哪一种方法更精确?到目前为止,我们认为指数模型可能
110 更精确,因为它平滑了指数的分布并合理推算了尾部。但是我们也强调,在分布上强加一定的形状族是需要假设的,这必然会带来一定的错误,引入额外的误差源。

虽然以严谨的方式比较燃耗分析法和指数模型法实际是不可能的,但是我们仍然可以探讨一些内容。一个问题是:如果我们找到合适的分布族(即数据确实来自正态分布并且我们拟合了一个正态分布),那么指数模型法比燃耗分析法好了多少呢?我们称之为指数模型的“**潜在精确度**”:之所以称为“潜在”,是因为在实践中,我们从来都不能准确地匹配正确的分布。这个方法展示出在最好的情况下指数模型法会好出多少。Jewson(2003f)解释了这个问题的一些细节。该研究表明:

- 估计期权的期望支付,当行权价格接近期望指数时,指数模型法与燃耗分析法相比几乎没有什么好处;
- 当只有一小部分数据使用时(例如十年或者更少),指数模型法并不比燃耗分析法好多少;
- 当有大量的数据可以使用,并且期权行权价格与均值相距较远时,使用指数模型法的优势更加明显;
- 估算 delta 时使用指数模型法的好处大于估计期望支付时使用指数模型法带来的好处;
- 当估算 gamma 时,燃耗分析法几乎是完全无用的,必须使用指数模型法;
- 当估算支付的方差时,指数模型法提供了比燃耗分析法好得多的结果。

图 5.7 总结了期望支付的结果,它展示了不同年数的历史数据下,指数模型法相对于燃耗分析法的潜在精确度随行权价格变动的规律。

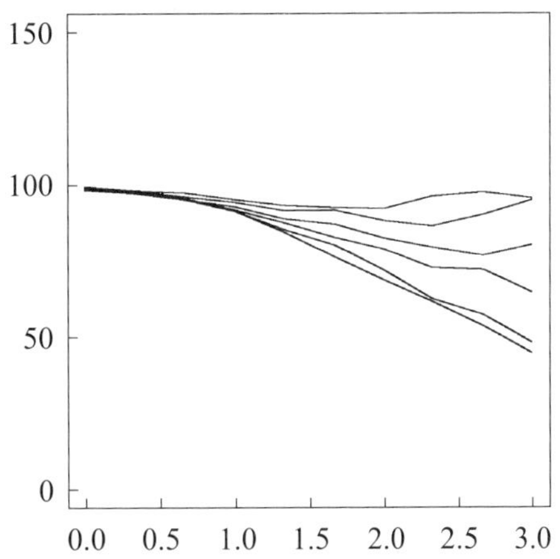

图 5.7　随着历史数据年数的不同，指数模型法比燃耗分析法误差减少的变化，横轴为看涨期权的行权价格（无量纲）。从上向下的线分别对应 10、12、15、20、30、40 年的历史数据。低于 100 的值显示了指数模型法比燃耗分析法有更大的潜在精确度

5.7　燃耗分析法与指数模型法结果的相关性

上述所引用研究的另一个结果是，燃耗分析法和指数模型法结果之间的相关性非常高（见图 5.8）。换句话说，如果我们分别用燃耗分析法和指数模型法进行公平权利金的估计，并且其中一个高于真实价值，那么另一个也几乎肯定高于真实价值。两个估计值中，其中一个小于支付值而另一个高于支付值的情况是不可能的。

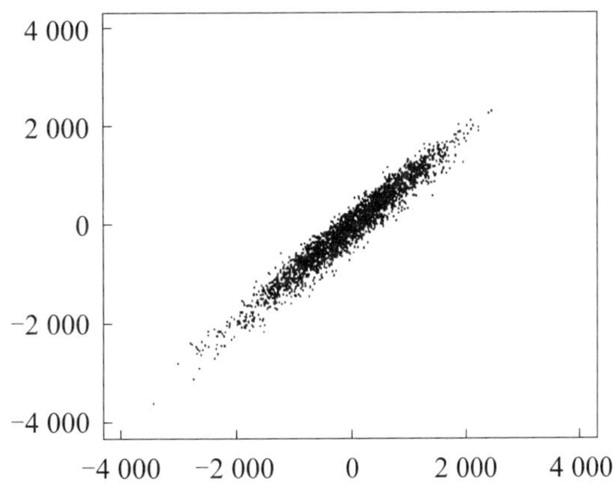

图 5.8　看涨期权期望支付的燃耗分析法结果和指数模型法结果的相关性

111 5.8 无成本互换的定价

我们在 3.1 节中已经提到，对于有上下限的互换合约，一般需要用迭代法来推导公平行权价格。在指数的分布是正态分布而且互换的结构是对称的情况下，零期望支付的行权价格就是期望指数。但是，如果分布是偏态的或互换的结构是不对称的，那么就不是这种情况，而只能使用迭代法来计算零成本行权价格。

如果我们把互换合约的期望支付表示为行权价格 s 的函数 $H(s)$，那么支付为 0 时的行权价格就是 $H(s) = 0$ 的解。幸运的是，这是一个在数值上比较
112 好解决的问题：在几乎任何合理的情况下，$H(s) = 0$ 将只有一个解，而且可以使用任何梯度下降的数值方法来求解。大体上，方法如下：

1. 计算初始估计值 s（期望指数是一个很好的切入点）。
2. 计算 $H(s)$（使用前两章中所描述的方法）。
3. 如果 $H(s)$ 不足够趋近于 0，就继续计算 $H(s+\mathrm{d}s)$ 和 $H(s-\mathrm{d}s)$。其中一个会小于 $H(s)$。用相应的参数作为新的 s 值——也就是说，如果 $H(s+\mathrm{d}s)$ 比 $H(s)$ 小，那么令 s 为 $s+\mathrm{d}s$。
4. 使用新 s 值，并重复步骤 2，直到 $H(s)$ 趋近于 0。
5. s 值就是公平行权价格。

有一个稍微复杂的方法，即从解析的角度估计 $H(s)$ 的梯度可能会更快捷。但是，在我们能够计算 $H(s)$，并考虑到上述方法速度的情况下，这样推导和实施方案可能并无太大意义。

5.9 多年期合约

在初级市场，多年期合约是相对常见的，它们几乎总是由每年重复的单年期交易组成。

一年期合约“大批购买”很普遍的一个原因是一次购买 5 个一年期合约也许比在之后的每一年里都购买一次要便宜些，这是由于合约之间可以有风险分散的作用。五年期合约的期望支付会是一年期合约期望支付的 5 倍，不过五年期合约的风险荷载应该会接近于一年期合约的 $\sqrt{5}$ 倍，因为支付都是独立的（并且假设风险荷载是支付标准差的一个比例）。

延伸到更远未来的多年期合约的定价变得更难，主要是因为对于未来温度的不确定性增加。采用不同的趋势模型、使用不同年限的数据，以及是否并如何推广趋势都会给定价结果带来很大的差异。信用风险也变得更加重要：你的

合约方在 5 年或 10 年的时间里仍然会赔付你吗?

一些国外的多年期合约包含更复杂的特性,比如限制一个合约方付款给其他合约方总额的条款,以及根据天气调整合约行权价格和上限的条款等。

5.10　派生的价格 113

基于特定指数进行的互换交易非常频繁,以至于人们可以观察市场上这些指数互换交易的行权价格。但对于大多数指数的大多数互换交易都没有这样的市场价格。然而,关于非交易指数的价格的情况,或许我们能够从那些被频繁使用的交易指数的市场价格中获得一些信息。特别是,如果一个非交易指数与一个交易指数有合理的相关性,那么基于非交易指数的合约价格就可能会与交易指数下的合约价格有联系。例如,英国伯明翰的 HDD 互换不在市场上交易,但可能会与 120 英里以外的伦敦希思罗机场的 HDD 互换的交易价格密切相关。类似地,基于伦敦希思罗机场温度的一些事件指数的合约价格可能会与伦敦希思罗机场的 HDD 互换价格紧密相关,因为事件的数目与 HDD 的数量可能存在很强的相关性。

之所以会产生这种效应,是因为一个提供基于非交易指数价格的投资者,可以使用交易指数直接对冲部分风险。对他来说,仅存的风险就是,由于两类交易之间缺乏完美的相关性,基于非交易指数的价格可能会比交易指数的价格更高,高出的部分与风险成一定比例。

更为普遍的情况是,投机者有可能利用多个地点来对冲自己的风险。在这种情况下,基于非交易指数的价格可能会取决于所有对冲地点的市场价格。

5.11　支付被积函数

对天气合约支付分布的数学期望 μ_p 定义为

$$\begin{aligned}\mu_p &= \int_{-\infty}^{\infty} p(x) f(x)\,\mathrm{d}x \qquad (5.28)\\ &= \int_{-\infty}^{\infty} p(x)\,\frac{\mathrm{d}F}{\mathrm{d}x}\mathrm{d}x \\ &= \int_{-\infty}^{\infty} p(x)\,\mathrm{d}F(x)\end{aligned}$$

这些表达式中第三个是最普遍被使用的,因为它即便在 $F(x)$ 是不平滑(即不能求导)的情况下也可以使用。在这种情况下,$f(x)$ 在某些点上的值无穷大,这可以用数学物理中的 delta 函数来表示。另外,测度理论提供了一个可以 114
用于处理混合分布和离散分布的分析框架。

请注意，由于指数的分布实际上是离散的，这应该是一个总和而不是一个积分。我们使用积分符号，因为它更便于阅读和操作。

定义一个指数的单一函数 $fp(x) = f(x)p(x)$ 积分可以被写为

$$\mu_p = \int_{-\infty}^{\infty} fp(x)\,\mathrm{d}x \tag{5.29}$$

将函数 $fp(x)$ 画出来对我们很有指导意义，我们称之为支付被积函数（pay-off integrand）。图 5.9 显示了一个互换和看涨期权在正态分布下的被积函数形态。对于互换而言，行权价格就是期望并限制在 + / − 1.5 个标准差。对于期权而言，行权价格是在 0.25 个标准差，而限制是在 1.5 个标准差。支付被积函数可以告诉我们指数分布的不同部分在决定期望支付时的相对重要性。例如，
115 对于期权期望支付的最大贡献来自 1 800 左右的指数值。这表明，为这些指数值建模是至关重要的。考虑这些因素有助于决定使用哪个分布。当使用图形化的方法进行分布拟合时，可以检查在最重要的值的范围内哪些分布拟合得更好。

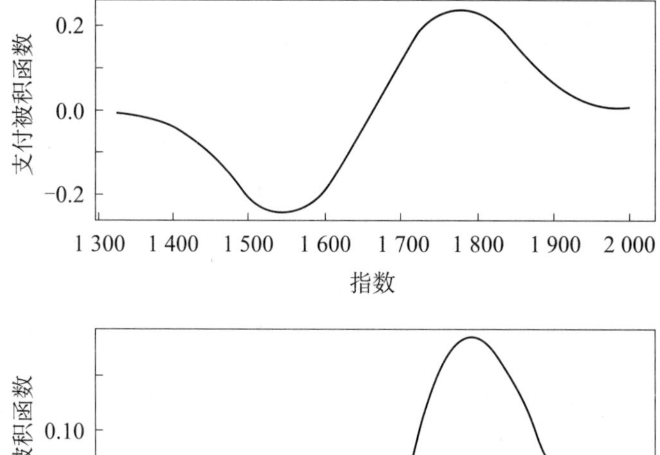

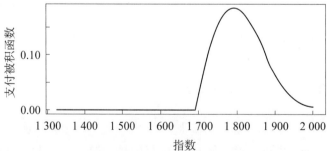

图 5.9　文中所描述互换和期权合约的支付被积函数的形状

5.12　使用互换价格进行期权定价

正如我们已经看到的，给期权定价的主要挑战之一是如何估计对应标的指数的分布，其中一部分是对分布期望的估计。期望指数估计的很小变化可以引起期

望支付上的很大变化。截止到目前,我们提出的计算期望指数的唯一方法是看历史的指数数据,也许还要剔除(相当临时性)趋势。在这一节中,我们将描述一个有趣的替代方法:让市场做这项工作,并告诉你指数期望值。这个方法背后的假设是,有一个基于该期权所使用指数的流动性很好的互换合约。如果我们假设(a)该指数的分布相当接近正态,(b)互换关于期望指数是对称的,并且(c)互换交易市场交易没有风险溢价,那么互换的市场行权价格可以用来估计市场的期望指数。如果我们相信市场是有效的,那么我们可能会认为这是一个很好的估计,比我们通过自己分析历史数据而来的结果更好。至少,这是一个一些人显然会相信的估计。请注意,如果使用 5.8 节中所描述的迭代互换定价方法,我们甚至可以放松前两个假设,即使在指数分布非正态和互换合约也不对称的情况下得出期望指数。

我们应该补充的一点是,即使对于最经常交易的合约,上面所列的第三个假设完全不正确的情况也并非不常见。例如,在 2003 年 1 月期间,伦敦的一月互换合约的市场行权价格连续比估计的合理最低公平行权价格低 20 度日数。显然,互换合约在供需方面并不平衡,这就导致互换价格和期望指数相去甚远,并且看起来市场流动性不足以使其回到平衡点。

然而,如果我们确定接受这种市场估计方法来估计期望指数,我们可以使用这个期望和历史数据基础上估计的指数的标准差来定价期权。

如果我们使用这种方法,那么我们的期权价格就不再对数据和趋势的年份 116
长度的相当任意的选择高度敏感,因为这些仅仅影响标准差而不影响期望。

在下一节和第 11 章中,我们将会看到,甚至存在即使我们认为这不是期望的好的估计,但我们还是会使用市场互换价格而不是期望指数的估计的情况。这发生在以下情形:(a)某人想要计算互换的流动性价值;(b)某人需要计算考虑对冲成本的期权价格。

5.13　用单一互换对冲期权

如果投机者出售的期权的指数有流动性充足的互换合约,他通常会立即通过交易那个互换合约而来对冲他的头寸。这个新的仓位,包含了一个看跌期权和一个互换或者是一个看涨期权和一个互换,有时被称为“**备保看跌期权**”或者“**备保看涨期权**”。但这并不是一种完美的对冲手段,不过确实可以显著减少期权空头面临的风险。那互换的最小变动价位应该是多大呢?

我们提供两种思考这个问题的方式。第一种方式是,最小变动价位应当是那个使期望指数的微小变动不会对新的对冲头寸产生较大影响的价位——也就是说,如果期望指数上的一个变化引起了期权价值的增加,互换的价值会同等降低,这种情况下的互换大小是合适的。这被称为 delta 对冲当期望指数变化很大时,对冲就不合适了,因为期权价格的变化对于期望指数的变化不再是线性的。

对冲的第二种原理是考虑到期日的支付分布并降低这个分布的风险,这被称为静态对冲。

5.13.1 Delta 对冲

如果我们将对冲投资组合 V 的价值定义为期权期望利润加互换期望利润,并首先假设期权头寸是空头,互换是多头且互换无上下限,这时 V 为

$$V(\mu_x) = \mu_p(\mu_x) + D(\mu_x - K) \tag{5.30}$$

117 这里我们把期权期望支付 μ_p 写成仅是 μ_x 的函数,不考虑 σ_x 。

假设 μ_x 有一个小的变化 ϵ,这时

$$\begin{aligned} V(\mu_x + \epsilon) &= \mu_p(\mu_x + \epsilon) + D(\mu_x + \epsilon - K) \\ &= \mu_p(\mu_x) + \epsilon\Delta + \cdots + D(\mu_x + \epsilon - K) \end{aligned} \tag{5.31}$$

这里我们在 μ_x 对 μ_p 进行泰勒展开,并且忽略了比 ϵ 还小的项。现在我们可以看到,如果我们选择 $D = -\Delta$,我们的投资组合将对 μ_x 的微小变化不敏感(ϵ 抵消掉了),在这个层面上,风险已经被降低。现在我们就会发现为什么叫"delta 对冲"了:期权的 delta 给了我们最优的对冲规模。

在投机者卖掉期权合约之前,他由于知晓自己将用互换对冲而可能会想调整价格。如果我们忽略这里蕴含的风险荷载,我们可以把价格作为期权和互换的期望利润,如下式所示:

$$价格 = \mu_p(\mu_x) + D(\mu_x - S) \tag{5.32}$$

如果我们定义 $e = S - \mu_x$是当前互换价格和公平互换价格两者之间的差,那么

$$\begin{aligned} 价格 &= \mu_p(\mu_x) + \Delta e \\ &= \mu_p(\mu_x + e) + \cdots + O(e^2) \\ &\approx \mu_p(S) \end{aligned} \tag{5.33}$$

因此我们看到,价格大致上由 $\mu_p(S)$ 决定,也就是说,通过计算期权的期望支付并代入 S,即当前交换价格,而不是期望指数,无论 s 与期望指数是否相等。

这就是为什么即使我们认为互换价格和期望指数实际并不相等,但是我们仍然会在期权定价时用互换价格代替期望指数估计值的原因。这意味着,如果互换定价过高,我们的对冲将会变得更昂贵,因而我们需要在期权定价时反映出这一点来。

5.13.2 静态对冲

当在期权合约期限内可以频繁再对冲时,上面给出的 delta 是最有效的。

这种情况将在第 11 章中更详细地考虑。另一方面,如果再对冲不太可能的话, 118
我们应该从一开始就考虑对冲对最终支付分布的影响。Jewson(2004c)提出了这个问题,并使用四种不同的风险衡量方法来考虑静态对冲的好处。衡量风险的四种方法是标准差、半标准差、到期风险价值和尾部风险价值(尾部 VaR)。图 5.10 显示了每一种情况下互换对冲的最优大小。我们看到,如果期权在期望指数(本例中是 1660)上行权,我们使用什么样的风险衡量方法其实没有任何差异,最优对冲规模都是一样的。相反,如果行权价格定得使合约处在远离"虚值"的状态,情况就很不一样了。用作使方差最小的那些对冲是最小的,而用作使半标准差或尾部 VaR 最小的那些对冲是最大的。由于对冲需要成本,这很可能使对冲半标准差或尾部 VaR 的成本更高。

在以静态对冲来最小化方差的情况下,如果指数是正态分布,则对冲规模与前面小节中提到的 delta 对冲是一样的。

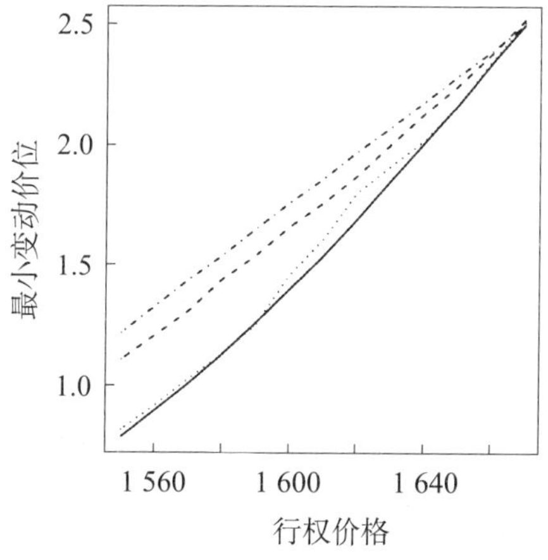

图 5.10　不同风险度量的期权合约的最优静态对冲规模(实线对应于标准差,点线为到期 VaR,虚线为半标准差,点划线对应尾部 VaR)

5.14　抽样误差和构建

在这一节,我们从另外一个角度来探讨第 3 章讨论过的抽样误差问题。我
们当时的考虑是这样的,定义一个互换——其行权价格正好是真实指数期望, 119
或者定义一个期权——其行权价格和上下限是由指数的期望和标准差定义的,当然现实从来不是这样。实际上,不论谁来构建期权都是用期望和标准差的估计值来确定行权价格和上下限的位置。这可能导致行权价格和上限的位置远离目标位置,因为在估计指数的期望和标准差时是有误差的。我们已经知道,

我们估计的期望有一个标准误 $\frac{\sigma_x}{\sqrt{N_y}}$，估计的标准差有一个标准误 $\frac{\sigma_x}{\sqrt{2N_y}}$，我们可以用这些来推导互换和期权的行权价格和界限的不确定度水平。

对于互换，如果我们试图基于指数的期望设定一个行权价格，那么我们估计的期望会有一个标准误为 $\frac{\sigma_x}{\sqrt{N_y}}$ 。如果我们试图以指数的期望加两个标准差来设定界限，那么这就变成不确定的，因为既有不确定的期望，还有不确定的标准差。对正态分布来说，这些不确定性的来源是独立的，总的不确定度如下：

$$\text{界限的标准误} = \sqrt{\frac{\sigma_x^2}{N_y} + 4\frac{\sigma_x^2}{2N_y}} \tag{5.34}$$

$$= \sqrt{3}\frac{\sigma_x}{\sqrt{N_y}}$$

换句话说，界限的不确定度约是行权价格不确定度的 1.7 倍，大部分的不确定度来自标准差的不确定性。

对一个看涨期权来说，如果我们试图在期望加 0.5 个标准差上设定行权价格，这样总的不确定度如下：

$$\text{行权价格的标准误} = \sqrt{\frac{\sigma_x^2}{N_y} + \frac{1}{4}\frac{\sigma_x^2}{2N_y}} \tag{5.35}$$

$$= \sqrt{\frac{9}{8}}\frac{\sigma_x}{\sqrt{N_y}}$$

换句话说，行权价格的不确定性约是期望指数不确定度的 1.06 倍，不确定度的大部分来自期望指数的不确定性。

120

5.15 闰年

在计算历史指数时，闰年里的问题总是让人苦恼。例如考虑一个 1 月到 3 月的合约。在大部分年份里，1 月到 3 月总共 90(=31 +28 +31)天。但是在闰年中，1 月到 3 月总共有 91(=31 +29 +31)天。因此在计算历史指数时，闰年的历史 HDD 值将会比平均值高，仅仅因为它们基于更多的天数。当进行基于历史数据的定价分析时，这并不理想。在季度合约中，这种影响很小，可以忽略，但是在月度合约中，这种影响很大，需要正确处理。

一个简单的方法是按照以下步骤操作：

- 如果要定价的合约不在闰年中，那么应该使用每个历史年份中的 90 天的数据，这 90 天的日期并不需要与合约中的日期完全相同；
- 如果要定价的合约是在闰年中，那么应该使用每个历史年份中的 91 天的数据,同样,这些日期也并不需要完全匹配。

具体使用哪些天的数据应该谨慎思考,避免出现在计算燃耗分析值时每月和每季不匹配的状况。

5.16　延伸阅读

Moreno(2003)讨论了一些希腊参数在天气衍生品定价里的作用。

第6章　应用日度模型定价单一合约

121 在第4章中，我们考虑了一种基于温度的天气衍生品的定价方法，即涉及历史合约结算指数的统计模型。本章我们研究这种以温度作为标的变量的统计建模方法。因为在大多数天气合约中使用的温度指标都是日度温度，所以我们也会重点关注日度温度模型。

与使用合约结算指数定价相比，使用日度温度模型来给天气衍生品定价既有优点也有缺点。潜在的优点有：

- 更加完整地利用可以获得的历史数据；
- 更加精确地表现指数的分布；
- 更加精确地外推极值；
- 应用模型定价法得到更好的估计；
- 对同一地点的所有合约连续使用一个模型；
- 在价格算法中更好地融合气象预报的结果。

而使用日度模型的最主要缺点是增加了复杂性；就像我们将会看到的那样，日度模型明显比第4章中的指数模型方法复杂多了。因此也导致了其在模型误差上有更高的风险。

由于这个缺点，在实际应用中日度模型比指数模型的使用频率低很多。但是，随着更多的关于这类模型的研究的开展，它们的使用频率可能会增加。

6.1　日度模型的优点

现在我们更加详细地介绍使用日度温度模型方法的优点。

122 6.1.1　更高的潜在精确度

人们之所以对使用日度温度模型方法给天气衍生品定价有很大的兴趣，主要是希望得到更加精确的定价结果。但是,日度模型是否有更高的精确度是一个难以回答的问题。当然,对于有的合约来说,使用日度模型能够得到更加精确的定价,但是同样的,对有的合约来说,可能永远也不能。为了理解影响模型是否精确的因素,我们再一次区分**精确度**和**潜在精确度**(就像在 5.6 节中),其中精确度是指模型能够模拟现实世界的能力,而潜在精确度是指在假设模型是正确的前提下,模型能够代表现实世界的能力。① 说一个模型是正确的,我们是指这个模型有正确的形式,即使我们不知道其参数的正确值。

日度模型通常比燃耗分析法和指数模型法有更高的潜在精确度(我们会在 6.8 节中说明)。在模型是正确的前提下,可以把潜在精确度转化为实际的精确度。但是由于所有的模型都不是正确的,所以实际的精确度总是低于潜在精确度。问题是:实际精确度和潜在精确度之间到底有多接近?这几乎不可能用一个完全精确的方法来回答。一个模型的潜在精确度可以精确地通过拟合模型和它的输出结果来评估。实际的精确度可以通过模型验证被部分估计,只有用真实数据进行样本外测试才能被完整估计,但是因为趋势的存在,这很难实现。

对可得历史数据更加完整的使用

考虑一种一周天气合约:第 4 章中提到的基于指数的分析在计算历史指数时,舍弃了一年中其他所有周的历史温度数据,这样的话,大概有 98% 的包含有用信息的可用数据就被轻易地舍弃了。而日度模型能够使用整年的数据来拟合模型的参数。如果额外的数据是相关的,那么模型将会更加精确,因为参数将会被更好地估计。当然,使用更多的数据拟合模型并不一定就更好。例如,
尽管我们可以使用北京地区的额外数据来为伦敦地区的合约定价,但是因为这 123
两个地区的温度变化统计数据完全不同,所以这样的做法是没有意义的。类似地,如果夏季和冬季的数据不是非常类似,那么同时使用这两个季节的数据来拟合为夏季合约定价的模型,可能不仅不会提高精确度,反而还会降低精确度。评定使用合约期外的额外数据是优化了模型还是恶化了模型是日度模型研究工作的一个重要部分。

为了介绍能够在日度模型中完全使用可得数据的另一个方面,考虑基于临界温度 65℉/18℃ 的 CDD 指数。对于所研究的地点,很可能在合约期中仅有一半天数的温度是恰好在临界温度线上的。在基于指数的分析中,临界值以下数据包含的信息将不会被充分地利用。但是通过使用日度模型,我们避免了临界值一边的值不能被完全利用的缺点,从而能够充分利用每一天的数据。但是,弊端是对于临界值以下的数据我们假定的日度模型可能是明显错的,所以用包含这些错误的

---

① 气候模拟者会认为这一区分与可预报性和潜在可预报性之间的区分类似:前者是预测现实世界的能力,后者是模型预测本身的能力。如果模型是正确的(当然,它们从来都不是),那么这两者是等同的。模型总是表现为有更好的能力预测自身而非现实世界;将模型预测自身的能力误当作预测现实的能力的危险总是存在的。

数据来拟合分布实际上会降低模型的精确度。评定使用临界值错误一端的数据是使模型优化还是恶化也是一个重要的内容。

作为前面段落中观点的极端个例,我们来考虑一个事件指数。100 天的历史数据中有可能只有一天有事件发生,那么在我们使用基于指数定价的方法时,99% 的数据都不会被充分利用,但是利用日度模型拟合这些数据可以帮助我们获得精确的参数估计。正如前文所述,模型是否更加精确取决于我们拟合的日度数据的分布与正确的分布的接近程度,特别是对驱动事件的极端数据的拟合的接近程度。

这种情形下**最极端**的个例是使用历史上从未发生过的事件作为交易定价的基础。指数模型法和燃耗分析法都不能在这些情形下使用,但是日度模型能够通过形成这样的事件而给出潜在可信的结果。

指数分布的更好表征

指数模型和日度模型的目标都是实现对指数分布的精确代表,进而获得精确的定价。指数的分布是由指数的定义和日度温度的分布(包括边缘日分布和时间依赖性)控制的。这两个因素结合起来可以创造一种指数分布型,但这种分布型可能无法被任何统计学的标准参数分布所完美代表,并且在这种情况
124 下,也没有一个参数指数模型可以很好地代表。能够捕获日度天气变量分布的日度模型受到的限制较少,因此我们可能更加接近指数的真实分布。考虑到 5.5 节中介绍的内容,这对于严重依赖分布尾部的合约很可能非常重要。

更好地外推极值

指数模型基于可获得的历史指数数据的外推来捕获极端事件。例如,如果我们将历史指数拟合到一个正态分布中,那么我们使用正态分布的尾部进行外推,这种外推是临时设定的,很难说明哪一种分布比另外一种分布能够给出更好的外推结果。日度模型在一定程度上克服了这种缺陷:指数的极值经常取决于日度数据的特定顺序。日度模型能够产生在历史数据中从未出现过的日度数据的全新顺序,也能够产生新的极端指数值。如果日度模型是真实的,那么这些极值也就会是真实的。显然这些问题与那些强烈依赖极值指数的合约更相关。

6.1.2 应用模型定价法得到更好的估计

对合约进行模型定价法是指在给定可获得历史数据及预报的情况下,评估单个合约或合约组合当前价值的过程。这个过程将会在后面的章节中更加详细地讨论。现在我们要知道,和指数模型相比,日度模型能够更好地代表过去和未来温度数据的相关性,因此也潜在地提高了模型定价法的精确度。

6.1.3　对同一地点的所有合约使用同一模型

如果在同一地点签订许多合约,那么就有必要在这些合约之间保证一致的定价。特别是当有些合约是用来对冲其他合约时,那么这种做法就更加重要了。在第7章中,我们会讨论指数模型如何延伸到多个合约,但是我们也发现在某些情形下用我们描述的多指数模型不能够精确地捕捉这些指数之间的关系,然而用日度模型却能够做到。

而且,一旦在某个地点发现了一个好的日度模型,这个模型就能够用于该地点的所有合约,无论其指数类型或时期长短。因而这些统计数值拟合过程只
需要做一次就能适合所有情况,此后许多不同类型的合约可以在置信区间内直 125
接定价。可是这些对于指数模型来说是不可能实现的,因为每一个新的指数都需要重新拟合。

6.1.4　融合气象预报

气象预报员制作日度值形式的气象预报。对于预报员来说,制作关于日度温度的预报比制作每日度日数或汇总度日数的预报更有意义,因为这些预报结果可以被许多人使用,使用范围广泛到从交易员为衍生品定价到家庭出游计划。当定价模型是基于日度温度而不是基于结算指数时,将这些预报结果融合到定价模型中会更加容易,这些内容会在第10章中介绍。

6.2　日度模型的缺点

除了上文所提到的优点,日度模型和指数模型相比也有一些缺点。

模型的复杂性

由于日度温度波动率复杂的特点,它的设计、建立、拟合、验证和使用都更复杂,运行起来也可能更慢。

模型误差的风险

由于日度模型更大的复杂性,其与指数模型相比有更大的模型误差(反过来,指数模型比燃耗分析有更大的模型误差)。模型误差有两种形式:第一,统计模型本身是准确的(即接近真实情况),但是执行过程出错了(即编码错误);第二,统计模型本身就不够准确(即偏离真实情况)。

6.3　日度温度模型

上文我们讨论了日度温度模型的优点和缺点,接下来我们会给出一些这样的模型。我们会使用一些技术方法评估这些模型的精确度和潜在精确度。哪

个模型最好以及这个最好的日度模型是否比指数模型更好，是一个主观的判断，这一判断基于所有现有的信息加上一定的直觉。

126 这些模型的模拟方法会在附录 I 中简要讨论。

6.3.1 季节循环模型

热带外地区温度波动率在时间序列上最显著的一点是它有很强的季节循环并
127 伴有小的扰动（见图 6.1 的第一幅图）。这促使我们先模拟季节循环，再另外模拟扰
动。① 这样做是希望在去掉非平稳的季节循环后，剩下的特征将会是平稳的。

我们使用的方法是将季节变化当作确定的和每年相同的（季节平稳）来模拟。温度的随机变化就会从季节循环中被完全移到残差里。这种确定性的季节循环模拟是在气象学中广泛应用的方法。

决定确定性地模拟季节循环后，有三种基本的方法可以使用。

均值法

去掉季节循环的最简单的方法包括如下步骤：

- 通过平均所有的 1 月 1 日、1 月 2 日等来计算年平均；
- 使用滑动窗口平滑年平均，然后生成一个可信平滑的季节循环。

这个方法的主要优点就是简单。主要缺点是闰年不能很好地计算，每 4 年出现一次的 2 月末尾多出一天的情况不能在这个框架中简单处理。

离散傅里叶变换方法

当使用正向离散傅里叶变换（discrete fourier transform，DFT）将 $4N$ 年的温度变异性转换到频率范围，并绘制功率谱后，季节循环在 365.25 天的年循环的谐波中非常清楚地显示为峰值（见图 6.1 的第二幅图）。一年中第一个谐波是最大的，接下来几个明显的次谐波的振幅就小得多。一个简单的去掉季节循环的方法是将这些谐波的功率设置为零，然后使用逆向离散傅里叶变换将功率谱转换到实际情况中（正向和逆向离散傅里叶变换的程序包都是很容易找到的）。转换得到的温度将不再显示出强烈的季节循环的特征。我们自己的经验表明，通常使用这样的方法去掉一个、两个或三个谐波已足够去除均值中季节
128 性的所有痕迹，去掉的信号可以被绘制成初始信号和转换结果之间的差别。

按上面所述去掉平均值中的季节循环后，剩下了残差，我们把这叫作“中间距平值”或“季节循环均值中的距平值”。由于冬季温度比夏季温度更加多变，这些距平值在方差上显示出明显的季节性特征，而不是在均值上。我们可以使用和均值中去季节性几乎完全相同的方法来去除这些季节性：

- 这些方差过程是通过对中间距平值的时间序列进行平方来计算的；
- 评估这些方差过程的功率谱（见图 6.1 的第三幅图）；

① 虽然人们可能认为模拟整组数据更加具有数学上的一致性。

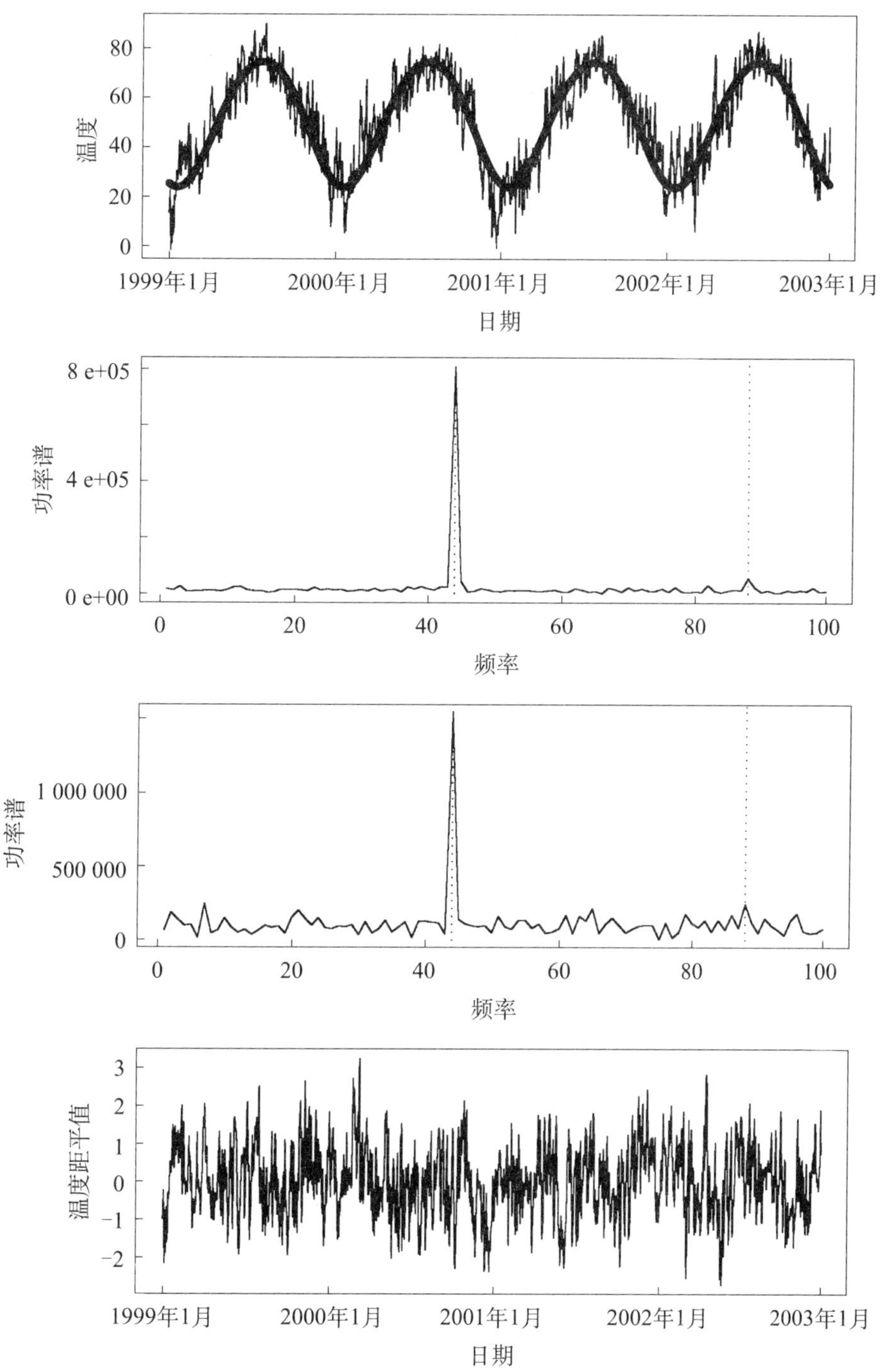

图 6.1　日度温度去季节性的过程(第一幅图是四年的日度温度,平均值中存在季节循环。第二幅图是日度温度的傅里叶功率谱,44 年的数据在频率为 44 处有一个极大值,也就是一年为一个周期。第三幅图是中间距平值平方的傅里叶功率谱,第四幅图是去掉均值和季节循环方差的温度距平图)

- 将功率谱的峰值减少到背景的等级；
- 将调整过的功率谱转换到真实状态下。

这需要比移除均值中的季节循环更多的谐波，我们的经验表明三个或四个的效果较好。

回归方法

去掉季节性的第三种方法就是将温度回归到365.25天的谐波中，这种方法的优点是能够用于任意年数的数据。它和离散傅里叶变换(DFT)方法一样可以用来去除均值和方差中的季节循环。

去季节性的结果

应用离散傅里叶变换对芝加哥温度去除季节性影响的结果在图6.1的第四幅图中给出。我们把这些值称为“距平值”。由于已经消除大部分确定的季节变率，这些距平能够捕捉天气一天一天的随机变化。我们现在可以给出我们在模型中使用的日度温度的一般形式：

$$T_i = m_i + s_i T_i' \tag{6.1}$$

其中 T_i 代表温度，m_i 代表均值的季节循环，s_i 代表标准差的季节循环，T_i' 代表温度距平值。

到这一步为止，简单的建模过程已经完成。距平具有复杂的统计特征，不能够特别容易地用一个完全通用的方式来模拟。接下来我们研究其中的一部分统计特性。

129 ## 6.4 距平的统计特征

首先，我们讨论距平的年分布。在能够精确模拟季节循环的基础上，去除均值和标准差的季节循环之后，我们使一年中所有时间上的均值为0、标准差为1。芝加哥和迈阿密的距平的年分布如图6.2所示，使用QQ图将它们与正态分布对照。

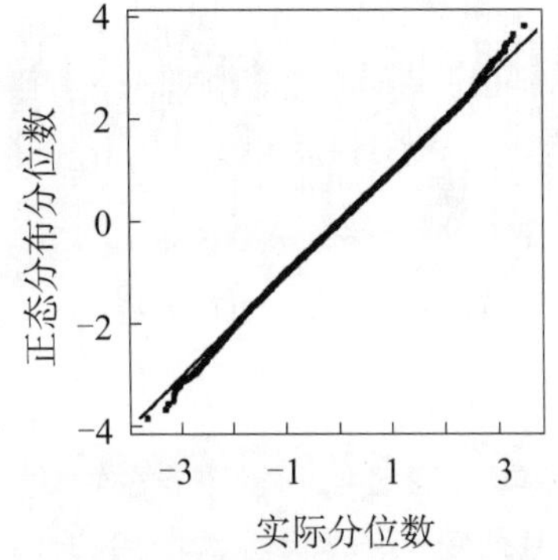

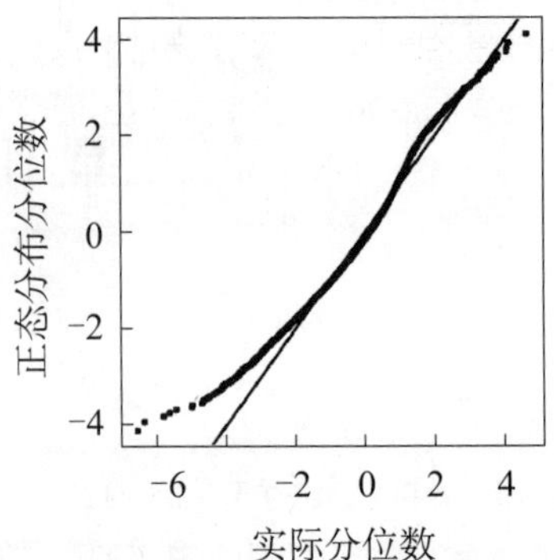

图6.2 芝加哥和迈阿密的温度年分布的QQ图(从图中可以看出芝加哥的气温分布是几乎接近正态分布的(但是尾端有轻微的偏差)，迈阿密的温度分布与正态分布偏差较大，在左尾有很大偏差)

我们发现,正态分布在任何情况下都不是对距平分布的完美拟合:其中芝加哥的结果是相当合理的,而迈阿密的结果则是相对较差的。

现在我们将年分布分解为季节分布。图 6.3 的上半部分显示了芝加哥冬季和夏季的分布。两个季节的结果都和正态分布之间有轻微的偏差,并且冬夏季的偏差不同。图 6.4 给出了迈阿密四季的分布。在这张图中,四季的分布和正态分布之间都有明显的偏差,特别是冬季的偏差更加明显。我们可以做出如下结论:图 6.2 显示的年分布是由一年中不同时间的不同分布组合而成的。

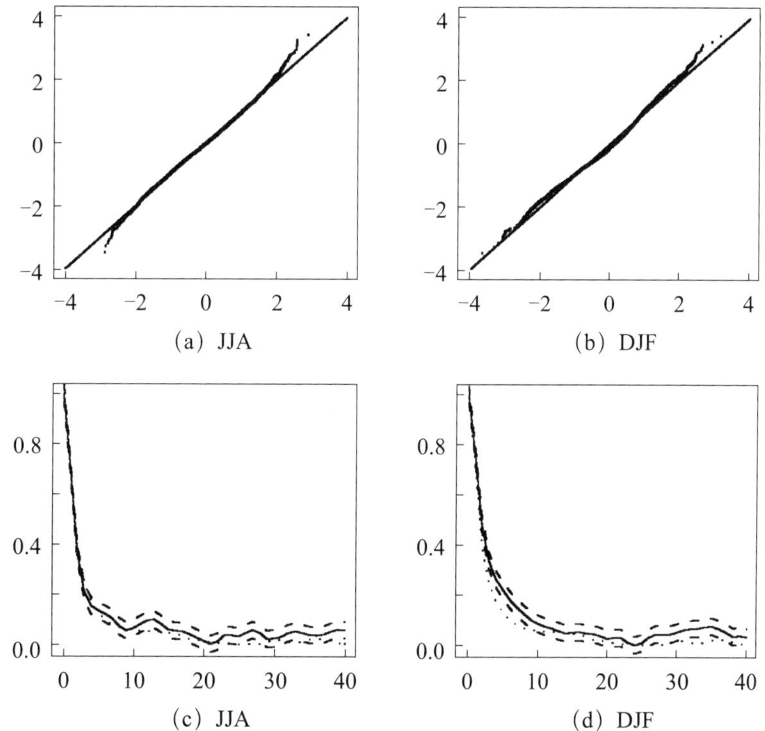

图 6.3　上面的图是芝加哥冬季和夏季的气温距平的 QQ 图。横轴是观测分位数,纵轴是模拟正态分布的分位数。在这两个例子中,我们注意到温度分布接近正态分布,因此高斯模型是非常恰当的(尽管夏季的温度分布在尾端和正态之间确实有一些偏离)。下面的图是芝加哥冬季和夏季的气温的 ACF(实线),将拟合全年数据的 ACF(在每幅图中都是点线),使用 Moran(1947)提供的方法计算的 95%置信区间(虚线)。我们看到 ACF 从冬季到夏季并没有很明显的变化,这可能是由于存在样本误差

接下来,我们考虑年距平的自相关函数(autocorrelation function,ACF)。自相关函数显示的是一个时间序列在不同的滞后水平上与自身的相关性。图 6.5 分别给出了芝加哥和迈阿密的年自相关函数,我们可以看出,图中的自相关函数直到 30 天之外才衰减到 0。

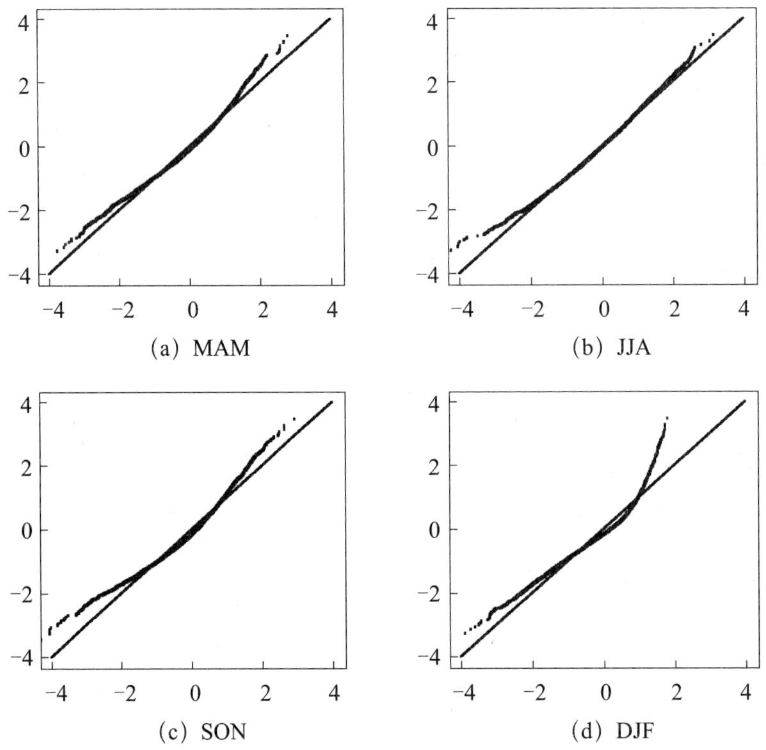

图 6.4　四幅图分别是迈阿密四季的温度距平的 **QQ** 图。横轴坐标是观测分位数，纵轴坐标是模拟分位数。从图中可以看到，所有季节分布的冷尾都是重尾(比正态分布预测的寒冷事件更多)，暖尾分布是轻尾(比正态分布中预测的温暖事件更少)。与正态偏离最显著的是冬季的暖尾

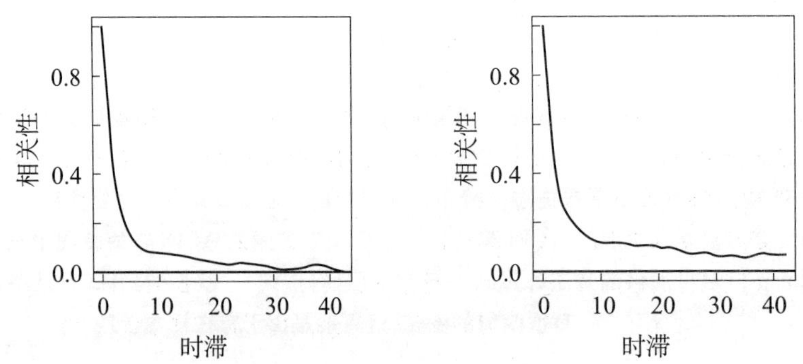

图 6.5　芝加哥和迈阿密地区温度距平的年自相关函数

最后，我们分析自相关函数的季节性。图 6.3 的下半部分给出了分别使用冬季和夏季数据计算得到的芝加哥的自相关函数，同时给出了年自相关系数。结果显示从冬季到夏季的自相关函数没有大的变化。

图 6.6 给出了迈阿密四季的自相关函数，同时给出了年自相关函数。这里季 131
节之间的自相关函数有大的变异，特别是夏季有长得多的记忆。

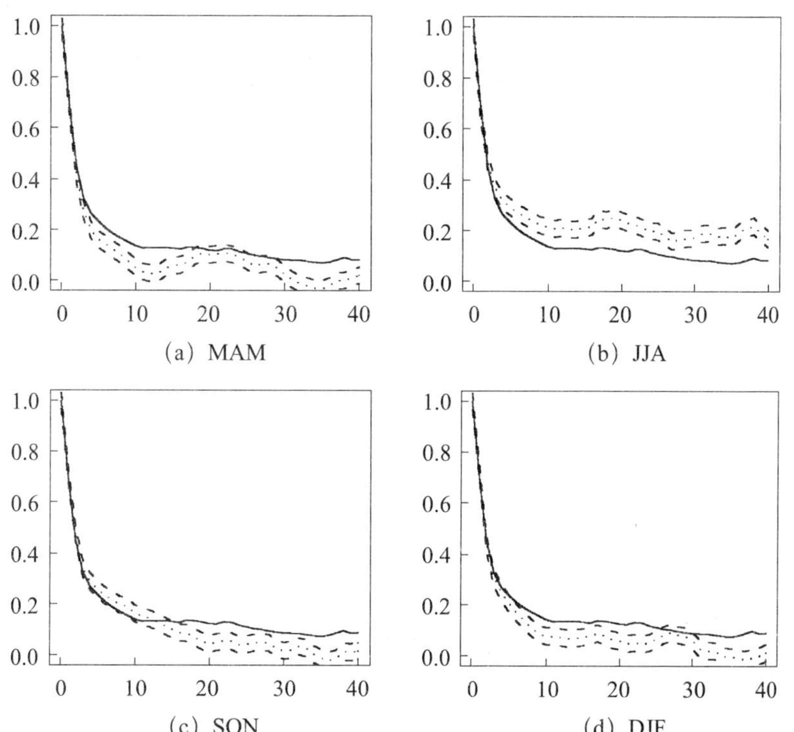

图 6.6　四幅图分别是迈阿密地区四季观测的自相关函数。在每幅图中，黑色实线是年自相关函数，作为参考值。点线是对应季节观测的自相关函数。虚线显示了观测估计 95%置信区间。从图中可以看到温度的记忆有强烈的季节变化，夏季的记忆更强，冬季的记忆更弱

6.4.1　指数的遗传特征

我们现在要问：距平的统计特征会对最终指数分布有何影响？这是非常重
要的问题，因为这个回答能够说明在模型中捕捉距平的哪种性质是最重要的， 132
以及模型是否需要捕捉温度变化的一些更复杂的方面。一般来说，把距平性质和指数性质关联起来是比较困难的。不过，基于温度的正态分布的 CAT（累积平均温度）指数（或者其他线性可分离指数）是一个简单个例，其有一些简单的结果，这些结果对于引导我们的直觉和在模型间做出选择有很大帮助。考虑基于温度 T 的 CAT 指数 x，那么指数期望值 $E(x)$ 的计算公式为

$$E(x) = \sum_{i=1}^{N_d} E(T_i) \tag{6.2}$$

也就是说,指数的期望值就是温度均值的简单求和。因为式(6.1)中温度的均值是由季节循环确定的,上面提到的距平的性质在确定指数的期望值时是毫不相关的。也就是说,在计算 CAT 指数的期望值的过程中,以及在计算基于该指数的线性互换的公平价格时,我们只需要考虑季节循环。当温度不可能跨越临界值线时,我们对于度日天指数也有和上文相同的结论。在这些情况下使用日度模型的好处是同时使用合约期外和合约期内的数据来模拟季节循环的形状,因而能够更加精确地捕捉季节平均指数,特别是对短期合约来说。

我们现在考虑 CAT 指数的方差

$$V(x) = E((x - E(x))^2 = E(x^2) - (E(x))^2 \tag{6.3}$$

其中,

$$\begin{aligned} E(x^2) &= E((\sum_{i=1}^{N_d} T_i)^2) \\ &= E(\sum_{i=1}^{N_d} \sum_{j=1}^{N_d} T_i T_j) \\ &= \sum_{i=1}^{N_d} \sum_{j=1}^{N_d} E(T_i T_j) \\ &= \sum_{i=1}^{N_d} \sum_{j=1}^{N_d} c_{ij} + E(T_i)E(T_j) \end{aligned} \tag{6.4}$$

133 c_{ij} 是i天的温度和j天的温度的协方差。我们注意到指数的方差是由这些温度协方差决定的。

通过季节循环的延伸和式(6.1)得到的距平,可得

$$\begin{aligned} E(x^2) &= \sum_{i=1}^{N_d} \sum_{j=1}^{N_d} E(T_i T_j) \\ &= \sum_{i=1}^{N_d} \sum_{j=1}^{N_d} E((m_i + s_i T'_i)(m_j + s_j T'_j)) \\ &= \sum_{i=1}^{N_d} \sum_{j=1}^{N_d} m_i m_j + s_i s_j E(T'_i T'_j) \end{aligned} \tag{6.5}$$

其中 $E(T'_i T'_j)$ 是自相关函数。这表明指数的方差是由季节循环的均值、方差的季节循环和温度距平的自相关函数决定的。由于在分析中假设温度是正态分布的,我们知道正态分布变量的和也是呈正态分布的,所以 CAT 指数也会是呈正态分布的。因而指数的分布完全是由期望和标准差确定的。这意味着我们必须正确地模拟温度的季节循环和自相关函数,才能捕捉这些指数的分布。这驱使我们在下面的模型验证和比较过程中关注自相关函数。

式(6.5)的物理解释是比较简单的:如果距平是高度自相关的,那么温度就

会长时间偏离季节循环。这会导致指数有大值和小值,指数的标准差也会很高。

我们上面的分析是在温度呈正态分布的基础上进行的。更一般来讲,实际温度并不是精确地呈正态分布的(正如我们已经看到的那样),这就会导致非正态的指数分布,甚至是非正态的 CAT 指数。温度的变化可能不完全由均值、标准差和自相关函数决定。在这些情况下,一个理想的日度模型不仅能够捕捉季节循环和自相关函数,而且能够捕捉日度温度的正确分布,而且其温度对时间的依赖性比由线性相关模型捕捉到的更为复杂。

6.5　距平建模 134

我们已经了解到温度具有复杂的季节性和非正态性的走势,这说明需要复杂的模型和建模技巧才能表示它们。首先,我们考虑可以使日度温度距平在几乎所有的情况下都可以接近正态分布的转换。然后,我们描述转换后距平的线性高斯参数化模型。我们会看到这个模型在很多例子中都能够有很好的效果。在线性高斯参数化模型不能够有很好效果的情况下,我们将会考虑把非参数模型作为一个备选项。也有许多其他种类的时间序列模型,例如非高斯距平的线性模型或非线性参数模型。在线性参数模型效果不好的情况下对这些模型进行评估是目前的热门研究领域。

6.5.1　将温度距平转换为正态分布

就如我们在 6.4 节中所提到的那样,温度变化常常是非正态的分布。这通常很难建模。比较方便的办法是将这些温度进行转换以使得它们非常接近正态分布,然后使用正态模型。这种方法的弊端是,模型之后无法被拟合到使原始数据最大似然化,虽然当温度距平接近正态分布(就像它们通常那样)时这不是很要紧。如果全年都是非正态的,那么一个固定的转换就足够了。但是,在大多数情况下,非正态性也是随着季节变化的(就如我们上文所发现的),因此需要使用一个随季节变化的转换。理想的情况下,人们可能会使用像著名的 Box-Cox 转换(Box and Cox ,1964)那样的参数形式。但是,非正态性通常是非常复杂的,以至于这种简单的参数转换不能够起作用。Jewson and Caballero (2003a)给出了一个一般的非参数转换,具体的结果如图 6.7 所示。我们看到,在图 6.4 中非常明显的随季节变化的非正态性大部分被这种转换去除了。这意味着我们现在可以继续使用高斯模型来对转换后距平建模。这些模型的模拟结果能够通过该分布转换的反函数转换到正确的分布。

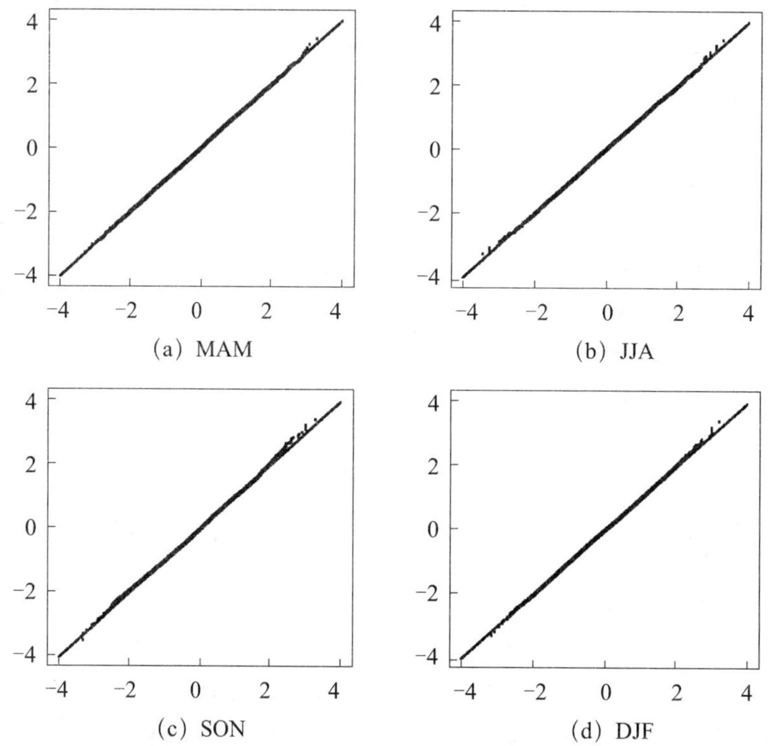

图 6.7 四幅图给出了应用文中非参数季节性变化转换方法后，迈阿密地区四季的温度距平的QQ图。和图 6.4 相比，我们可以看到，图中大部分的非正态性都被消除了

对于像芝加哥一类的站点，可能没有必要使用这种分布转换，因为其全年的温度分布都是非常接近正态分布的，所以高斯时间序列模型可以直接使用。135 然而对于像迈阿密一类的站点，不先使用转换就使用高斯模型将会非常不精确。

6.5.2 温度距平的参数模型

如上文所说的，要么温度距平本身接近高斯模型，要么我们将它们转换以接近高斯模型。那么接下来的挑战就是为距平的时间依赖性建模。高斯随机时间序列的最简单离散时间序列模型是

$$T_i' = \epsilon_i \tag{6.6}$$

其中 ϵ_i 是高斯白噪声。这个模型是 Davis(2001)在关于天气衍生品的情境中提出的。这个模型给出的温度距平在时间上是完全独立的并且呈正态分布。考虑到温度距平观测值的自相关性和自相关函数在决定指数标准差中的重要性，如式(6.5)显示的那样，这个模型显然不适用。

6.5.3 ARMA 模型

更复杂的一类模型是 ARMA(autoregressive moving average,自回归滑动平均)时间序列模型,其形式是

$$\phi(B)T_i'=\psi(B)\epsilon_i \tag{6.7}$$

其中 B 代表后移算子,定义如下 136

$$BT_i'=T'_{i-1} \tag{6.8}$$

其中 ϕ 和 ψ 分别是关于 p 和 q 的多项式,并被称为自回归(AR)和滑动平均(MA)多项式。

它们由

$$\phi(x) = 1 - \sum_{i=1}^{p}\phi_i x^i \tag{6.9}$$

和

$$\psi(x) = 1 + \sum_{i=1}^{q}\psi_i x^i \tag{6.10}$$

给出(为了保持稳定性和可逆性,其中两个多项式在单位圆外没有根)。

使用这些定义,式(6.7)可以展开成

$$(1-\phi_1 B+\phi_2 B^2+\cdots+\phi_p B^p)T_i'=(1+\psi_1 B+\psi_2 B^2+\cdots+\psi_q B^q)\epsilon_i \tag{6.11}$$

使用 B 的定义可以推出

$$T_i'-\phi_1 T'_{i-1}-\phi_2 T'_{i-2}-\cdots-\phi_p T'_{i-p}=\epsilon_i+\psi_1\epsilon_{i-1}+\psi_2\epsilon_{i-2}+\cdots+\psi_q\epsilon_{i-q} \tag{6.12}$$

或者

$$T_i'=\phi_1 T'_{i-1}+\phi_2 T'_{i-2}+\cdots+\phi_p T'_{i-p}+\epsilon_i+\psi_1\epsilon_{i-1}+\psi_2\epsilon_{i-2}+\cdots+\psi_q\epsilon_{i-q} \tag{6.13}$$

在最后这个表达式中,我们可以看到今天的温度 T_i' 被写作 p 天之前的温度的线性组合加 q 天之前的噪声项的线性组合。

逆向使用滑动平均,多项式(6.7)可以被写为

$$\psi^{-1}(B)\phi(B)T_i'=\epsilon_i \tag{6.14}$$

在上式中,今天的温度被写成之前所有天的温度的加权和以及一个单一的随机噪声项(换句话说,一个无限阶的自回归模型)。

或者,通过逆向使用滑动平均多项式(6.7)能够被写成

$$T_i' = \psi^{-1}(B)\phi(B)\epsilon_i \tag{6.15}$$

在上式中,今天的温度被写成之前所有随机扰动项的权重总和(一个无限阶的 137
滑动平均模型)。

ARMA 模型的最简单的例子是 ARMA(1,0)或 AR(1)模型,即

$$T'_i = \phi_1 T'_{i-1} + \epsilon_i \tag{6.16}$$

和 ARMA(0,1)或 MA(1)模型,即

$$T'_i = \epsilon_i + \psi_1 \epsilon_{i-1} \tag{6.17}$$

许多学者[包括 Dischel(1998a),Alaton et al.(2002),Cao and Wei(2000)及 Torro et al.(2001)]建议在天气衍生品定价中使用模型 AR(1)来为温度建模。Dornier and Querel(2000),Moreno(2000)以及 Moreno and Roustant(2002)则建议使用 ARMA 模型的更一般的版本。

ARMA 模型能够使用非常灵活的方式捕捉时间序列的自相关性。在数学意义上,只要有充足的 p 项和 q 项,ARMA 模型就能够捕捉任何稳定的自相关函数的任何精度水平。但是,在实际意义上,这不是一个有用的结果:对于很多自相关函数形式,模型所需要的参数数量是非常大的,但是这些参数却不能够完全由可得数据估计得到。

我们给出了一些简单的自回归模型应用于温度距平时间序列时的表现。这些模型用著名的 Yule – Walker 方程拟合,我们通过考虑自回归方程、残差和指数分布来检验它们。参数时间序列模型如式(6.7)的残差可以按照如下方法计算:

- 拟合模型的参数,包括噪声方差;
- 这个模型是用来制作一个一步的、样本内的无新息的预报;
- 计算这些预报的误差,即残差。

为了保证模型的内部一致性,残差的分布应该与新息的分布(ϵ 项)一致。这可以使用 QQ 图进行评估。如果这些分布不是一致的,就意味着模型结构的不一致。

图 6.8 显示了观测的自相关函数和使用四个简单的自回归模型模拟的自相关函数。模拟的四个自相关函数中有三个都低估了观测的结果。图 6.9 给出了残差的结果:我们注意到残差分布在四个例子中都不能很好地和噪声拟合。最后,图 6.10 显示了这个地区的基于历史数据和四个模型的平均温度指数的指数分布。

138 我们注意到,在四个模型分布中,有三个比历史值更陡峭,说明有更低的方差——正如图 6.8 和式(6.5)一起显示的对自相关函数的低估一样。

139 这些例子很明显地表明,ARMA 模型不能够很好地模拟日度温度。其中被认为最好的模型是 ARMA(2,2),它能够给出自相关函数的一个好的拟合,但是对残差的最好的拟合只是合理的拟合(我们对超过 16 000 天的数据进行检测,所以如果模型是好的,我们可以期待得到一条近乎准确的直线)。在三个 AR-

MA 模型中,指数分布的误差很明显,这将会导致天气合约的明显的定价误差。由于当我们使用足够多的自回归参数时,任何自相关函数都可以被表示,因此尝试更多的参数看似会很合理。但在实际中这并不可行。因为在我们得到对于残差和自相关函数都满意的结果之前,我们的参数数量已经超过了可信估计的参数数量。

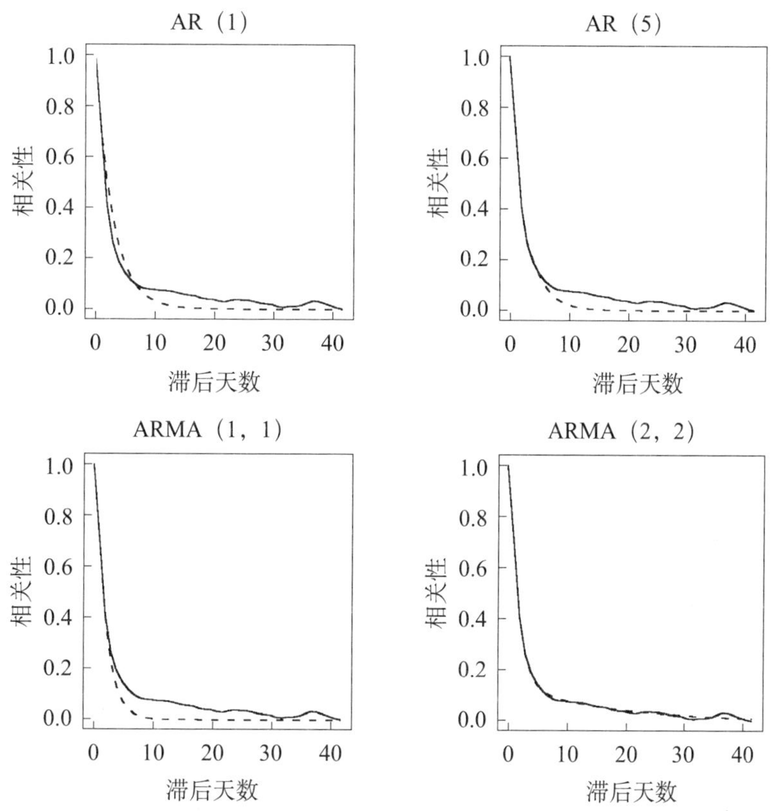

图 6.8　芝加哥日度温度的观测 ACF(实线)和 ARMA 模型模拟的 ACF(虚线)

6.5.4　ARFIMA 模型

上文已经显示 ARMA 模型在模拟日度温度时效果不好,我们现在讨论另一种模型,称为自回归分型整合滑动平均(autoregressive fractionally integrated moving average,ARFIMA),这种模型的效果在一定程度上更好。Caballero et al.(2002)第一次将这种模型应用到日度温度上。Brody et al.(2002)独立描述了 ARFIMA $(0,d,1)$ 模型的连续模拟使用。

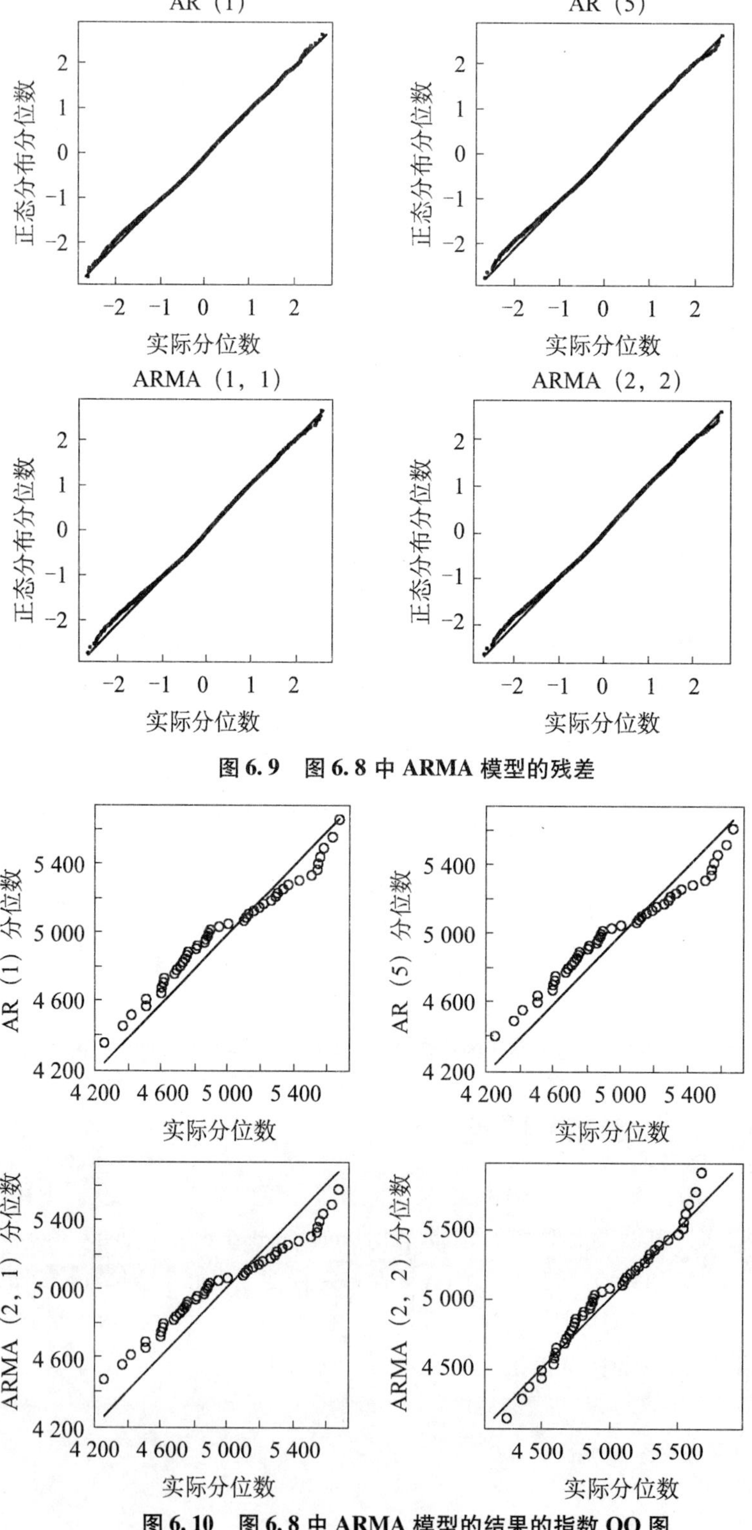

图 6.9　图 6.8 中 ARMA 模型的残差

图 6.10　图 6.8 中 ARMA 模型的结果的指数 QQ 图

ARFIMA 模型由以下公式确定： 140

$$\phi(B)(1-B)^d T_i' = \psi(B)\epsilon_i \tag{6.18}$$

其中 $(1-B)^d$ 被解释为 B 的乘方的无穷和：

$$(1-B)^d = \sum_{k=0}^{\infty} \binom{d}{k} (-1)^k B^k \tag{6.19}$$

其中 $\binom{d}{k}$ 是二项式系数。ϕ 和 ψ 需要满足特定的条件(Beran,1994)。

这个模型是模型 ARMA 的延伸,并对 $0 \leqslant d < 0.5$ 来说是稳定的。当 $d = 0$ 时,它和模型 ARMA 相同。模型 ARFIMA 的一个解释是,在应用 ARMA 模型之前,我们在极小的时间 d 上对温度进行差分,其中微小差分的均值由式(6.19)给出。ARFIMA 的另一个解释是,它是一个具有相关新息(innovations) ϵ_i 的 ARMA 模型。

ARFIMA 模型对模拟日度温度距平非常有用,是因为 ACF 在长时间中衰减得很慢,就和我们在图 6.5 中看到的观测结果一样。

作为一个例子,我们利用 ARFIMA(1,d,0)模型来拟合芝加哥温度。观测结果的自相关函数和模型都在图 6.11 中,我们可以看到该模型合理地捕捉了自相关函数的缓慢衰减。残差的结果显示在图 6.12 中,残差分布和新息之间能够很好地配合。这些结果比 ARMA(2,2)模型的结果好,尽管参数只有 3 个而非 5 个。最后,我们在图 6.13 中给出了从 ARFIMA 模型中获得的指数分布,也有很好的结果。

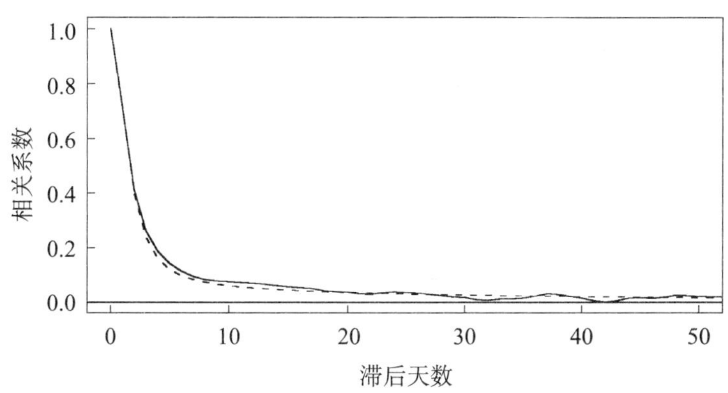

图 6.11　观测和 ARFIMA 模型模拟的芝加哥温度距平的 ACF

我们的经验表明,ARFIMA 模型在很多站点效果都很好,形成了一个相当
标准的模拟温度距平时间序列的模型。但是,对于一些特定的情况,如迈阿密, 141
我们看到 ACF 在季节之间有显著的变化。这不能被 ARMA 和 ARFIMA 模型捕

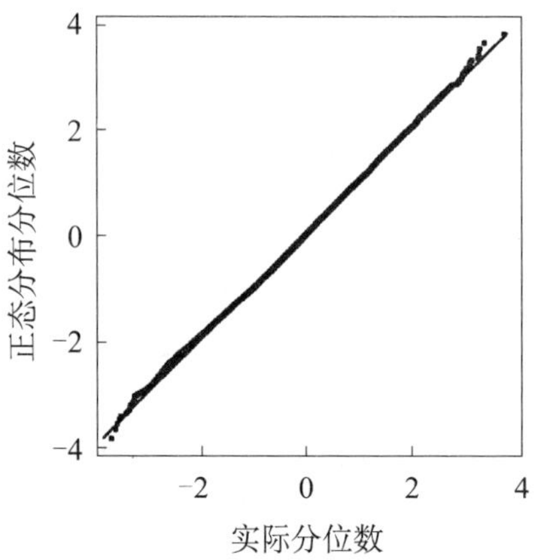

图 6.12　图 6.11 中 ARFIMA 模型的残差

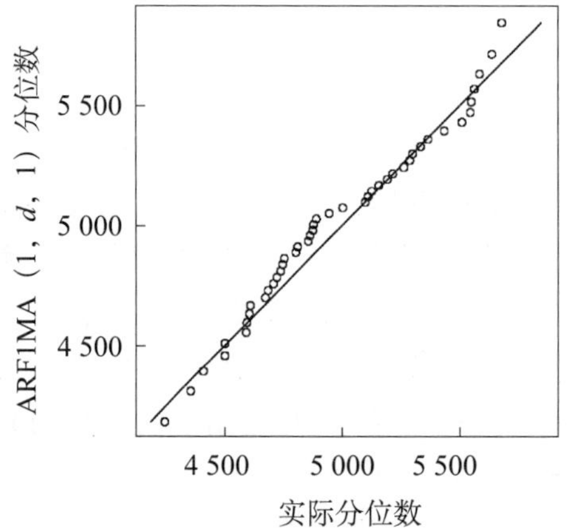

图 6.13　图 6.8 中 ARFIMA 模型的结果的指数 QQ 图

捉，并且，实际上，对迈阿密使用两个模型中的任一个都会得到不精确的结果，因为模型想要很好地拟合所有季节，但结果是所有的季节都拟合得很糟糕。

6.5.5　AROMA 和 SAROMA 模型

另一种能够捕捉温度 ACF 缓慢衰减的模型是 Jewson and Caballero(2003a)的滑动平均的自回归(autoregressive on moving average，AROMA)和季节性滑动平均的自回归(seasonal AROMA，SAROMA)模型。与 ARFIMA 模型相比，这些模型的优点是它们也包含了 ACF 随季节变化的情况。我们已经知道，温度的观测 ACF 的缓慢衰减能够由 ARMA 模型通过很多参数进行潜在模拟，但是很多参数会由于过度拟合而无法鉴别。这个问题的一个可能解决方案就是对参数空间进行限制。
142 我们可以想到很多限制，例如设置一些参数为零或者要求一些参数的子集相等。由于通常不可能给这些限制找到物理机制上的基础，这些限制免不了会变得有些武断。这种 AROMA 模型就是一种对 AR 模型的参数加上一些带有许多滞后的限制条件的尝试；虽然限制的选择有些武断，但这些模型还是容易解释的。AROMA $(m_1, m_2, ..., m_M)$ 模型由下式确定

$$T'_i = \sum_{n=1}^{M} \alpha_n \sum_{j=i-1}^{i-m_n} T'_j \tag{6.20}$$

换句话说，i 天的温度是之前的温度的 M 个滑动平均值的加权总和。第一个滑动平均覆盖的天数是 $i-1, i-2, \cdots, i-m_1$，第二个覆盖的天数是 $i-1, i-2, \cdots, i-m_2$，以此类推。表 6.1 给出了当 M 设置为 4 时美国的许多地点的 m_i 最优值。

表 6.1　8 个美国气象站点的四个滑动平均的最优长度，作为 AROMA 模型拟合程序的一部分被自动选出

地点	m_1	m_2	m_3	m_4
芝加哥中途国际机场	1	2	3	17
迈阿密	1	2	4	28
旧金山	1	2	9	33
波士顿	1	2	5	32
纽约中央公园	1	2	4	18
查尔斯顿	1	2	4	22
底特律	1	2	3	24
亚特兰大	1	2	7	27

图 6.14 给出了芝加哥的观测的 ACF，以及 AROMA 模型模拟的 ACF 和 ARFIMA 模型模拟的 ACF。我们注意到 AROMA 模型和 ARFIMA 模型都能够模拟出观测的 ACF。

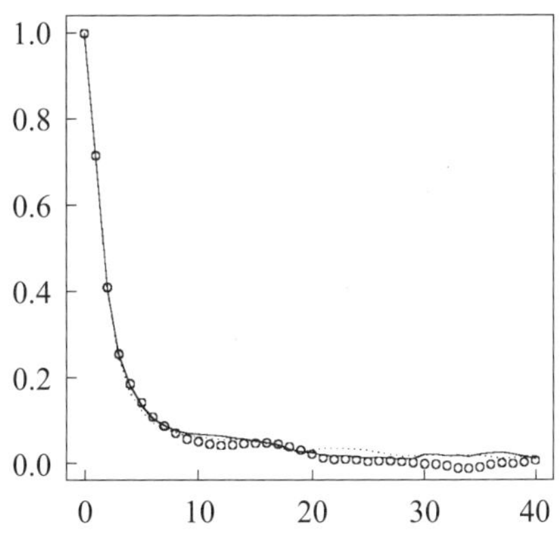

图 6.14　芝加哥观测（实线）和模拟的 ACF。模拟的 ACF 是分别使用 ARFIMA 模型（点线）和 AROMA 模型（圆圈）得到的结果。我们看到两个模型都能够很好地拟合观测结果

延伸到 SAROMA

与 ARFIMA 模型相比，AROMA 模型的优点是它可以延伸到随季节变化的 ACF 的情况中。这可以通过设置系数 α_i 随季节缓慢变化来获得。

图 6.15 给出了应用在迈阿密的 SAROMA 模型的随季节变化的系数。我们可以看到这些系数是随季节显著变化的。

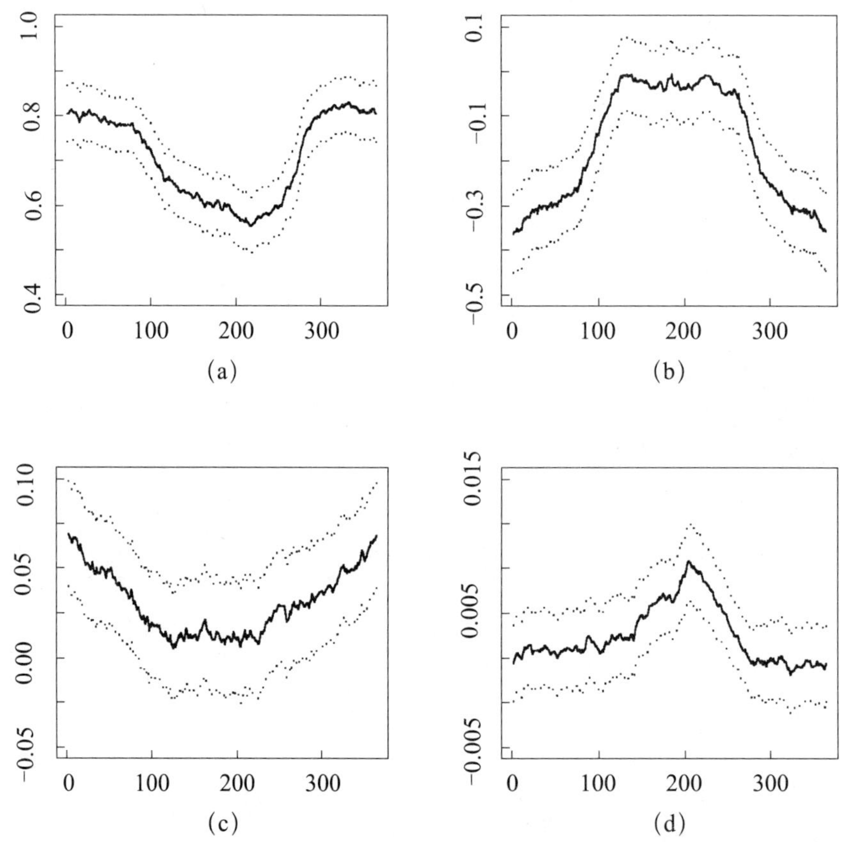

图 6.15　SAROMA 模型中迈阿密四个回归参数的季节变化。实线表示的是估计的参数值，其中点线给出了 95% 的误差范围。与观测和模拟的 ACF 季节循环特点一致，我们能够看到每个参数也都表现出明显的季节循环

143 图 6.16 给出了迈阿密的来自观测结果和来自 SAROMA 模型模拟结果得到的季节性 ACF。我们可以看到 SAROMA 模型能够合理地捕捉 ACF 的季节变化。

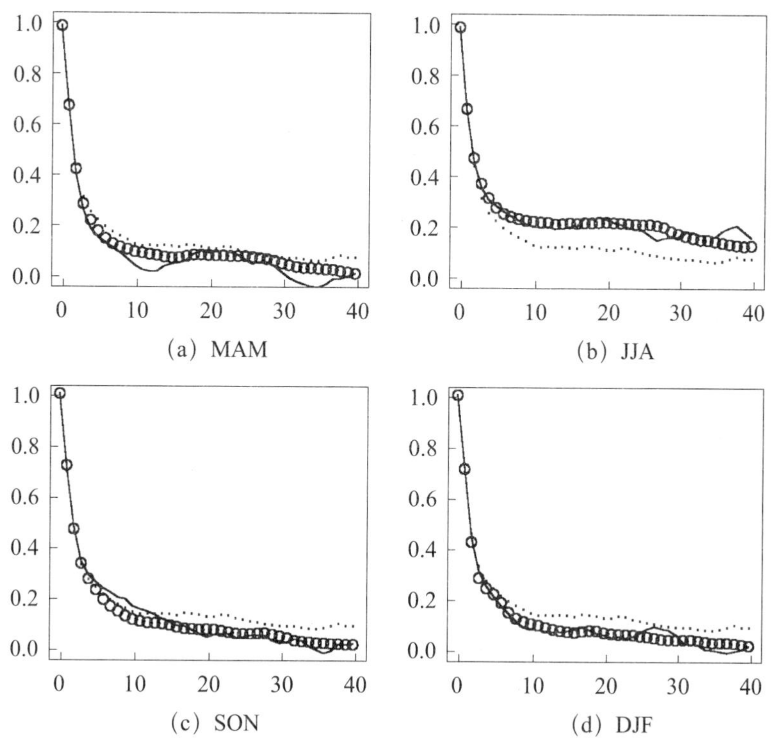

图 6.16　四幅图给出了迈阿密四季观测的和模拟的 ACF。观测的数据和图 6.6 相同。在每一幅图中，点线是年 ACF，作为参考值。实线是对应季节观测的 ACF，圆圈是模拟的 ACF。我们看到观测和模拟的 ACF 非常相似，模型能够很好地捕捉季节特点。尽管为了清晰性的要求而忽略了置信限，但是观测的和模拟的 ACF 之间的差异大概可以由采样误差解释

6.6　非参数日度模型

我们已经讨论了日度模型在很多情况下都能很好地模拟温度，但是在一些情况下这些模型会失败，特别是对于那些有着明显的非正态性和季节性特点的站点。我们现在给出一个能够在这些不理想情况下使用的非参数模型。

6.6.1　滑动窗口重采样 144

再考虑一下周合约。我们已经证明了标准指数模型抛弃了 98% 的历史数据，而另一方面，ARFIMA 模型利用了所有的数据。在一些情况下，这是有利的，但是在其他情况下这可能是不合理的，特别是当数据有明显的季节性，并且冬季和夏季的数据有非常不同的分布时。SAROMA 模型是一次改进：因为参数是随着季节变化而变化的，只有那些以年的时间来看具有合理地方性的数据被使用了。但是，如果分布或 ACF 随季节的变化非常剧烈，那么 6.5.1 节的转换分布或 SAROMA 模型都不能捕捉到它。作为一个备选项，滑动窗口重采样方法（the sliding window resampling method, Jewson and Caballero, 2003a）使得可以使用一种灵活的方式来正确使用需要的数据。它的操作步骤如下：

- 用上文提到的方法分离季节循环和距平；
- 绘制偏斜度、峰度系数和 ACF 等的季节变化来确定“相关数据时期”，这
145 个时期里数据的分布和 ACF 与合约期的分布和 ACF 相当接近；
- 取跟合约期长度相同的窗口，滑动窗口经过相关数据期间内所有可能的位置；
- 对于窗口的每一个位置，通过将窗口内的距平加到合约期的季节循环中来计算指数值；
- 用这些指数值来定义指数分布的估计。

需要强调的是，许多使用这种方法计算的历史指数值都不是独立的。不过，它们可以用来计算指数分布的估计，因为它们是从不同年份的小组中计算得到的，而这些不同的年份是独立的。

这种方法的优点是允许使用者精确地控制所使用数据的多少，以及数据来自一年中的哪个时间段，它允许使用的数据比指数模型允许使用的数据多很多，它自动考虑温度分布的季节性和非正态性以及 ACF 的季节性，而且相当容易操作。相比基本的指数方法，它更倾向于外推和平滑指数分布，但是以非常现实的形式（任何外推都是基于真实的天数）。如果我们尝试通过一种复杂的方式将此方法和预报结合，主要的缺点就会很明显了。

6.7 日度模型的应用

与第 3 章、第 4 章中描写的燃耗模型和指数模型相比，什么时候应该用日度模型给合约定价呢？这是一个很难回答的问题。我们能够明确回答的是，在由于某些原因导致日度模型不能使用的情况（即季节性 ACF 或模型的季节性分布和真实情况不符）下，不应该使用日度模型。在那些日度模型能够有很好效果的情况下（所有的相关统计量都已经完全检查过），我们应该自信地使用日度模型，且使用日度模型的结果会比指数模型的结果占有更高的权重。对于介于这两种极端情况中间的情形，最好的方式是将日度模型和指数模型结合起来利用。

6.8 日度模型潜在精确度与指数模型潜在精确度

最后，我们研究日度模型的潜在精确度的问题。如上文讨论过的，实际的

模型加上高的潜在精确度会给出精确的结果。模型的真实度可以用上文提到
的方法判断:与实际情况的分布和自相关函数进行比较。仿效在历史数据基础 146
上拟合模型的方法,用模型自身的模拟输出价值来进行拟合可以计算出潜在精度。基于模型是完美的假定,这种方法多次重复就可以建立起对该模型精确度的统计规律的认识。

Jewson(2004h)用这种方法检验了日度模型的潜在精确度。图 6.17 给出了日度模型和指数模型分别对 30 天和 90 天合约的潜在精确度。我们看到在两种情况下,日度模型的潜在精确度都更高,但是 30 天合约的差异更大。原因是日度模型的潜在精确度取决于**相对于合约长度的**可获得数据的数量。对于 30 天合约,我们有 12 倍的合约长度的数据,但是对于 90 天合约,我们只有 4 倍的
数据。因此对于一年期合约,日度模型的潜在精确度和指数模型的潜在精确度 147
是一样的。

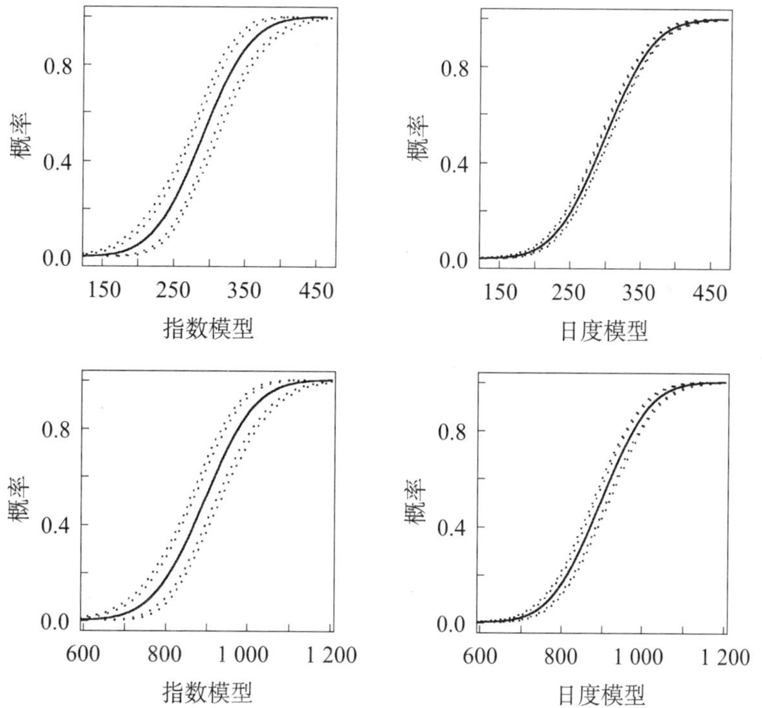

图 6.17　指数模型和日度模型在 30 天合约(上面两幅图)和 90 天合约(下面两幅图)的潜在精确度

6.9　延伸阅读

Box and Jenkins(1970)是时间序列的统计模型的一个标准参考,包含了

ARMA 模型但不包含 ARFIMA 模型。Beran(1994)是时间序列的长期记忆模型的一个标准参考,其中包含了 Granger and Joyeux(1980)的 ARFIMA 模型。其他有用的文献可参见 Brockwell and Davis(1999)及 Davison and Hinkley(1997),后者中有一节与非参数时间序列模型有关。

多年日度温度的统计建模在农作物生长模拟模型中的应用也引起了广泛关注。Willks and Wilby(1999)回顾了与此有关的模型。Villani et al.(2003)讨论了在非季节性日度温度中使用正确频率的重要性。

最后,我们注意到 Brix et al.(2002)简单讨论了本章提到的一些问题。

6.10 致谢

图 6.3、图 6.4、图 6.6、图 6.7、图 6.14、图 6.15 和图 6.16,以及表 6.1 是在 *Meteorological Applications* 期刊主编的授权下从 Jewson and Caballero(2003a)复制过来的。

第 7 章　投资组合建模

到现在为止,我们一直专注于讨论单一天气合约的建模和定价。但是,在 148
第 3 章中,从投机者的角度来看,单一合约是一种风险性很大的投资。互换有约 50% 的概率亏损,对于期权空头来说有 20% 到 40% 的概率亏损,这取决于行权价格的位置。加上风险荷载因子虽然能使这些风险降低一些,但是它们仍然比评级最低的垃圾债券的风险还要高。

投机者有两种方法解决这一问题并且利用天气衍生品来对整体的风险和收益水平产生正面的影响。第一种方法是将天气衍生品作为一个大的业务中的一部分。尽管天气业务本身的收益伴随着相应的较大风险,但是它对整体业务的总风险和回报的边际贡献可能使其成为一个不错的投资。当天气事件与其他形式的投资没有关联的时候,这是有可能的。例如,如果天气衍生品与其他形式的保险无关,那么保险公司会认为发行天气衍生品是有价值的;发行天气衍生品的银行也可能会因为天气衍生品与银行进行的其他交易无关而认为天气衍生品有价值;因为天气衍生品与对冲基金持有的其他投资无关,对冲基金也会认为天气衍生品有价值。

第二种方法就是把天气衍生品业务作为单独核算的业务,构建一个充分多元化且充分对冲的天气合约的投资组合,以至于这一部分业务的风险/收益表现足以使它成为一个合理的投资。

于是,对投机者来说有一些策略可以遵循,包括如下: 149

1. 从初级市场的终端用户协议中,立即将风险转移给二级市场中的投机者,并且从中获取一部分权利金作为利润(被称为背靠背策略)。

2. 按照这样一种方式交易互换和期权:在这种方式中整体投资组合风险由于对冲效应而非常低。

3. 构建一个大的、足够多元化的天气合约的投资组合,基于不同地点、变量和时间范围。

4. 在二级市场上,尽量比其他交易者更精确地利用预报和历史数据来进行定价，并在此基础上交易。

5. 将天气合约和相关的天然气合约、电力合约或排放合约组合进行交易，使总风险很低。

在这一章和接下来的一章中，我们将把天气衍生品交易活动业务作为一个独立核算的风险投资并且从风险和收益角度来考虑天气合约投资组合的行为。

基于投资组合的分析改变了我们对天气合约的很多认知，尤其它不仅改变了风险载荷的计算方法，也改变了我们决定交易的合约类型。它还告诉了我们投资组合中的风险从哪里来，以及如何降低风险。

在这一章我们主要来看投资组合的建模问题，而下一章则主要关注投资组合的管理。

7.1 投资组合、多样化和对冲

在我们深入探讨如何给天气投资组合建模的细节前，我们首先回顾一下投资组合、对冲和多样化背后的基本数学原理。我们用下面的方程来引入这些数学原理：

$$\text{mean}(a+b)=\text{mean}(a)+\text{mean}(b) \tag{7.1}$$

和

$$\text{var}(a+b)=\text{var}(a)+\text{var}(b)+2\text{cov}(a,b)$$

或者

$$\mu_{a+b}=\mu_a+\mu_b$$
$$\sigma_{a+b}^2=\sigma_a^2+\sigma_b^2+2\rho\sigma_a\sigma_b \tag{7.2}$$

150 这里 a 和 b 是随机变量，其均值和标准差分别为 $\mu_a,\mu_b,\sigma_a,\sigma_b$。$\rho$ 代表它们之间的线性相关性。

在这一章我们会多次用到这些方程。我们从把 a 作为投资组合的支付、把 b 作为被添加到投资组合中的合约的支付开始。我们将方差作为衡量风险的一种手段，而将均值作为衡量（期望）收益的一种手段。当合约 b 被加进投资组合时，为了强调变化，我们可以重排上式：

$$\text{均值变化}=\mu_{a+b}-\mu_a=\mu_b \tag{7.3}$$

和

$$\text{方差变化}=\sigma_{a+b}^2-\sigma_a^2=\sigma_b^2+2\rho\sigma_a\sigma_b$$

这些方程表示当合约 b 被添加到投资组合中时，新合约的收益是投资组合收益的增加量，同时风险也随着两项的影响而改变。第一项（A 项，σ_b^2）表示由被添加合约的方差引起的方差的增量。这一项总是正值。在风险分散的情况下，新合约和投资组合完全不相关，所以这成为唯一项，因为第二项为零。第二项（B 项，$2\rho\sigma_a\sigma_b$）表现了合约中的风险和投资组合中风险的相互作用。这一项可以为正数也可以是负数，主要取决于合约和投资组合是正相关还是负相关。这一项可以用来构建对冲投资组合，其风险甚至小于多元化投资组合。

我们可以比较这两项的大小。如果 A 项比 B 项大，那么添加合约 A 到投资组合中的总体影响是增加了风险。但是如果 A 项比 B 项小，总体影响就是减少了投资组合的风险。这种情况很罕见，只有当合约和投资组合的负相关程度足够大时才会发生。特别是，随着整体方差的减小，相关性需要遵从：

$$\rho < \frac{\sigma_b}{2\sigma_a} \tag{7.4}$$

换句话说，新合约的规模相对于投资组合的规模越大（这里的规模用支付的标准差衡量），为了降低总体风险，这两者的负相关程度就要越大。很小规模的合约只需要非常小程度的负相关来降低风险，但是只能减小很小量的风险。

如果我们将式（7.2）应用于投资组合中的每个合约会得到 151

$$\mu_{\text{total}} = \sum_{i=1}^{N_c} \mu_i \tag{7.5}$$

这里 N_c 是合约的个数，有

$$\begin{aligned} \sigma_{\text{total}}^2 &= \sum_{i=1}^{N_c} \sum_{j=1}^{N_c} c_{ij} \\ &= \sum_{i=1}^{N_c} \sum_{j=1}^{N_c} \rho_{ij}\sigma_i\sigma_j \\ &= \sum_{i=1}^{N_c} \sum_{j\neq i}^{N_c} \rho_{ij}\sigma_i\sigma_j + \sum_{i=1}^{N_c} \sigma_i^2 \end{aligned} \tag{7.6}$$

求投资组合中所有的两个合约之间的协方差或方差，以得到投资组合的总体方差。c_{ij}项构成了协方差矩阵，ρ_{ij}项构成了相关系数矩阵。我们能看出，投资组合的总体回报是每个单个合约回报的总和，而投资组合支付的总体方差是由协方差矩阵中所有项的总和得出的：对角线的项是每个独立合约的方差，而非对角线的项是合约之间的协方差。如果合约之间都是零相关，那么相关矩阵是对角的（$P_{ij} = \rho_{ii}\delta_{ij}$）且投资组合是多样化的。我们可以在这些方程中清楚看到，投资组合中合约之间的相互作用是如何引发整体风险的，而整体收益完全不取决于合约之间的相互作用。

让我们更详细地解释一下这些想法。现在我们将转向使用利润的标准差而不是方差来衡量风险。在实际中，方差和标准差不一定是最好的风险测量方法，但是在简单的例子中很有用，因为其数学计算比较容易。标准差的计算比方差的计算复杂了一点。但是,我们更倾向于用标准差是因为它和支付有相同的计量单位。我们已经在 5.13.2 节了解了其他的风险测量方法,并且将在第 8 章更深入地探讨这个问题 。

首先,我们考虑一个由大量完全相同的合约组成的投资组合。随着投资组合变大,利润的期望和标准差会如何变化? 我们在投资组合中有 N_c 份合约,每
152
一份都有期望利润 μ 及利润的标准差 σ。因为合约之间是相等的,所以相关矩阵的元素都是 1。式(7.5)和式(7.6)给我们展示了投资组合的期望利润的增加值为 $N_c\mu$,而利润的标准差的增加值为 $N_c\sigma$。这个比率是衡量收益相对于风险的最简单的方法,这里是一个恒定值$\frac{\mu}{\sigma}$。这里无论如何都不会有分散效应:增大该投资组合的规模对这个比率没有影响,整个投资组合实际上就像一个大的单一合约。

其次,让我们考虑构建一个含有大量独立合约的投资组合。投资组合中风险和收益会如何增加呢? 收益和之前的例子中一样,增加了 $N_c\mu$。但是在相关矩阵中所有的非对角线因素现在都是 0,并且风险的增加比之前更加缓慢,即 $\sqrt{N_c}\sigma$。收益相对于风险的比例现在给定为 $\sqrt{N_c}\frac{\mu}{\sigma}$,随着 N_c 的增大而增大。这表明,投资组合越大,越多样化,就越是一个好的投资。这是绝大多数投资理论背后的原理,并且解释了为什么保险有天然的规模经济,以及再保险公司为什么会卖很多不相关的保险合约。

最后,让我们考虑构建一个含有大量经挑选过的合约的投资组合,这些合约的风险完全互相抵消掉了。这样做的一个方法就是成对地交易合约。在每一对中,相等的合约被买入和卖出。假定收益相等,与其他两种情况相同,投资组合的收益($N_c\mu$)由相同的方程给出,并且现在所有大小的投资组合风险都为 0。投资组合中的合约都是完美的相互对冲,风险/收益比率近似于无穷。

这是三个有限制情况下的例子,它们揭示了多样化和套期保值如何在投资组合中起作用。不同公司股票的相关系数通常在 0 到 1 之间,因此股票的投资组合也适应于前两种情况之间:完全未多样化和多样化。保险公司持有的保险合约投资组合通常很接近于第二种多样化的情况。最后由银行持有的衍生品及标的工具构成的投资组合更接近第三种例子,几乎没有风险(至少在原则上来说)。

天气衍生品如何表现完全取决于它们是如何被管理的。一个(愚蠢的)公司只在同一方向上发行一种合约,则将是完全非多样化的。一个更现实一点的公司会持有不同地点、不同变量和不同时期的期权,就像一家保险公司可能做
153
的那样,这会更多样化。一家在两个方向上都交易并聚焦于减少自身风险的公

司会很好地对冲风险。最后,只做背对背交易的公司会没有任何风险(除了一些信用风险)。

7.2 指数之间的依赖性

相关合约对应的指数之间的统计相关性使得不同天气合约的支付间存在相关性,而这些指数间相关性的产生是由于不同时间和不同地点的基本天气变量——比如气温和降水量——之间的相关性。气温就时间上而言在一定天数内相关(如果今天很温暖,那么明天也很有可能很温暖),就空间上而言在一定距离内相关(如果伦敦的夏天很温暖,那么巴黎的夏天也很有可能很温暖)。

在图7.1中我们展示了芝加哥和美国其他地区日度气温的相关性及滞后相关性。我们可以看到在空间大范围上存在某些模式,并随着时间而衰减。这些气温上的相关性会导致HDD和CDD之间相似的相关性模式。

和不同地区的同一指数的相关性一样,同一地区的不同指数也有着显著的相关性,而且不同地区的不同指数同样可能存在一定相关性。在时间上部分重叠的指数也会相关,并且时间上不重叠但相邻的指数也常常相关。

作为一些简单的例子,我们在表7.1中展示了美国城市间冬季HDD指数的相关性,在表7.2中展示了伦敦希思罗和各个美国地区间冬季HDD指数的相关性,在表7.3中展示了各个不同的欧洲地区间冬季HDD指数的相关性。这些相关性由30年的数据估算得出。

表7.1 美国一些地区冬季HDD的相关性

地区	亚特兰大	芝加哥	辛辛那提	休斯敦	迈阿密	纽约中央公园	纽约拉瓜迪亚机场	费城
亚特兰大	1.00	0.60	0.78	0.82	0.73	0.71	0.72	0.75
芝加哥	0.60	1.00	0.88	0.49	0.50	0.79	0.82	0.85
辛辛那提	0.78	0.88	1.00	0.62	0.61	0.88	0.89	0.92
休斯敦	0.82	0.49	0.62	1.00	0.56	0.52	0.57	0.56
迈阿密	0.73	0.50	0.61	0.56	1.00	0.52	0.57	0.64
纽约中央公园	0.71	0.79	0.88	0.52	0.52	1.00	0.95	0.93
纽约拉瓜迪亚机场	0.72	0.82	0.89	0.57	0.57	0.95	1.00	9.95
费城	0.75	0.85	0.92	0.56	0.64	0.93	0.95	1.00

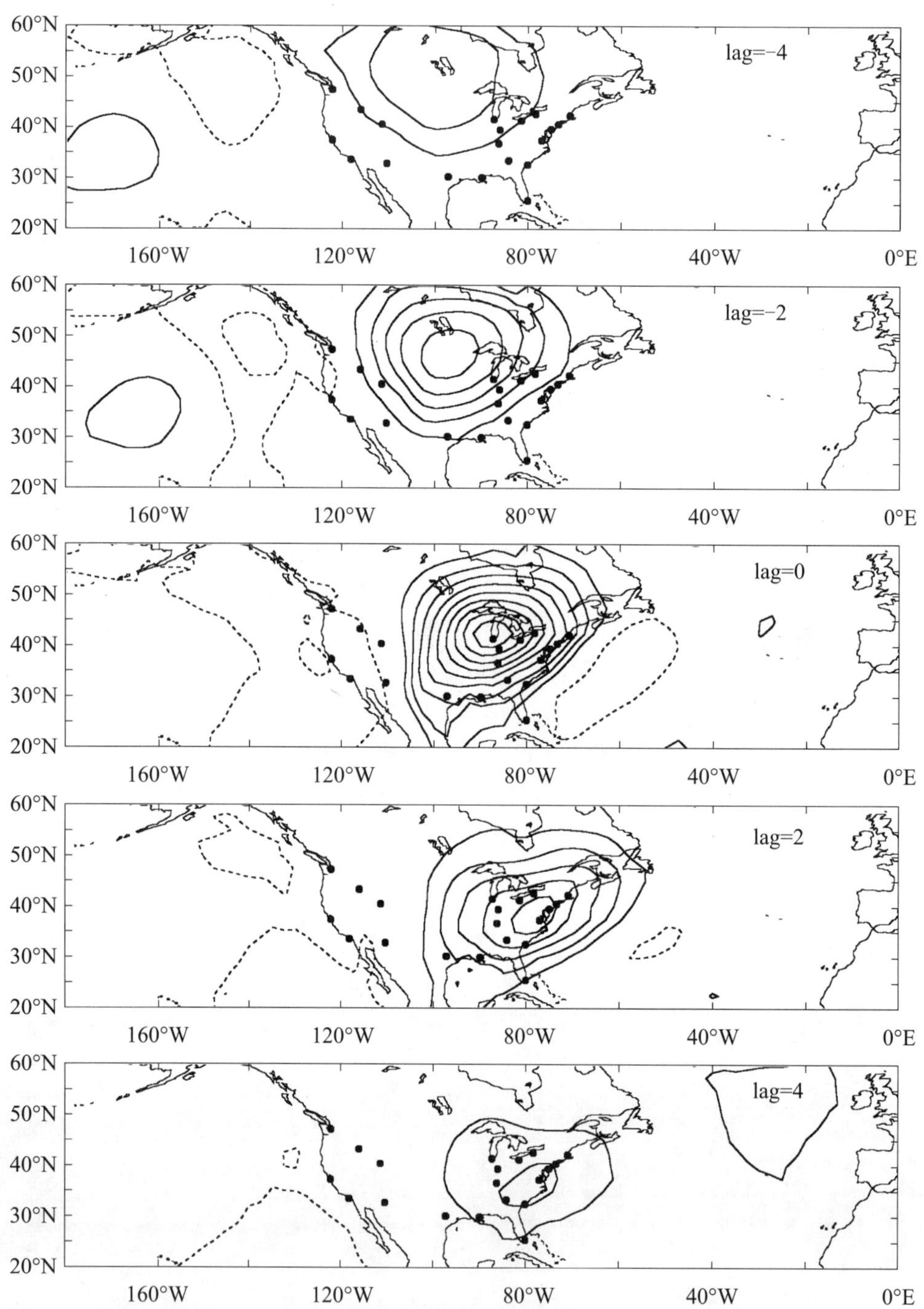

图 7.1　芝加哥气温与美国其他地点气温在不同日滞后下的相关性。正相关用实线表示，负相关则用虚线表示。零相关线已被省略，等高线间的间距为 0.1

表 7.2　伦敦与美国一些地区冬季 HDD 的相关性

希思罗	1.00
亚特兰大	0.38
芝加哥	0.60
辛辛那提	0.47
休斯敦	0.28
迈阿密	0.50
纽约中央公园	0.44
纽约拉瓜迪亚机场	0.48
费城	0.54

表 7.3　欧洲一些地区冬季 HDD 的相关性

地区	阿姆斯特丹	埃森	希思罗	巴黎	罗马	斯德哥尔摩
阿姆斯特丹	1.00	0.97	0.93	0.87	0.22	0.83
埃森	0.97	1.00	0.91	0.91	0.28	0.83
希思罗	0.93	0.91	1.00	0.87	0.21	0.77
巴黎	0.87	0.91	0.87	1.00	0.46	0.72
罗马	0.22	0.28	0.21	0.46	1.00	0.25
斯德哥尔摩	0.83	0.83	0.77	0.72	0.25	1.00

7.2.1　建立指数相关性和气温相关性之间的关联

将标的天气变量之间的相关性和指数之间的相关性联系起来一般来说是很困难的。部分是由于天气变量之间的相关性存在很多不同方面：所有的天气变量都因为季节循环而相关，但产生年度指数相关性的原因并不是季节循环，而是不同地点的季节循环（即距平）的差异导致了不同指数之间的关系。许多指数的非线性性质也会影响到指数之间的相关性。

然而，我们可以用下面的方法在两个 CAT 指数的简单例子中轻松分解其指 155
数相关关系。指数 x 和 y 的协方差被定义为 $E(xy)-E(x)E(y)$。将两个指数的定义代入 $E(xy)$ 中我们得到

$$E(xy) = E\left(\sum_{i=1}^{N_d} T_i \sum_{j=1}^{M_d} U_j\right) \tag{7.7}$$

其中 T_i 是第一份合约第 i 天的温度，而 U_j 是第二份合约第 j 天的温度，重新组合得

$$\begin{aligned} E(xy) &= E\left(\sum_{i=1}^{N_d} \sum_{j=1}^{M_d} T_i U_j\right) \\ &= \sum_{i=1}^{N_d} \sum_{j=1}^{M_d} E(T_i U_j) \end{aligned} \tag{7.8}$$

$$= \sum_{i=1}^{N_d} \sum_{j=1}^{M_d} (c_{ij} + E(T_i)E(U_j))$$

156 其中 c_{ij} 是两个地点的温度的协方差矩阵。我们可以看到，两个指数之间的协方差（及由此得的相关性）取决于日变量间的交叉协方差。该式为式(6.5)的一般形式，其展现了变量的自相关函数和单个指数方差间的关系。在上述表达式(7.8)中令 $U=T$ 就重新得到了式(6.5)。由式(7.8)可知：当对指数在时间上进行加总时，芝加哥当天温度和纽约后一天温度的相关关系（如图 7.1 所示）可以用来解释指数之间的相关性。

7.2.2 建立指数相关性和支付相关性之间的关联

在某些情况下将指数相关性和支付相关性联系在一起是比较简单的。两个无限互换的支付之间的相关性与它们的标的指数之间的相关关系一样。一对看涨和看跌期权的支付之间存在与其标的指数之间不同的线性关系，但由于支付函数的应用并没有改变结果的排序，其秩相关是一样的。然而，鞍式期权及勒式期权和其他合约支付相关性之间并不存在简单的关系。

我们已经在推导天气合约支付间的相关性的闭式表达式方面取得了一定的进步，这在 Jewson(2004b)中进行了描述。

7.3 投资组合的燃耗分析

我们现在来解决关于如何计算天气投资组合的支付的分布以及如何计算风险和收益的问题。

对单一天气衍生品合约进行支付分布估计的最简单的方法是燃耗分析法。这也是分析投资组合最简单的方法。投资组合合约的所有标的指数的历史数据都被转化成指数值（可能是日度温度或指数值的去趋势值），并且这些指数被转化成历史支付值。使用 30 年的数据可以提供整个投资组合的 30 个历史支付值。在单个合约的支付值聚合成投资组合的支付值时，合约结算期之间的时间滞后必须转化成合适的历史数据中的时间滞后。比如，如果一份投资组合由
157 两笔合约组成，一份冬季合约，一份接下来一年的夏季合约，那么两份合约的历史指数必须统一，使得夏季在冬季之后。此时投资组合的 30 个历史支付值才可以被用来估计投资组合的支付的分布和估计决定分布的各种参数，例如支付的期望和标准差。

与单一合约的燃耗分析法一样，投资组合的燃耗分析法与更复杂的建模方法相比既有优点也有缺点。优点在于它应用起来很方便，而且仅在去趋势时用到了假设。投资组合燃耗分析法的最大缺点在于对极端结果的估计。30 年的

数据只能使我们估计出一种 30 年发生一次的极端事件的概率。这对单一合约分析也是问题,但是没那么严重:大部分天气衍生品都有上限,所以我们会知道最极端的结果会是怎样,然后通常能够根据现有的数据对其概率进行合理估计。对于一个投资组合而言,当所有合约同时达到它们的极限时(即全部实现最大利润或最大损失)可能会发生最极端的结果,这在历史记录中很难发生。

由于金融机构通常在小于 1/30 的概率水平(通常达到 1/500)下估计他们的极端风险,这使得我们必须使用燃耗分析法以外的其他方法。

扩展的燃耗分析法

针对投资组合我们对燃耗分析法进行扩展研究,我们可以将其称为扩展的燃耗分析法(extended burn analysis),在一些情况下,它可以对极端情况提供更多信息。扩展的燃耗分析法包括进行标准燃耗分析和使投资组合支付服从正态分布的拟合。拟合后的分布提供了任何所需概率水平下的利润与损失的概率。但是这个方法只有在支付分布确实是正态分布或接近于正态分布下可行。由于以下原因,这种情况极少发生:

- 即使一个投资组合包含多个相互独立的、同等规模的期权合约,由于期权支付的非正态性,导致投资组合支付向正态分布收敛的速度相当缓慢。(见 Jewson,2003g,我们在这个例子下所做的一些数值检验在其中有所涉及);
- 大部分天气投资组合在合约规模方面非常不平衡,而且投资组合的分布 158
通常受这些合约中的少数合约影响;
- 存在交易动态影响投资组合支付,使其分布变得非正态的情况(特别的,进行风险管理时仅用到期望和在险价值(VaR))。

我们可以得出结论,除了一些非一般的情况,扩展的燃耗分析法不是一种实际有用的对真实天气投资组合极端损失分位数进行建模的工具。

7.4　多元指数分布建模

我们现在考虑如何将第 4 章所描述的对单个合约的指数建模法延伸应用于投资组合。就像我们在 7.2 节中所看到的,增加的难度在于投资组合中的合约指数之间很可能相关。我们必须得考虑这一点:假如我们只对投资组合的期望支付感兴趣的话,不考虑也行;但如果我们还关注支付的分布或标准差的话,那就必须要考虑。那么,如何对指数间的相关关系进行建模呢? 我们从考虑一个特例开始:假设投资组合中的所有指数均服从正态分布。

7.4.1　正态分布指数

在这种情况下,对投资组合建模需要遵循以下步骤:

1. 估算投资组合中每个指数的期望和标准差。

2. 估算这些指数的线性相关系数矩阵。

3. 通过标准模拟法模拟出例如 100 000 年的代理数据,由此来捕捉这些相关关系。

通过使用 100 000 年(或更多)的模拟数据,我们可能生成极端情况,在这种场景里,许多合约能立即触发它们的下限值。如果捕捉绝对最糟糕情况非常关键的话,那么模拟的次数应该被不断增加直到所有合约都触发它们极限的情形出现。对大型投资组合来说这可能会需要大量的模拟。

第三步中的模拟法如下操作:我们将投资组合中合约的历史指数写在一个 n(合约数)×t(年数)的矩阵 X 中。去除平均数我们得到 X'。假设我们能分解该矩阵得到

159

$$X' = AB^t \tag{7.9}$$

其中 A 是一个 $n \times k$ 阶矩阵(涵盖不同指数的 k 种模式),B 是一个 $t \times k$ 阶矩阵(k 种模式对应的 k 个时间序列),而 k 是 X'的秩(独立的行数或独立的列数)。我们还增加了一个约束条件 $B^tB = I$(即矩阵 B 中的时间序列是正交的),这意味着:$X'^t = AA^t$。这样的分解实际上可能吗?事实上,只要数一下方程的个数和未知数的个数,就能看出来有无穷多种方法来进行分解。找出其中任何一种方法后,我们可以通过用正态分布的随机数替换矩阵 B 来模拟替代的 X',它们将有正确的协方差矩阵。

要看模拟指数的协方差矩阵是否正确,令 $\hat{X}'$为模拟值,这里

$$\hat{X}' = A\hat{B}^t \tag{7.10}$$

其中 $\hat{X}'$和 $\hat{B}$ 的时间维度根据研究需要确定(比如说 100 000)。

模拟数据 $X'\hat{X}'^t$ 的协方差矩阵为

$$\hat{X}'\hat{X}'^t = A\hat{B}^t\hat{B}A^t = AA^t = X'X'^t \tag{7.11}$$

我们可以看出模拟数据与原始数据有同样的协方差矩阵。其原理是,式(7.9)的分解方法将 X'中指数和指数间的相关关系信息分解到 A 中(即我们所希望保留的),把临时的相关关系信息分解到 B 中(即我们可以忽略的,因为我们将年份视作是独立的)。

对给定矩阵 X'进行分解的无穷多种方法中,只有两种方法比较常见:Choleski 分解法,将 A 中的值尽可能多地设置成零来使等式唯一可解;奇异值分解法,即加入额外的约束条件 $A^tA = I$,使等式唯一可解。

在一个或更多的指数分布并不服从正态分布的情况下,上述的方法是不可行的,所以实际中除了一些特殊情况外其用处不大。然而,还有两种通用方法(generalisation)可以拓展应用于我们所感兴趣的情况中。这两个方法就是秩相关法和 Copulas 函数法。

7.4.2　秩相关法 160

秩相关[rank correlation,也被称为斯皮尔曼等级次序系数(Spearman's rank order coefficient)或斯皮尔曼相关(Spearman correlation)],是一种除线性相关外衡量相关性的替代方法。当变量被认为非正态分布时,其比线性相关更加合适。在正态分布情况下,秩相关和线性相关等效(在一定的简单变形的基础上),并且其范围为 -1 到 1。在非正态分布的情况下,线性相关可能值的范围很有可能会缩小,而这就会给用线性相关法衡量相关性带来一定的难度。另一方面,秩相关在任何分布的情况下其范围都是 -1 到 1。举例来说,$y = e^x$,其中 x 是正态分布的,这使得 y 服从 log 正态分布。显而易见地,y 完全取决于 x,但其线性相关只有 0.76,而秩相关则为 1。秩相关的一个定义就是数据的排列的线性关系。从这个定义中可以看出秩相关为何适用于所有的分布:各个数据的实际值被忽略了,而只有顺序是相关的。实际值可以用来调整改变分布,但只要其排序不变则秩相关不变。

我们可以用一个简单的秩相关模拟法来模拟我们所需要任何分布下的指数。

1. 通过结合指数的模拟 CDF 和标准正态分布 CDF 的反函数来将每个指数的历史值进行转换得到正态分布。

2. 利用上一步得到的多元正态分布进行模拟(例如使用在 7.4.1 节提到的方法)。

3. 用标准正态分布的 CDF 和指数 CDF 的反函数将模拟值转换回正确的边缘分布。

为何这样做是可行的?第一步不会影响秩相关,因为它不影响数据的排序。第二步中我们模拟线性相关,但对于一个多元正态分布而言,线性相关与秩相关之间存在一对一的关系,所以我们也模拟了正确的秩相关。第三步我们在不改变模拟秩相关的情况下确保了边缘分布的正确性。

该方法可以进一步简化,因为多元正态分布的秩相关与线性相关值之间存在已知的代数关系,即

$$\rho_{\text{rank}} = \frac{6}{\pi}\arcsin\left(\frac{\rho_{\text{linear}}}{2}\right) \tag{7.12}$$

通过这种方法,第一个步骤可以被简化,从而变成: 161

1. 计算秩相关,并通过式(7.12)将其转化为线性相关。

2. 用这些线性相关模拟一个多元正态分布。

3. 将模拟值转换回正确的边缘分布。

7.4.3 Copulas 函数法

秩相关为指数之间的依赖关系建模提供了一种有效的方法，但并不能完全明确依赖关系的可能结构。比如说，两对指数可能拥有同样的秩相关但在细节上拥有不同的相关性结构。

要了解完整的构成可以使用 Copula 函数法，即用指数的 CDF 将指数转化为均匀分布时的多元分布。我们使用秩相关模拟法其实就是在用一种特殊的 Copula 函数（高斯 Copula），然而事实上，另一种 Copula 函数理论上可能是所观察关系的更好表达。然而，从操作角度来讲：实际上没有足够的数据来令人满意地区分不同的 Copula，所以使用操作起来最简单的方法是合乎常理的。本文中对其他 Copula 的大部分运用都可以被视作一种敏感性测试。用另一种 Copula 替代高斯 Copula，我们就可以对高斯 Copulas 是正确的这一假设的影响有粗略的认识。一个简单的 Copula 替代就是多元 t copula。

7.4.4 支付的换算

在用我们在上文中提到的方法创建大量（比如 100 000 年）的模拟指数（X_{ij}）后，我们将这些转化为投资组合中每份合约的模拟支付：

$$p_{ij} = p_j(x_{ij}) \tag{7.13}$$

其中 p_{ij}是第j'份合约的第 i'个模拟支付。这些 p_{ij}的值可以被用于计算整个投资组合的支付：

$$P_i = \sum_{j=1}^{N_c} p_{ij} \tag{7.14}$$

162 其中 P_i 是整个投资组合的第 i'个模拟支付。将 P_i 的值进行排列，我们得到投资组合的结果分布。P_i 的值还可以被用来计算期望、标准差及投资组合支付分布的分位点。除此之外，我们可以用单个合约的支付值 p_{ij}来导出投资组合的多种诊断，这些诊断分析有助于我们理解，比如说，驱动风险和收益的主要因素是什么。在下一章中我们将详细地探讨这些分析方法。

7.4.5 模拟和约束条件的一致性

我们现在来讨论以上所述的秩相关及 Copula 函数法的一个局限。考虑一份包含同一地点的三份合约的投资组合。三份合约的指数分别是 11 月的 HDD、12 月的 HDD 及 11 月到 12 月的 HDD。显而易见的，2 个月合约的 HDD 的数目是另外两份合约的 HDD 的数目的和。因此，可以用两份一月期的线性互换合约来完全对冲一份双月期的线性互换合约的头寸。

现在我们来考虑这个投资组合例子的模拟。如果我们用正态分布进行拟合,并使用线性相关,那么模拟将会满足对 HDD 和的约束条件;它们必须满足,因为在模拟的过程中,我们已经确定了平均值、方差和协方差,所以多元正态分布也被完全确定了。

然而,现在假设用秩相关法或 Copula 函数法对各指数进行非正态分布拟合进行模拟。在这种情况下,模拟通常难以精确满足对 HDD 和的约束条件。由于提供给模拟算法的信息不足以唯一定义多元分布,所以模拟算法没有理由满足约束。因此模拟算法所得的模拟值可能有着正确的边缘分布及秩相关或 Copula,但仍可能不满足其他的约束,比如说 HDD 和的约束。事实上,这通常不是一个问题,并且约束无论如何总能基本满足,所提供的信息的确能够将可能的多元分布缩小到一个相当狭小的范围(在某种意义上)。但是,当尝试对这些合约之间的风险消除进行建模时,这可能造成一定影响。以下是一些解决该问题的办法:

- 使用正态分布和线性相关;
- 只模拟单个月份的指数并用所模拟月度指数和来构建二月期指数;
- 模拟整个两月期的日度值,并从同一组日度值中构建所有指数(即使用日度模型法)。

7.5　投资组合的日度模型法 163

就像日度模型为单一合约提供了一个替代指数建模法的选择一样,其也可用于投资组合。除了在第 6 章中提到的日度模型的优点,投资组合的日度模型法还提供了额外的优势:指数间的相关性会被更精确地估计,尤其是对于短期合约。对此有两个原因,与在单一合约中使用日度模型法的两个优点相似。第一,我们能提供更多的与估计依赖性有关的数据。假设有两个一周的合约。用基于指数的方法,相关系数只能由当年该周的数据得出,有 98% 的数据都被丢弃了。我们可以想象相邻两周的相关系数很有可能相似,用这些星期的额外数据能提高估计的准确度。日度模型法能用所有可获得的数据得出这些相关系数。第二个原因和依赖的形状有关。如果两个指数不是简单的依赖,那么无论提供多少数据,秩相关系数都不能提供关于依赖性的详细结构信息,这和 7.4.3 节中的 Copula 讨论相关。日度模型估计和模拟的依赖性则能提供更多这样的细节信息。

7.6　多变量气温变异性的参数模型

在单个站点的情况下,我们给出 ARMA 模型作为一个简单直接的时间序列模型。我们说明过这些模型并不适用于温度，但 ARFIMA 和 SAROMA 模型在很多情况下都适用。

ARMA 模型的多变量等式，被称为 VARMA（vector ARMA）模型，多个地点的温度组成的温度向量 $\boldsymbol{T}_i$ 取代了单个温度 T_i，自回归和滑动平均值的多项式变成了矩阵多项式。这些模型中最简单的是 VARMA（0，1）模型（或 VAR（1）模型），形式如下：

$$\boldsymbol{T}_{n+1} = \mathbf{A}\mathbf{T}_n + \boldsymbol{E} \tag{7.15}$$

这个模型能捕捉到在各个站点以指数速度递减的自相关，以及滞后 0 和滞后 1 交叉相关。交叉相关函数（CCFs）在滞后 1 之外同样以指数速度递减。使用
164 VARMA模型来模拟日度温度的问题与使用 AMRA 模型模拟单个站点时的问题相似：观察得到的自相关系数和互相关系数方程比 VARMA 模型中递减得慢许多。

就像观察得到的缓慢递减的自相关系数能用 ARFIMA 模型模拟一样，缓慢递减的互相关系数可以用 VARFIMA（vector ARFIMA）模型模拟（Jewson and Caballero，2002），这是 ARFIMA 模型的多变量扩展模型。这个模型允许每个站点的分数差分参数 d 取不同的值。全美国的 d 值如图 7.2 所示。可以观察得到，d 的最大值出现在海岸附近和海拔较低的地区。这可能是因为海洋对大气的影响造成了长期记忆性，这取决于海洋的温度，因此越接近赤道，长期记忆性越大，因为那里海洋更温暖。

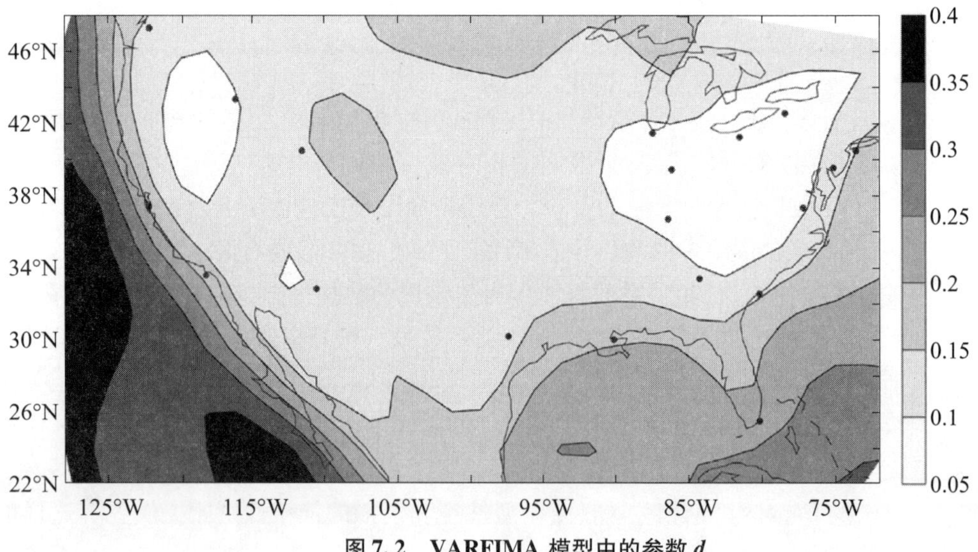

图 7.2　VARFIMA 模型中的参数 d

图 7.3 展示了通过使用 VARFIMA（1，d，1）模型建模的，来自一组包括三个美国地点的观察及建模后的 ACF 和 CCF。ACF 和 CCF 均被相当好地捕捉到。

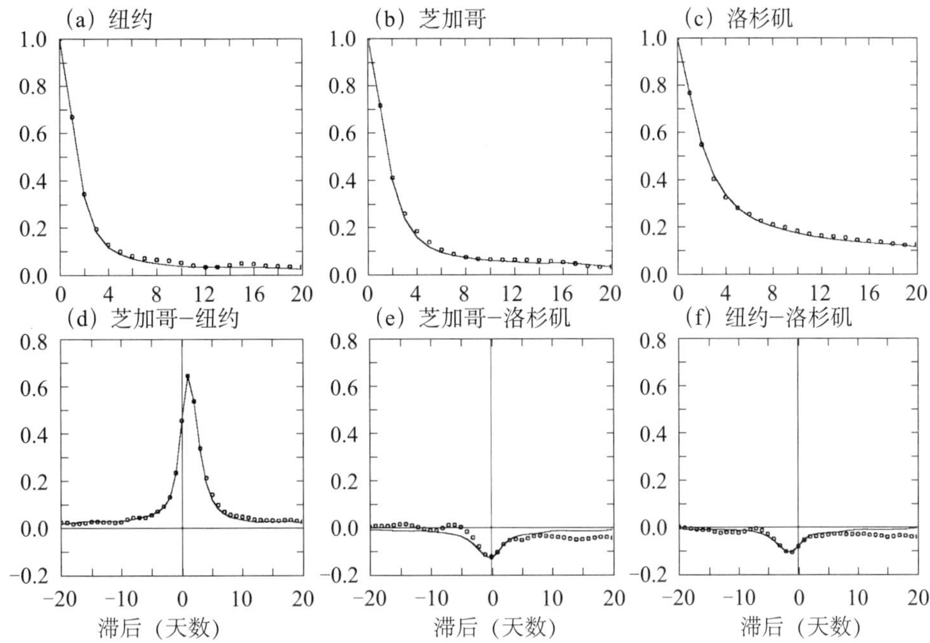

图 7.3　美国三个地点的观测所得的及 VARFIMA 模型拟合的 ACF 和 CCF

VARFIMA 模型可以通过如下方式拟合：

- ARFIMA 模型在各个地点被分开拟合；
- 各个地点的 d 值可以被用来对那个地点的温度进行分数差分；
- 差分后的温度可以用 VARMA 模型拟合。

7.7　降维

我们用 VARMA 和 VARFIMA 模型的一个潜在问题是对于更多的地点来说，模型中参数的数量会急剧地增长。一个应用于 N 个站点的 VARMA(1,1) 165
模型有 $2N^2$ 个参数。当我们增加更多站点时，被使用的数据量与 N 同步增加，而参数的量与 N^2 同步增加。数据与参数的比值变得越来越差，模型的拟合计算时间会急剧增长。我们的经验表明，因为这些问题的存在，同时用五个以上站点来拟合 VARMA 模型是不可能的。

一个解决方法是提前过滤筛选来减少数据集合的维度。其背后的原因是在目前的应用中温度的变异性在空间上高度相关。一百多个地点的温度的变化可以用远远少于一百个的独立模式和变量来精确地估计。

其数学步骤如下：我们把一百个地点的历史温度距平用一个时间维度 t 乘以空间维度 n 的矩阵 X 来表示。

我们对这个矩阵应用奇异值分解（singular value decomposition，SVD）可以

将它分解成三个矩阵：

$$X = E\Lambda P^t \tag{7.16}$$

在这里 $E^tE = I$，Λ 是对角线矩阵，$P^tP = I$。E 的维度为 $n \times k$，Λ 的维度为 $k \times k$，P 的维度为 $t \times k$ 。如果我们把上面的矩阵相乘用求和的形式写出来，该分解可以被更清楚地理解：

$$x_{ij} = \sum_{n=1}^{k} e_{in}\lambda_n p_{jn} \tag{7.17}$$

166 从这个和式我们看到 X 已经表示成 k 个模式的和，每个都伴随着一个关联的振幅和时间序列。有无限多的方法来将任何给定的矩阵分解为三个矩阵的乘积。奇异值分解尤其有用，是因为：(a)这个模式和这个时间序列是正交的(即独立的)；(b)第一个模式/时间序列配对捕获到了尽可能大的方差，而第二对则捕获到了余下的尽可能大的方差，以此类推。

另一个理解 SVD 的方法是模式 E 是空间相关矩阵 $Cs = XX^t$ 的特征向量，时间序列 P 是时间相关矩阵 $Ct = X^tX$ 的特征向量。

数字 k 是矩阵 X 的轶。在我们的例子里这个矩阵几乎不可能是不满轶的，因此 $k = \min(t, n)$。

因为 SVD 方差尽可能大的性质，通过建立一个 X 的近似值，我们可以用它来做一个有效的过滤。

$$\hat{x}_{ij} = \sum_{n=1}^{k'} e_{in}\lambda_n p_{jn} \tag{7.18}$$

仅仅使用第一个 k' 模式/时间序列配对(以最大的奇异值排序)，我们就可以只用很少数量的模式来捕获 X 的大量变异。通常来讲，大空间尺度的模式对总体方差的贡献度最大，这个截断有效地截除了小尺度的特点。

我们的多元时间序列模型方法因此可以被应用到与领先模式相对应的时间序列上，而单变量模型可以应用于剩下的情况。多变量的问题现在与原始数据模型相比，在维度上减少了很多，并且 VARMA 或 VARFIMA 更可能被顺利地应用。

我们用下面这样顺序的步骤获得了很好的结果：

- 提前过滤温度数据来移除长期记忆性；
- 使用上面的降维算法；
- 用 VARMA 来模拟前几个时间序列，而剩余的用 ARMA 来模拟；
- 模拟 VARMA 和 ARMA 时间序列；
- 把降维过程进行反向操作，以转换回原模式；
- 把长期记忆性加回。

举一个例子，我们展示了用 VARFIMA$(1,d,1)$ 得出的美国 20 个地点的温度变化的模型结果。如果没有降维，我们就要估计 800 个参数。事实上，仅仅 5

个模式就捕捉到总方差的 72%。因此,我们选择截取这 5 个模式并用 5 个维度的 VARMA(1,1)对时间序列进行建模。图 7.4 展示了这三个站点使用这个模型捕捉到的 ACF 和 CCF,所有的模拟都相当合理。 167

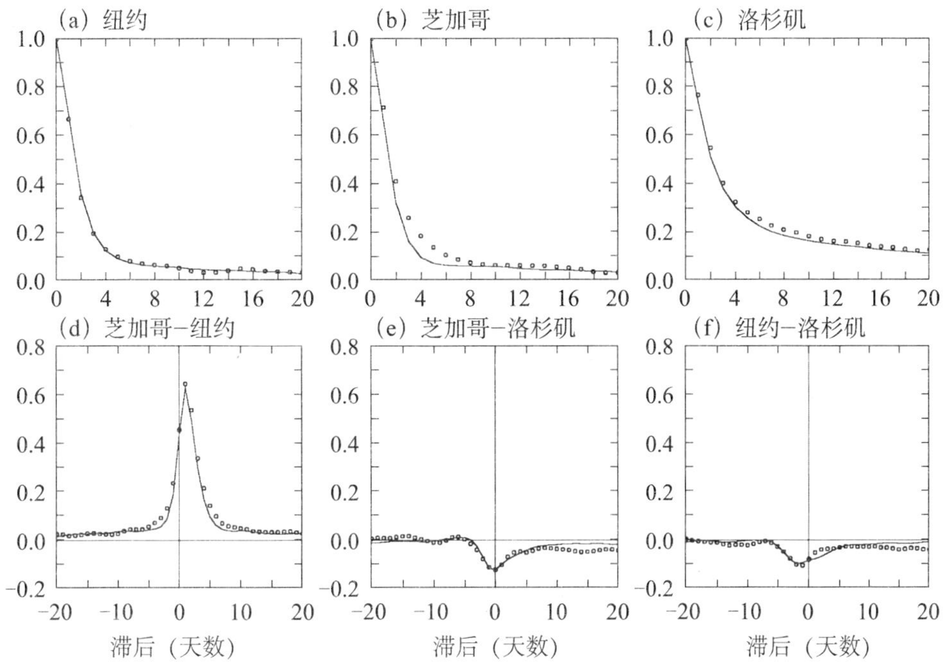

图 7.4　美国三个地点的观测所得的及模型拟合的 ACF 和 CCF,该模型是适用于美国 20 个地区的 SVD-VARFIMA 模型

7.8　投资组合的一般聚合法

我们将介绍的最后一个天气衍生品投资组合的建模方法,是上文已经讨论过的指数模型法和日度模型法的混合,这是对大型的、多样化的投资组合进行建模的最实用的方法。

在一个大的天气衍生品投资组合中有可能有基于很多潜在变量的合约,并且有很多不同的指数定义。对于这里的一些合约来说,最好的建模方法可能是应用日度模型法。除此以外,指数模型法可能会是更好的,甚至是唯一可行的选择。我们希望能够在不同的合约中混合使用这些不同的方法。事实上,这是非常容易做到的。

一般聚合法包括了下面几步:

- 用任何一种最适当的方法来估计投资组合中每个合约的指数的边缘分布(这可以是指数模型法或日度模型法);

- 使用历史指数数据来估计这些指数分布的秩相关；
- 用估计的秩相关从这些边缘指数分布模拟。

168 这种方法的一个好处是使得我们将已经用日度模型准确估计的分布和其他基于指数模型的合约的分布联合起来。其缺点在于秩相关的估计是完全在指数的水平上得出的。

7.9 延伸阅读

在可查找的文献中，第一个论及对天气衍生品投资组合应用多元正态方法的是 Goldman-Sachs(1999)，虽然在那之前实践中就已经使用此方法了。第一个在天气投资组合中应用秩相关的是 Jewson and Brix(2001)，虽然这很可能在我们写那篇文章时实践中就已经使用。Zeng and Perry(2002)给出了关于天气衍生品投资组合问题的一般讨论。通过秩相关来进行模拟显然最初是由 Iman and Conover (1982)提出，并且最近以来被 Wang (1998)和 Embrechts et al. (2002)详细表述。结合日度模型和指数模型的综合方法是由 Jewson et al. (2002a)第一次提出的。

在离散多元分布方面的一个很有帮助的参考来自 Johnson et al. (1997)，而连续多元分布的研究则可以参考 Kotz et al. (1994)。

第8章　投资组合管理

在前一章我们重点讨论了构建天气衍生品投资组合支付的建模方法,将每 169
种天气指数的分布和指数之间的相关性纳入了考量。现在我们转向关注如何对投资组合进行管理。首先,我们探讨几种衡量投资组合绩效的不同方法。然后,将这些方法应用到以下问题:如何扩展投资组合(什么合约可以加入)以及如何根据投资组合对合约进行定价。最后我们讨论怎样理解投资组合,并了解如何应用互换合约对冲投资组合的风险。

8.1　风险和收益

假设已经构建了一个投资组合,无论是用指数模型法,还是用日度模型方法,或是用 7.8 节提到的混合以上两种方法的一般聚合法,为了更好地理解投资组合总体风险和收益的产生渊源,我们一定有许多许多问题想问。尽管如此,在提出这些问题并讨论如何回答它们之前,让我们先更仔细地了解究竟应该如何衡量风险和收益。

"收益"(return)一词本身在金融领域有多种含义。第一,从历史的视角,我们去看如何衡量一个运作正常的投资项目的绩效,我们可以计算**绝对收益**,即以货币单位表示的投资带来的利润。更多时候,投资收益用一个比例来表示,即绝对收益额除以投资金额,称之为**收益率**。该比例也能以相对于无风险收益率(通常以政府国债收益率作为无风险收益率)的超出部分来表示,此时称之为**超额收益率**。假设 100 英镑投资一年得到 110 英镑,那么绝对收益是 10 英镑, 170
收益率是 10%,相对于无风险利率 4% 超出 6%,也可以说相对于无风险利率存在 600 个基点的风险价差。

第二,从未来的视角,我们可以在未来的**可能**收益水平上看一个投资。上文所说的绝对收益,现在是随机变量,并且我们所能做的是试着去估计这些随机变量的分布或者是估计分布的某些方面。例如,我们可以估计期望利润。如果我们知道初始的投资,我们可以将其转化成期望的相对收益,如果我们有信心评估未来时期的无风险利率,我们可以将其表示为高于无风险利率的预期超额回报率。

就像我们已经看到的,“期望利润”是指如果你在相同的情况下多次重复一个投资的平均所得。由于你不能多次重复投资,因此可以说,对于一个投资的未来表现,期望并不是一个好的衡量指标。这样讨论下来,我们认为知道各种收益发生的概率更为重要。在那种情况下,用利润的中位数可以更好地表示期望利润,其准确的含义是指你有 50% 的概率得到这个利润水平(尤其就特定的投资环节而言)。

在实际中,我们经常将一项投资的未来可能表现简单地称作“收益”。根据“收益”一词所处的语境,可以清楚地判断出它是指历史收益还是未来收益。

定义风险

就像收益可以用各种不同的方法来定义,风险也是如此。无论是从历史还是未来的视角,风险通常被定义为可能结果分布的分散程度的度量。

最常见的风险度量,就是方差和标准差。它们有在数学上极易处理[使用式(7.1)]的优势,是理解与数学问题相关的风险的一个很好的开始。进一步来说,标准差有良好的属性:整体标准差不可能比部分之和还要多(这种属性有时被称为相参性)。为了阐明这一点,设想一个包含两个天气衍生品的投资组合。如果支付的标准差分别是 100 英镑和 50 英镑,然后通过式(7.1),整体标准差绝不可能比 150 英镑多,无论这两个衍生品如何高度相关。即使不知道任何关
171 于风险的细节和它们的相互依赖性,我们仍可以快速地得到一个总体风险的上限。我们将看到,并不是所有的风险衡量都拥有这个良好的属性。标准差的一个缺点是它不能简明地告诉我们可能损失多少。设想一个投资的期望利润是 100 英镑而标准差是 80 英镑,我们可能损失多少?如果我们能假定利润的分布是一个正态分布,那么我们可以说有 2.5% 的可能损失 60 英镑或更多。但是在非正态分布的情况下如果没有更进一步的信息,我们不能做出任何判断。标准差(和方差)的另一个缺点是它在特定情景下可能导致荒谬的决定。8.1.2 节将会给出例子。

为了克服标准差不能清楚告诉我们可能损失多少的局限性,我们通常使用各个水平的利润/损失分位数来度量风险。例如,我们可能考虑 2.5% 的损失水平。在上述例子中,这在正态分布的情况下可能损失 60 英镑,对于其他分布可能损失 30 英镑或 90 英镑。分位数的优点是能清楚地告诉我们可能损失多少,特别是如果我们用一些水平的分位数(可能是 5%、1% 和 0.1%)。分位数最主要的缺点是整体**可以**大于部分之和:一个投资组合有两个天气衍生品,5% 分位数分别是 -100 英镑和 -50 英镑,那么投资组合 5% 分位数可能**少于** -150 英镑。

损失分位数可以用几种不同的方法呈现。

1. 作为分位数本身，利润是正值，损失是负值（即 5% 的分位数是 -200 英镑的利润）。

2. 作为一个损失值，损失是正值（即 5% 的分位数是 200 英镑的损失）。

3. 相对于分布的期望或中值。如果中值是 500 英镑，5% 的损失水平是 -200英镑，其相对于中值就是 -700 英镑。第 12 章将进一步描述分位数损失水平如何与 VaR 联系起来。

除了在特定的分位数下评估支付，也可以在特定的支付下监测分位数——例如监测损失超过 1 000 万英镑的概率。

相对于标准差、方差和分位数，另外两个风险衡量并不常见，但是也有一定的优点，它们是下行半标准差和下行半方差。

随机变量 x 的方差和密度 $f(x)$ 被定义为 172

$$\sigma^2 = \text{方差}(x) = \int_{-\infty}^{\infty} f(x)(x - E(x))^2 \mathrm{d}x \tag{8.1}$$

下行半方差被定义为

$$\sigma_d^2 = \text{下行半方差}(x) = 2\int_{-\infty}^{E(x)} f(x)(x - E(x))^2 \mathrm{d}x \tag{8.2}$$

标准差被定义为

$$\sigma = \text{标准差}(x) = \left(\int_{-\infty}^{\infty} f(x)(x - E(x))^2 \mathrm{d}x\right)^{\frac{1}{2}} \tag{8.3}$$

下行半标准差被定义为

$$\sigma_d = \text{下行半标准差}(x) = \left(2\int_{-\infty}^{E(x)} f(x)(x - E(x))^2 \mathrm{d}x\right)^{\frac{1}{2}} \tag{8.4}$$

对于一个正态分布（和其他对称分布），这些分别与标准差和方差相等，然而对于其他分布它们可能是不同的，因为强调分离出的是损失而不是利润①。

风险和收益

我们已经分别讨论过怎样衡量风险和收益。我们现在来分析同时管理风险和收益的三个理论框架。这三个理论框架分别是**风险调整后收益**、**效用理论**和**随机占优**。我们也将考虑三个框架之间的一些联系。接着在 8.2 节和 8.3 节，我们将描述对于投资组合管理者，如何运用每种方法进行实践决策，例如在给定权利金时，是否交易一个特定合约，或者如何为一个新合约设定权利金水平。最后，在 8.6 节，我们将讨论理解复杂投资组合的几种方法，并且来看如何降低整个投资组合的风险。

① 是下行的方差或标准差，因此是强调损失的标准差或方差。

8.1.1 风险调整后收益

管理天气衍生品投资组合(事实上对任何投资的组合都一样),是要在风险最小的前提下,获得最大的收益。投资组合管理者必须决定对于一个给定的收益增加,风险要调整多大,或者对于一个给定的风险增加,期望收益有多大变
173 动。这些可以基于纯粹的直觉判断,但是也有很多方法尝试分析性地回答这个问题。

一个简单的方法是去定义一个单独的数字,这个数字随着收益的增加而增加,随着风险的增加而减少。接下来的目标是最大化这个数字,这就是所谓的风险调整后收益(risk-adjusted return,RAR)。

体现这个基本思想的最简单公式是

$$\mathrm{RAR} = \mu - \lambda\sigma^2 \tag{8.5}$$

其中,期望 μ 用来衡量收益,方差 σ^2 用来衡量风险,还有

$$\mathrm{RAR} = \mu - \lambda\sigma \tag{8.6}$$

这里期望 μ 用来衡量收益,标准差 σ 用来衡量风险。

为了维度一致性,式(8.5)中 λ 的单位是 $\$^{-1}$,但在式(8.6)中 λ 是无单位的。

用下行半方差代替方差,用下行半标准差代替标准差,这些定义会变成

$$\mathrm{RAR} = \mu - \lambda\sigma_d^2 \tag{8.7}$$

和

$$\mathrm{RAR} = \mu - \lambda\sigma_d \tag{8.8}$$

在所有这些公式中,λ 必须由投资组合管理者确定。λ 取较大的值反映的是对风险较低的容忍度,λ 取较小的值反映对风险的容忍度较高。这些公式只需要用到收益的绝对值,因此即便我们不知道初始投资的确切水平(这样的情况并不少见:如果天气衍生品交易是某个大项目中的一部分,很难说清有多少资本是专门拿出来用在天气衍生品交易上的)也可以用。这些公式的一个缺点是,正是因为我们不能知道投资的初始水平,所以无法将 RAR 和无风险收益率相比较。如果我们**确实**知道初始投资水平,那么夏普比率(Sharpe ratio)是一个更合适的对 RAR 的定义,它等于风险收益率减去无风险利率(只有在无风险利率之上的收益应该承担风险)。夏普比率可以写成:

$$\mathrm{SR} = \frac{\mu - \mu_r}{\sigma} \tag{8.9}$$

174 其中 μ 是期望支付,σ 是支付标准差,μ_r 是无风险资产的期望支付。将公式右边的分子和分母分别除以初始投资,我们就可以用相对收益来重写这个公式(这样更标准)。

对于上述的任何定义，目标都是增加 RAR，或者把它保持在一个特定水平之上。当我们评估投资组合中的某个合约是好还是坏时，我们看它们对 RAR 的贡献。当我们考虑是否交易一个新的合约时，我们看它对 RAR 的影响。最后，当我们设置权利金的时候，我们必须把它设得足够高以使 RAR 增加或者保持在一个特定水平上。

在本章的后面部分我们将更详细地了解这些情况。

8.1.2　均值-方差法和均值-标准差法的问题

应用均值-方差法和均值-标准差法来获取风险调整后收益时，存在一个缺点：在特定的情况下，这会导致明显荒谬的决策。

假如某人给你提供了一个免费的彩票，中奖支付为 L，中奖概率为 p。当然你应该接受，因为在任意一种风险收益分析框架下，这种行为只会增加你的收益而没有任何损失。当运用均值 - 方差分析法时，我们发现

$$\mu = Lp, \sigma^2 = L^2 p(1-p) \tag{8.10}$$

则

$$\begin{aligned} \text{RAR} &= \mu - \lambda\sigma^2 & (8.11) \\ &= Lp - \lambda L^2 p(1-p) & (8.12) \\ &= Lp(1 - \lambda L(1-p)) & (8.13) \end{aligned}$$

如果 $L > \dfrac{1}{\lambda(1-p)}$，RAR 将会是负的：非常大的彩票收益金额竟然会减少 RAR 的值！这是一个明显的均值-方差法失效的例子。如果我们尝试使用均值 - 标准差法，同样的问题也会发生。

产生这些问题的原因是，此例中收益的分布是非常陡峭的，标准差和方差都无法区分上部和下部。

下行半方差和下行半标准差也可能导致这种问题。

在实践中，应用 RAR 是否也会发生这样的问题？在大多数情况下，可能不 175
会。但对于在较低概率上有大的收益的特定合约，无论是基于均值-方差还是均值-标准差的 RAR 方法都不能很好地代表，这正是发掘应用其他方法可能性的有利论据。

8.1.3　效用理论

在前面部分我们讨论过如何在一个将风险和收益分开的框架下管理风险投资。但可以认为，这是不足够的，考虑可能结果的整体分布、它们的相对概率和我们对每个可能结果的反应将更有意义。这是效用理论采取的方法。效用理论是一个数学框架，被经济学家用于理解经济行为理论模型中的风险偏好。效用理论相比于上面所描述的方法更一般，但是它通常被认为太抽象而不能用

于实际中。但是,我们将会看到它能帮助我们理解 RAR 方法的一些局限,并且将会引出一个有用的分析风险的新方法。为了了解不完全市场中期权定价方面的许多学术论文,包括一些天气衍生品定价方面的学术论文,在一定程度上理解效用理论是有必要的。

效用理论的基本原理是每个相应水平的财富对财富持有者都有一个相应水平的效用(有用性或价值)。将财富写作 w,效用写作 u,我们将有 $u=u(W)$。这个公式描述了一个人(或一个组织)的风险偏好。根据定义,在期望效用的基础上做决定,期望则通过所有可能的 w 值来计算。如果不同财富水平的可能性导致一个决策比另一个有更高的期望效用,这个决策将是更适合的。如果期望效用是相同的,我们则持中性的态度。

为了合理反映对风险的真实态度,通常要求效用函数必须具备以下属性。

1. 财富偏好:越多的财富总是越好。随着 w 增加,u 增加,即 $u'>0$。

2. 风险规避:随着财富增加,其边际效益递减。随着 w 增加,u'减少,即 $u''<0$,换句话说,失去一笔固定数量的财富,对于越穷的人来说越糟糕。

3. 破产规避:你越穷,你就越规避风险。换句话说,随着 w 的增加,u''增加,即 $u'''>0$。

176 指数效用函数是具备这些属性的最常用的函数

$$u(w)=1-e^{-aw} \tag{8.14}$$

其中,a 是一个正的参数,用来衡量风险厌恶,它的单位是货币单位的倒数。分别给 a 赋值 1 和 2,得到对应的效用函数,其形状如图 8.1 所示。

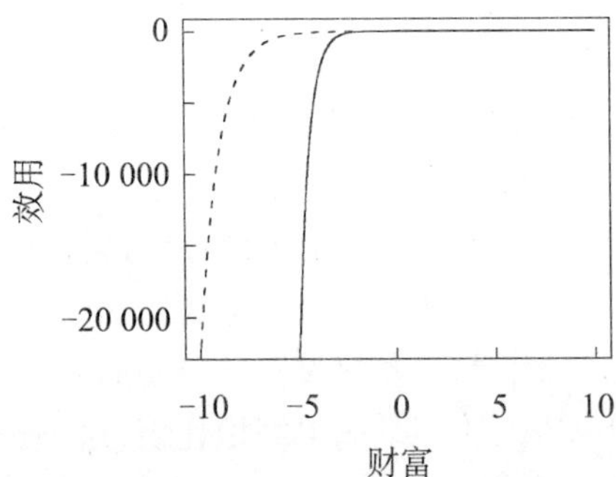

图 8.1 当指数效用中 a 赋值 1 和 2 的图

通过使用确定性等值 c,效用可以被用来比较无风险和有风险的选择,定义为

$$u(c)=E(u(w)) \tag{8.15}$$

一个特定财富分布的确定性等值是给予相同期望效用的财富的单一固定值;c 是我们为达到财富的一定分布所愿意支付的最高价格。

效用理论和风险调整后收益的关系

我们尝试从效用角度来解读8.1节中的简单风险度量。

对于在现有财富 w_0 附近的一个微小变动 w'，我们可以运用泰勒展开式来扩展效用函数

$$u(w) = u(w_0) + w'u'(w_0) + \frac{1}{2}w'^2 u''(w_0) + \cdots \tag{8.16}$$

考虑这个方程的期望：

$$Eu(w) = u(w_0) + u'(w_0)Ew' + \frac{1}{2}u''(w_0)Ew'^2 + \cdots \tag{8.17}$$

在此式中，效用的测量单位是随机的，所以我们可以假定 $u(w_0)=0, u'(w_0)=1$，得到

$$Eu(w) = Ew' + \frac{1}{2}u''(w_0)Ew'^2 + \cdots \tag{8.18}$$

如果我们忽略高阶项，上式就和式(8.5)的形式完全一样，同样是用均值和方差 177
来衡量价值，只是方差的权重是负值（由于 u'' 是负值）。这说明，对于这个财富水平（带二次项的效用函数是一个很好的近似）的较小变动，方差－均值法和效用方法是一致的。从这个比较中还可以得出各种其他的见解，比如随着财富的增加，式(8.5)中的 λ 有可能降低，就像 u'' 那样。

8.1.4　随机占优理论

在实践中直接运用效用理论的主要困难是：(a)没有人知道效用函数的具体形状（例如，在式(8.14)中 a 究竟应该取值多少，或者指数效用是否是一个正确的形状类别）；(b)整个方法是个合理的"黑盒子"，它会给出一个答案，但是很难看到这个答案是如何产生的。

作者不知道在实践中有哪些机构在天气衍生品定价决策中运用了效用理论。不过，我们现在来看一个效用理论的扩展，被称为随机占优理论（stochastic dominance theory，SDT）。这个理论能克服以上问题，而且确定在实际中偶尔被使用。随机占优理论背后的思想是，即便很难确定效用函数，但可以很合理地假定未知的效用函数具备以下三个属性：财富偏好、风险规避和破产规避。以上假定帮助我们在不确定自己效用函数的情况下做出决策。

随机占优理论被应用在占优检验以及一阶随机占优、二阶随机占优、三阶随机占优的检验过程中。我们来考虑在以下两个不同场景中，如何运用随机占优理论：(1)保持我们现有的投资组合不变；(2)向原投资组合中加入一个新的合约。

占优

占优检验是这样应用的：比较场景2中最坏的结果和场景1中最好的结

果。如果场景 2 最坏的结果比场景 1 最好的结果还好,我们就说场景 2 比场景 1 占优。如果的确是这样,我们就选场景 2。否则,我们就应该进行一阶随机占优的检验,情况就更微妙。

178 **一阶占优**

一阶随机占优检验是这样操作的:比较场景 1 下和场景 2 下的支付分布的 CDF(累积分布函数)。如果在任何财富取值下,场景 2 的 CDF 都小于场景 1 的 CDF,则说明场景 2 在一阶随机占优场景 1,我们应该选择场景 2。否则,我们应该进行二阶随机占优检验。

二阶占优

二阶随机占优检验是这样操作的:比较场景 1 下的支付分布的 CDF 的不定积分和场景 2 下支付分布的 CDF 的不定积分。如果在任何财富取值下,场景 2 的 CDF 的积分都小于场景 1 的 CDF 的积分,则说明场景 2 在二阶随机占优场景 1,我们应该选择场景 2。否则,我们应该进行三阶随机占优检验。

三阶占优

三阶随机占优检验是这样操作的:比较场景 1 下的支付分布 CDF 的二阶不定积分和场景 2 下支付分布 CDF 的二阶不定积分。如果在任何财富取值下,场景 2 的 CDF 的积分都小于场景 1 的 CDF 的积分,则说明场景 2 在三阶随机占优场景 1,我们应该选择场景 2。否则,我们得出两个场景是等价的结论。

随机占优检验的可能结果

我们设每个检验的结果如下:

- “F”(失败):如果场景 1 占优场景 2;
- “N”(中立):如果没有场景占优;
- “P”(通过):如果场景 2 占优场景 1。

于是我们可以把四个测试的结果写成四个字母的字符串,如“NNNF”,这表明前三个测试结果是中立而最后一个是失败。结果“FF”等同于“F”,因为一旦失败就没有可能进入一阶随机占优测试,这样一来所有可能的结果减少至 9 个。

1. F
2. NF

179

3. NNF
4. NNNF
5. NNNN
6. NNNP
7. NNP

8. NP

9. P

如果我们考虑从场景 1 转换到场景 2,我们将会在 6 至 9 的结果下做。用上面的数减去 5 可以得到一个随机占优分数。负分意味着“不转换”,正分意味着“转换”。零分意味着我们对于转换拿不定主意。

随机占优理论和均值–方差法的联系

用于管理风险的随机占优理论和均值-方差法有着各种联系,这些在 Ogryczak and Ruszczynski(1997)中有讨论。

用随机占优理论定价

应用随机占优理论对期权合约(空头)定价,最低应收权利金应该确保加入新合约比不加入该合约更好,这里“更好”的意思是我们至少获得三阶随机占优。这个可以通过从一个低的权利金开始并逐渐提高,直至我们获得三阶随机占优。

比较风险调整后收益、效用理论和随机占优理论

应用风险调整后收益或效用理论和应用随机占优理论在实践上的主要区别是:(a)风险调整后收益和效用理论都需要我们主观地去确定一个参数来衡量风险厌恶,但是随机占优理论不需要;(b)效用理论和风险调整后收益总是给出一个明确的决定,但是随机占优理论通常无法给出一个确定性的答案。

对许多类别的投资,随机占优不被认为是一个特别有用的方法,因为只有当我们对结果的整体 CDF 有一个估计的时候,它才能被应用。不过,在天气衍生品市场上,作为之前我们已经讨论过的建模方法的输出,我们的确总是能得到 CDF 的估计,因此,随机占优方法用起来就特别简单。随机占优理论用起来是如此简单,并且如此客观,以至于很难说它不能在所有投资组合决策上提供帮助(可能和其他方法一起使用)。

8.1.5 随机占优检验结果的显著性 180

随机占优框架的最后一个扩展是尝试增加统计显著性检验来区别我们之前比较的各种曲线。

没有显著性检验,一阶随机占优分析结果如下:

- 场景 1 比场景 2 好;
- 我们不能确定哪个决策更好;
- 场景 2 比场景 1 好。

如果我们在差异上使用统计检验,结果将扩展至五种可能:

- 场景 1 显著地优于场景 2;

- 场景 1 优于场景 2,但不显著;
- 我们不确定哪个决策更好;
- 场景 2 优于场景 1,但不显著;
- 场景 2 显著地优于场景 1。

应用模拟方法可以生成这些显著性检验。

使用这种显著性检验的一个缺点是必须要先设置一个主观的显著性水平。

8.1.6 随机占优方法的实例

为了阐明随机占优方法,考虑以下的例子。我们有两个六面骰子,A 和 B。

占优

如果 A 被标记为 1 到 6,B 被标记为 7 到 12,则 B 就占优于 A。无论怎样,B 都将高于 A。

一阶随机占优

如果 A 被标记为 1 到 6,B 被标记为 2 到 7,B 就不占优 A,但是它的确随机占优。很有可能 A 值比 B 值高,但是在任意固定概率水平上 B 比 A 高。对任何认可财富越多越好的人来说,B 应该是比 A 更好的选择。

二阶随机占优

如果 A 被标记为 1 到 6,B 全部是 4,B 就不占优 A,也不会随机占优 A。然而通过观察积分值:1、3、6、10、15、21 和 4、8、12、16、20、24,我们发现 B 的确是二阶随机占优 A。

181

三阶随机占优

如果 A 被标记为 1 到 6,B 全部是 3,那么 B 就不占优 A,在一阶或二阶也不会随机占优。然而,通过观察二阶积分值:1、4、10、20、35、56 和 3、9、18、30、45、63,我们发现 B 的确是三阶随机占优 A。即使 B 的均值 3 比 A 的均值 3.5 低,对任何破产规避属性的人来说,B 是更好的选择。

8.2 扩展投资组合

现在我们已经获得了足够的相关信息以便将上述各种方法运用在投资组合管理决策的实践活动中。首先我们来看如何扩展一个投资组合。

假如我们有一个很大的天气衍生品投资组合,并且正在考虑加入一个新合约。这种合约的权利金已经固定并且是不可更改的。我们是否应该加进这个合约?我们可以用风险调整后收益、效用理论或者是随机占优理论来解决这个问题。

应用风险调整后收益法

用风险调整后收益法有两个途径来回答这个问题。第一,我们确保只有当加入这个合约后,能使投资组合的风险调整后收益增加,才交易它。第二,我们确保只有当加入这个合约后,投资组合的风险调整后收益保持在一个固定水平之上,才交易它。无论哪个方法在现实中都是易于实施的:对有新合约加入的投资组合和原投资组合分别建模,然后计算两种情况下的风险调整后收益,并比较。

应用效用理论

首先,对有新合约加入的投资组合和原投资组合分别建模,然后评估两种情况下的投资组合效用。如果期望效用增加,那么我们应该加入新合约。

应用随机占优理论

对于随机占优理论,我们将对投资组合建模,并且将加入新合约之前和之后的支付分布进行比较。如果新的分布占优,或者在一阶、二阶、三阶随机占优,我们将加入新合约。如果旧的分布占优,或者在一阶、二阶、三阶随机占优,那么我们不考虑增加新合约。如果都不占优,我们可以考虑财务收益之外的其他因素,再做决定。

有效建模 182

对一个投资组合建模,首先考虑不加入新合约的情况,再考虑增加新合约的情况。有一些非常有效的方法来执行必要的计算,以避免为整个投资组合模拟两次。这可以为大的投资组合建模节省时间。这些方法将在 8.5 节讨论。

8.3　基于投资组合定价

还是设想我们有一个很大的天气衍生品投资组合,我们正在考虑交易一个或更多的合约,但是这次我们站在设置权利金的角度。我们应该把它设置在什么水平? 正如我们已经看到的,在整个投资组合的背景中考虑这个问题是非常重要的:如果合约与我们已经拥有的高度相关,那么只有在我们设定了一个高权利金的情况下,交易它才是一个很好的主意。类似地,如果这个合约和我们所拥有的非常不相关,并且甚至可能减少我们的风险,那么我们应该乐于设定一个较低的权利金。我们可以在任何上述所描述的决策框架中计算出合适的权利金。我们仍在有合约和没有合约的情况下分别为投资组合建模。

应用风险调整后收益法

当卖一个期权合约时,我们设置权利金(我们将收到)以使得风险调整后收益,要么必须增加,要么必须保持在一个特定的水平。

在均值-标准差法框架中,运用第一个原则得到

$$\mathrm{RAR}_2 > \mathrm{RAR}_1 \tag{8.19}$$

或者

$$\mu_2 + p_s - \lambda\sigma_2 > \mu_1 - \lambda\sigma_1 \tag{8.20}$$

其中,p_s 是权利金,μ_1 和 σ_1 是增加合约之前的投资组合收益的期望和标准差,μ_2 和 σ_2 是增加合约之后的收益的期望和标准差,但是没有权利金。重新排列给出

$$p_s > \mu + \lambda(\sigma_2 - \sigma_1) \tag{8.21}$$

其中,$\mu = \mu_1 - \mu_2$ 是合约的期望收益(按符号定义的惯例 μ 是正的)。我们看到
183 收取的最低权利金是由投资组合的期望支付及支付的标准差给出的。这些项通常是正的,在这种情况下卖出价格将高于合约期望支付,高出的部分取决于风险的边际变化。对于这个权利金的值,风险调整后收益不变。对于高于这个值的权利金,风险调整后收益将是增加的。

对于一个合约,$\sigma_2 - \sigma_1$ 为负可能对我们的投资组合是非常有益的;交易合约将减少我们的风险。在这种情况下,我们可以将权利金设定在期望支付之下并且仍然增加我们的风险调整后收益。

当以权利金 p_b 买一个期权合约时,我们得到

$$p_b < \mu - \lambda(\sigma_1 - \sigma_3) \tag{8.22}$$

其中 σ_3 是增加合约后投资组合收益的标准差,$\mu = \mu_3 - \mu_1$ 是合约的期望支付(按定义符号的惯例,μ 仍为正)。$\sigma_1 - \sigma_3$ 项通常是正的,在这种情况下,购买价格将低于合约的期望支付,低于的部分取决于风险的边际变化。

同样对投资组合非常有益的合约 $\sigma_1 - \sigma_3$ 可能是负的,我们可能支付高于期望支付的权利金并且仍然增加我们的风险调整后收益。

应用效用理论

在效用理论背景下,我们卖出一个合约的最低价格,或者买入一个合约的最高价格,必须使得我们的期望效用不再增加。这个观点有时被称为效用中立观点。

应用随机占优理论

在随机占优理论背景下,卖出合约的最低价格将设置在新的投资组合在第三阶开始占优(尽管第二阶或第一阶也可能被用到)。

不确定性的来源

相对于单独地给一个合约定价,当基于一个投资组合给合约定价时,有可能会带来更多取样的不确定性。当单独地给单一合约定价时,取样不确定性的
184 来源是合约指数分布评估的不确定性。当基于一个投资组合定价时,增加的不确定性来源是评估合约和投资组合的关联性。

8.4　做市

除了对多头和空头都要定价,“做市”和“基于投资组合定价”这两者是非常相似的。就像我们在8.3节中看到的,一个期权的卖价通常高于期望支付,买价通常低于期望支付。

罕见的情形是,新合约和原投资组合完全不相关,以至于买价和卖价关于期望支付呈对称状态(至少在均值–标准差方法框架下是这样的)。然而,在新合约和原投资组合之间的相关关系非零的一般情形下,它们不是对称的:做市商对买入和卖出的偏好取决于新合约和投资组合之间的相关关系符号。一个极端的情况是,在一个方向上交易实际上降低了组合的风险,这时,期望支付会落在买价与卖价之外。

严格遵守一个数量方法的做市商会在每次交易时调整他的报价,因为每次交易都会改变基础投资组合。

当做市商为互换而做市,会在给定RAR零值下的一个改变来计算多头和空头头寸的互换行权价格,而不是在给定RAR零值下的一个改变来计算权利金。这些行权价格可以用迭代法计算出来,类似的方法在5.8节讨论过,但是现在要考虑整个投资组合的风险调整后收益。

8.5　对投资组合增加单一合约的有效操作方法

在8.2节和8.3节,我们考虑是否对投资组合增加合约。回答这个问题需要分别在有和没有额外合约的情况下评估风险调整后回报、效用或CDF。如果我们用燃耗分析法,那么必要的计算结果将很快呈现。但是,如果我们用指数模型法,那么对于一个大的投资组合,用这种方法两次为整个投资组合建模可能是非常耗时间的,并且我们需要每天问这个问题很多遍。幸运的是,我们有方法可以使建模更加有效。我们将呈现两种方法。首先,并且是优先的,称为“指数回归”法。它可以保存所有原始投资组合的模拟结果,并且用这些去为随 185
后的合约定价而不用再次模拟。该方法依赖于对大量模拟结果的存储能力。如果这一方法不可行,可以用第二种方法,称为“支付回归”法,它只保存投资组合的支付。

指数回归

运用指数回归法进行基于投资组合的有效定价的基本原理是拓展7.4.2节中所描述的秩相关模拟方法,用该方法进行的正态分布模拟结果被保存下来。当一个新的合约需要被定价时,这些模拟的线性组合和随机数字相结合,为与初始投资组合有正确关联的新的合约创造一个新的模拟。这些新的模拟被转换成正确的边缘分布并转换成合约的支付。这种方法给出了与分别在有和没有额外合约的情况下重新定价整个投资组合相同的结果(取决于所应用的随机数字的不同),但是它会更快,因为它避免了重新模拟投资组合里的所有合约。附录J将更多地呈现这种方法的细节。

这种方法的一个局限是被储存的模拟的矩阵可能会非常大:一个有100个合约的投资组合,用一万个模拟并以八字节的浮点数字储存,这将需要800万字节的存储空间。虽然这种存储是容易办到的,但将如此大的数组排列导入电脑内存可能非常慢,甚至比重新模拟整个投资组合还要慢。为了避免这些问题,我们可以用一个稍微不同的方法。

支付回归

这种方法是基于秩相关模拟法的扩展,其基本思路是将新指数作为投资组合支付和随机数字的线性组合来建模。更多细节详见附录J。

这种方法在储存和处理过程中是不占内存的,因此也是极快的。缺点是此方法里的假定和原始秩相关模拟的假定稍微不同。尽管我们初始假设指数间的依赖性用秩相关能最好地被捕捉到,但在这种方法里,我们用秩相关表示新指数和其他合约的支付之间的依赖性。分别在有和没有额外合约的情况下,重新定价整个投资组合,这个方法可能给出不同的结果。虽然这些不同的假定可能不是很合理,但它通常是一个避免矛盾结果的好方法。

186

8.6 理解投资组合

为了解天气衍生品投资组合是怎么一回事,现在来考虑一些技术。当投资组合很小,只包含少量合约时,为了理解什么驱使着风险和收益而运用数学方法也许是不必要的,因为结果可能是显而易见的。但是对于包含几十或几百个合约的大的投资组合,如果没有更进一步的分析,去理解这些问题是非常困难的。我们可以分析投资组合的许多不同方面,下面仅讨论其中一些。

8.6.1 分解风险和收益(风险预算)

我们问的第一个问题是:在我们现有的投资组合中哪个合约对风险和收益的贡献最大?如果我们用期望衡量收益,确定对收益的贡献是容易的,因为整个收益是各个单独合约收益的总和。可以说,是投资组合中那些收益占组合收益比例高的合约在推高投资组合的整体回报率。

确定合约对风险的贡献更为复杂,因为当单独考虑时,一个合约也许有较高的风险,但是在投资组合中这个风险可能通过其他合约被整个或部分地消除,那么其对投资组合的整体风险的贡献可能为零或负。考虑到我们通常是一个一个地去增加或去除合约,那么这种困难就可以避免,真正重要的是风险的边际变化。虽然投资组合里的所有合约风险的边际变化不能加总得出整体风险,但是它们仍然能告诉我们哪个单一合约应该持有,从而最大程度地降低整个投资组合的风险。

实际中,我们可能将投资组合中所有合约对期望支付的边际贡献和对支付标准差的边际贡献制成表格。我们也可以研究对风险调整后收益或效用的边际贡献。对风险调整后收益或效用有大的正边际贡献的合约是好的,而有大的负边际贡献的合约是不好的。如果我们看到一些合约明显比其他合约更糟,我们可以考虑主动采取措施对冲这些合约里的风险。这个问题在 8.7 节中会提到。

第二个问题,和第一个非常相像,是在我们现持有的投资组合中哪组合约对风险和收益的贡献最大?上述所描述的分析可以再次用于分析整组合约的边际 187
效应。有许多情况使我们对这种问题感兴趣:我们也许想知道一个交易对手或地区是否有特别高的风险水平,或者一个交易者是否比其他人承担了更多的风险。

8.6.2　投资组合的 beta

我们在 5.1 节中介绍了 delta,并且解释了它可以用于对一个新的预报如何影响一个投资组合的价值给出快速的评估,也可以用于说明在对冲中应使用的互换合约规模。将 delta 的概念扩展到投资组合是有用的。对于建立在同一指数之上的合约的投资组合,这是容易的:投资组合的 delta 与单个合约的 delta 之和是相等的。但是,不同指数的 delta 不应该加在一起。基于不同指数的投资组合的扩展可以用 beta 分析或回归分析。

对于整体投资组合,支付向量 P_i 可以对单个指数 X_i 回归,如下式所示:

$$P_i = \alpha + \beta x_i + \epsilon_i \tag{8.23}$$

支付函数 P_i 对指数 x 的回归系数 β 等价于 delta。在这种情况下,投资组合中的所有合约建立在相同的指数之上,并且该指数服从正态分布,β 就正好是 delta。在一般情况下,beta 的值以一种复杂的方式取决于投资组合的非线性支付函数以及不同地点之间的关联。delta 和 beta 可以用于评估投资组合天气预测的影响或用于设计套期保值策略。

累积 beta 值可以用不同的指数计算。这个可以用多次回归完成而不是几步的一元回归:

$$P_i = \alpha + \sum_{j=1}^{N_c} \beta_j x_{ij} + \epsilon_{ij} \tag{8.24}$$

每个位置的 beta 值和单一位置计算的值是不同的,用这些值来了解如何运用更多的合约对冲投资组合。

对于 beta 的解释,单变量值和多变量值之间有区别。如果我们考虑在一个
188 指数里改变并仍然允许其他的指数变化,则运用单变量 beta 值。但是如果我们想要了解在其他指数不变时,投资组合如何对一个指数的改变作出反应,则应该用多变量 beta 值。由于指数之间的变动是相关的,假设其他指数不变会减少主要指数变化的幅度,所以多变量值一般更小。

8.6.3 投资组合的希腊参数

我们在第 5 章讨论了单个合约的希腊参数,现在讨论怎样在投资组合里使用希腊参数。

对于一个投资组合,若其中每个合约的标的指数都是相同的单一指数,则组合的所有希腊参数都可以计算,并且就是简单地将各个合约的希腊参数求和。整个投资组合表现得就像一个单一合约。但更为常见的是投资组合中的不同合约具有不同的指数,这就要稍微小心。这时,不同指数的合约的 delta、gamma 和 zeta 不能直接加总以得到投资组合的 delta、gamma 和 zeta。只有 theta 和 rho 这两个参数可以通过将组合中不同合约的同一参数值求和而得到投资组合的相应参数值。求 delta 的合理的通用方法见 8.6.2 节已讨论过的投资组合 beta,求 gamma 可采用相同的方法。但并没有明显公认的求 zeta 的通用方法。

8.6.4 风险的主导模式

我们已经在 8.6.1 描述了如何分析投资组合中各个合约的影响,然而可能没有哪个单个合约会有很大的影响,但是组合中的某一组合约可能一起产生一个非常大的风险。尽管我们也描述过如何评估一组合约的影响,不过这一组合约的构成是被我们提前预设好的。但是一组我们没有设想过的合约被组合在一起也是可能的,它们可能通过协方差矩阵带来很大的风险。我们如何发现这点呢?有许多可行的方法,但最简单的是建立在数学技巧上的被广泛称为主成分分析法(principal components analysis,PCA)、经验正交函数分析(empirical orthogonal function analysis,EOF)或奇异值分解分析(singular value decomposition analysis,SVD)的方法。[①] Jewson(2004a)已经描述过 PCA 在天气投资组合上的运用。它按如下的步骤进行。

189 我们计算整个投资组合的支付矩阵 P,用元素 P_{ij} 表示。然后移除每个合约的期望支付,使期望支付都为零,我们只剩下风险:

$$p'_{ij} = p_{ij} - \frac{\sum_{i=1}^{N_c} p_{ij}}{N_c} \tag{8.25}$$

① 我们已经在 7.4 节接触过 SVD 的数学过程,然而在那个案例中我们把它应用于指数,而不是支付。

对矩阵 P' 和元素 p'_{ij} 运用奇异值分解:

$$P' = E\Lambda Q^t \tag{8.26}$$

第一个模式(矩阵 E 的第一列,是第一个奇异向量)是风险的主导模式,其对总体风险的贡献由矩阵 Λ 的第一个奇异值给出。

当 PCA 分析被运用于由流动性良好的合约(如股票)构成的投资组合时,我们可以通过交易一个适当加权的一篮子合约来对冲第一主成分。这对天气衍生品通常来说是不可能的,因为必需的一篮子合约可能在任何合理的价格都不交易。

8.7 减少投资组合的风险

我们已经探索了许多方法以更好地理解投资组合的风险和收益的来源,现在最终转向我们可以用这些知识做什么的问题:我们应该如何进一步交易合约以降低风险、提高收益。

回答这个问题最简单的方法是考虑市场中所有可得到的合约,并运用 8.3 节中介绍的投资组合方法定价。这个方法将告诉我们这些合约中的哪个对我们的投资组合有益,并且可以告诉我们多大程度上有益。如果有合约给了我们很大的收益,我们可以交易它们,然后重复进行。也可以考虑立即增加合约组数,虽然被检验的(合约组合)排列数会快速增大。

但是,市场中很可能没有能有效减少我们投资组合风险的合约。在这种情况下,根据我们需要对冲的风险构建新的合约,然后尝试找到有意愿的交易对手方,可能是值得的。对此有许多方法。

最普遍的方法是考察基于所有可能指数的所有可行的合约,来看哪个将对
我们最有益。从需花费的计算时间来看,这种方法似乎非常不实际。如何开发 190
出这个方法的精简版是个挑战。

一个更简单的可能方法是,运用上面描述的单变量 beta 分析,将基于不同地点的指数与我们投资组合的支付(历史的或模拟的)进行比较。这减少了需要做出比较的数量。如果进一步将比较限制在经常交易的指数(如在美国可以只考虑基于日度指数的月度合约),那么将所得到的算法快速应用于实践就变得可行。如果已经找到一个与投资组合高度相关或高度负相关的指数,那么就很容易基于这个指数去设计一个合约——要么是互换要么是期权,要么是多头要么是空头——其支付将和投资组合负相关。交易这样一个合约可能使得风险显著降低,并且如果可以在一个合理的价格交易它,可能使风险调整后的收益增长。

Beta 中性

当流动性较好的合约在很多地方都可以交易时,特殊情况就产生了。如果

我们假设这些合约都在公平价格上交易,那么交易这些合约仅仅影响我们的风险,而不影响收益。投资组合经理可以像下面所述的那样对每个合约尽量保持"beta 中性"。在频繁交易的基础上,投资组合的 beta 值是相对于这些合约被估计出来的。如果有任何的 beta 值显著不为零,这时就交易一些恰当的合约来降低 beta 值使其接近于零。在当前天气衍生品市场上,达到精确的 beta 中性的主要限制是:即使是最活跃的合约,其交易规模也是非常离散的。直到某一合约的 beta 值大到足以证明大量地交易这一合约是合理的,否则它就不能被降低。这种情况经常被称为"gapping"。

投资组合的启动问题

上述所有投资组合管理技术的一个问题是:只有当已经建立好一个大的投资组合合约,它们才能良好地运行。如果从空的投资组合开始建仓,然后运用以上方法定价,可能导致非常极端的价格,并且会有无法达成任何交易的危险。对于这个问题没有简单的答案。其中一个解决问题的方法是:为最初几份合约定价时要考虑假设,最终的投资组合的可能构成是什么样的。通过这种方法,可以提前利用未来投资组合可能的多样性,从而提供更低的价格。

191

8.8 延伸阅读

投资组合的均值-方差模型背后的理论来自 Markowitz(1952)和 Markowitz(1959)。经济学和金融学领域讨论效用理论和随机占优理论的书很多,其中两例是 Wolfstetter(2000)和 Elton and Gruber(1995)。最近的一篇综述是由 Tsanakas and Desli(2003)撰写的。将随机占优理论应用于天气衍生品市场最早始于 Aquila 公司的天气衍生品团队(但之后就不再存在将该方法应用于天气衍生品市场的情况),关于这一点我们是从 Heyer (2001)处得知的。

第 9 章　气象预报导论

在本章和接下来的一章里，我们将考虑天气预报和季节预报如何潜在地改 192
善我们对天气衍生品合约的估价。本章的开始先讨论哪些天气预报与天气衍生品有关，以及这些预报是如何制作的。我们先讨论的是期望温度的预报，随后讨论对未来温度整体分布的预报（概率预报）。在每种情况下，我们都将阐述怎样比较两个预报以找出较好的一个，也会简要提及一些能够改善预报的统计学方法。在本章的第二节，我们将就季节预报进行一个简要的描述。

有趣的是，天气和金融市场价格在可预测程度上或多或少有些不同。对金融市场价格变动的预报是可以做到的，也是可能成功的，但在预报与价格之间存在相互的反馈，这意味着，随着时间的流逝，所有的预报系统都可能会失败。另一方面，天气则不会受天气预报的影响，且天气动力学机制是恒定的。[①] 这就使得那些能够在现在或将来持续做出有用预测的预报系统可以被构建出来。不过，就像天气变量（期望）的变动很难预测，市场价格变化的不可预测性和天气变化的不可预测性之间具有可比之处。我们已在第 5 章中谈及了这一点，并将在第 10 章中对此进行详细阐述，因为它有很多实际的应用。

9.1　天气预报

我们现在来更详细地探讨天气预报——从即时预报到未来大约 15 天的预报。

9.1.1　物理背景 193

气象预报之所以是可能的，是因为驱动天气和气候的物理过程具有可预报性。就天气预报来说，其可预报性主要产生于大气中气团的动力学过程。15 天

① 至少在我们所关心的时间范围内是这样的。

的天气预报平均而言要优于随机猜测或“平均”状况的预测，这种预报成为可能的主要原因是，我们可以提前很长时间预测地球周围的大气团的运动。其他相关的物理过程有太阳辐射、云的运动、地面的热容量和水汽容量，以及海洋对大气的影响。

9.1.2 预报方法

大部分的天气预报是由大气动力模式做出来的，这些模式被称为大气环流模式(atmospheric general circulation models，AGCMs)。这些模式基于离散数值方法，离散数值方法的应用是为了尝试求解被认为控制着大气运动的连续方程。计算是在格点上进行的，这些格点将全球大气划分成很多小格子，东西方向上约有一百个，南北方向上约有一百个，垂直方向上有二十层。模式以大约十分钟的步长向前积分。模式中除了能被显式表征的大气动力学机制外，还有云以及其他太小、太快以至于不能被离散时空网格表示的过程，它们用统计学方法来表示。

为了制作出预报，模式通常需要以当前大气状况的一个最佳猜测作为开始。这个最佳猜测，被称为“分析”，基于先前预测和最近观测的结合。在制作预报过程中，得到大气的这一初始状态会花费大量的时间和精力。然后，通过对模式方程向前积分来产生预报，形成对未来大气状况的一系列模拟。在这一阶段中，预报是由数值模式格点上的大气变量，如温度、气压和风的预测组成的。制作对天气衍生品行业有用预报的最后阶段，是用统计的方法对这些格点预报进行降尺度，以做出单个地区如伦敦希思罗机场的气象站点的预测。

194 集合(ensemble)预报需要以不同的配置多次运行 AGCM。这可以给出包含不同预报的一个集合，而且大多数时候，这些集合的平均值比任何一个单一预报都更好。在集合中，不同的配置通常是通过轻微改变大气初始状况来实现的，改变初始状况的目的是表示当前大气状况估计的不确定性。运用随机数扰动模型的物理表征来得到不同的配置也是可行的。

9.1.3 主要模式

写作本书时，主要的集合天气预报系统有(按字母顺序排列)：

- CMC (Canadian Meteorological Center，加拿大气象中心)，基于加拿大，(http://www.mscsmc.ec.gc.ca/cmc/op_systems/global_forecast_e.html)；
- ECMWF(European Center for Medium-range Weather Forecasting，欧洲中期天气预报中心)，基于英国，(http://www.ecmwf.int)；
- NCEP (National Centers for Environmental Prediction，美国国家环境预测中心)，基于美国，(http://www.emc.ncep.noaa.gov/gmb/ens/)。

主要的单一预报系统有(仍旧按字母顺序排列)：

- Canadian(加拿大环境部)(http://www. ec. gc. ca);
- DWD (Deutsche Wetter Dienst,德国气象局)(http://www. dwd. de);
- ECMWF (http://www. ecmwf. int);
- JMA (Japan Meteorological Agency, 日本气象厅)(http://www. jma. go. jp);
- Meteo-France(法国气象局)(http://www. meteo. fr);
- NCEP (http://www. emc. ncep. noaa. gov/gmb/ens/);
- UKMO (United Kingdom Meteorological Office,英国气象局)(http://www. metoffice. com)。

ECMWF 和 NCEP 都是用它们最好(分辨率最高)的模式来做单一预报,用略差(分辨率较低)的模式来做集合预报。

我们故意没有给出关于集合大小、预报时长以及预报制作频率方面的信息,原因是这些细节容易频繁变动。

通常,参与天气衍生品定价的一些组织并不直接从上述组织那里获得天气预报,而是从预报中间提供商那里购买,中间商提供诸如将模式的格点预报转换为特定地点的预报这样的增值业务。预报使用者偶尔也会直接向上面列举
的模式机构购买预报,然后自己对特定地点进行预报,但是这样做花费高且实 195
施困难。

商业预报提供者通常是选取上述模式中的部分(很少用所有的模式)来制作他们要卖的预报。其中,NCEP 是大家最常用的,主要是因为它的数据可以免费获得,并且到目前为止数据时间跨度最大。ECMEF 的预报通常被认为是最好的,因为它有最庞大的集合和最高的分辨率。但是 ECMWF 的预报很贵。

9.1.4　降尺度

将动力模式格点上的预报转换成特定物理位置上的预报的过程被称作"降尺度"(downscaling)。最简单的降尺度方法之一是利用 AGCM 格点值和观测值之间的线性回归模型(Leith,1974)。用主观的方法把模式值转换成特定地点的预报也是可行的,这也是一些预报机构雇用气象预报员所做的工作。主观法的依据是,一个有经验的预报员能知道某种天气状况下哪个模式更好,以及各种模式通常会出现的错误类型,并可以比客观算法更加高效地调整预报结果。

9.1.5　预报举例

我们所有的关于天气预报的例子都基于 ECMWF 对 2002 年希思罗的

0—10天的集合预报。① 这些预报已经用线性插值从模式格点降尺度到希思罗地区,但是没有进行回归或者是偏差修正。我们计算这个集合预报的均值作为一个单一预报的例子。

9.1.6 预报术语:提前期、目标日、预报日

假设今天是周一,我们一早获得一份天气预报,它对接下来几天的天气状况进行了预报。预报的第一天是今天,我们将把它称为提前期为 0 天的预报,
196 周二的预报的提前期是 1 天,以此类推。做预报的当天(本例中是周一)被称为“预报日”。被预报的那一天我们称为“目标日”。在预报日与目标日之间相隔的天数被称为“提前期”。

9.2 期望温度的预报

气象预报最简单的形式就是单一数字(例如,后天伦敦将会是 15°C),因此我们将从这种类型的预报开始。一般的预报通常不会具体到一个精确的地点或者精确定义的天气变量。但是,天气衍生品却基于单个站点精确定义的观测,因此天气衍生品定价中所用的预报需要反映出这点。举个例子,可能是对伦敦希思罗,WMO 03772 号天气站点,在上午九点到第二天上午九点间的最高温度的预报。

预报有的时候会以距平的形式表现,这些距平预报通常比全局的预报更容易理解。一个距平预报会说明天气温比平均状况高 3℃ 而非明天气温 15℃。不过,对于“平均”的定义就充满主观色彩。如果你收到了一个距平预报,那么搞清楚该预报所使用的“平均”或“气候态”的内涵是很重要的。通常气象实践中所采用的基于 30 年的气候态会引起误解,因为几乎所有观测的温度序列均呈现上升趋势,并且相对于长期平均有增暖趋势。第 2 章和第 6 章中的去趋势和去季节变化的方法可能是对“距平”更合理的定义方式。

图 9. 1、图 9. 2 和图 9. 3 是用我们的示例数据做出的预报。左面的图显示的均为全值,而右面的图显示的是距平值,实直线表示气候态均值,直点线表示气候态范围(正负两个标准差)。图 9. 1 是固定预报日的 10 天预报。实线是预报结果,点线是实际情况。我们可以看到预报一开始比较好,但是到了中期效果变差,最后可能是由于偶然的原因又变得不错。图 9. 2 展示了 15 天的固定提前期为两天的预报,即预报是不同天做出来的,但都是两天预报。我们可以看到预报和观测之间的一致性相当好,正如对这类提前期较短的预报的期望一

① 由 Ken Mylne 和 Caroline Woolcock 友情提供。

样。图9.3是对固定目标时间的10天预报,即所有预报都是尝试着去预测特定某一天的温度,当我们从图的右边看到左边时,将越来越接近这一天本身。 197

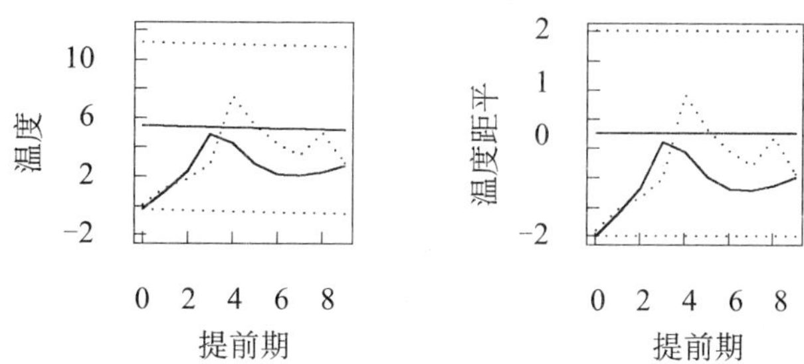

图9.1　固定预报日的气候态均值和范围的预报举例(实线)以及观测值(点线)

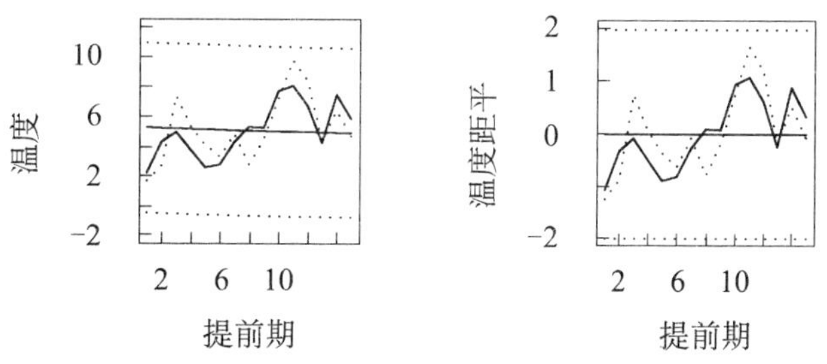

图9.2　固定提前期为两天的气候态均值和范围的预报举例(实线)以及观测值(点线)

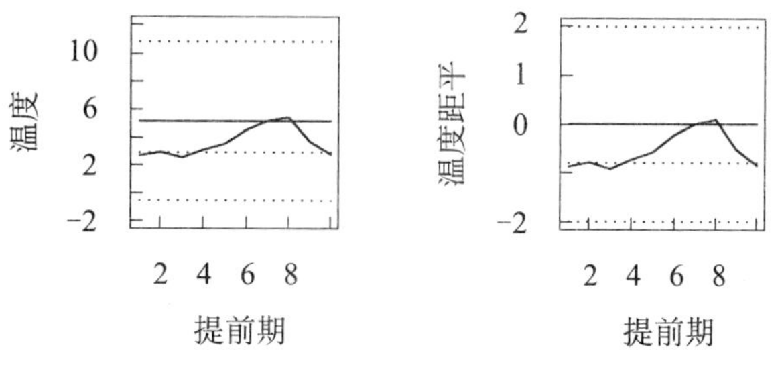

图9.3　对固定目标日的气候态均值和范围的预报举例(实线)以及观测值(点线)

9.2.1　对单一预报的解读

单一温度预报是什么意思?它是最有可能的温度吗?它是温度可能分布

的平均？还是其他？很多时候没有一个数学定义来说明我们得到的气象预报到底代表什么。单一温度预报对很多目的来说可能是足够的，但它并不能满足天气衍生品的定价。如果单一预报代表的是未来可能结果的分布均值或期望，那么对
198 我们的目的就会非常有用。幸运的是，确认一个预报代表的是否是均值是可能的，如果不是均值，可对它进行修正使它成为均值，这将会在 9.4 节中提到。

9.2.2 集合平均

如果我们得到一个集合预报，并且计算出每个提前期上集合的均值，这样得到的结果是比集合中的单个预报更好的单一预报。这是因为集合中不同成员的预报误差通常是相当独立的，所以均值的误差会比集合中单个成员的误差要小。

通常预报部门提供的单一预报事实上来源于集合均值与高分辨率模式中得到的单一预报的组合。提前期较短时，更高分辨率的模式往往更有用，而提前期较长时，集合均值更适用。

图 9.4 显示了 ECMWF 在 2002 年 1 月 1 日做出的一个集合预报，这个预报目标日是从 1 月 1 日到 1 月 10 日，同时还包含实际的结果。我们很容易将集合成员的分散程度理解为可能结果的范围，但在修正之前并不建议这样做。对此 9.5 节里有深入讨论。

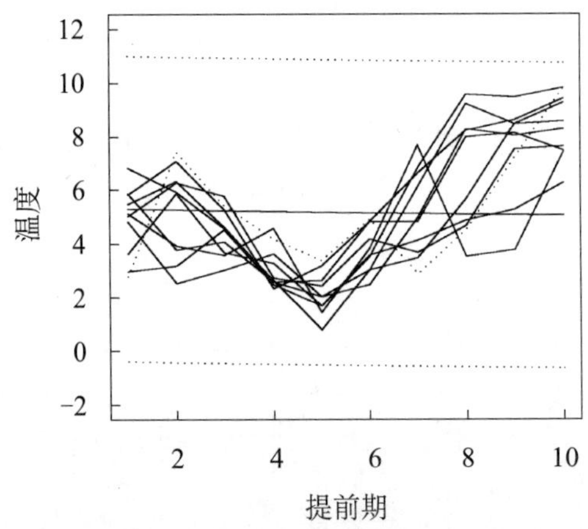

图 9.4 集合预报的举例。集合成员的分散程度不应该被用来代表未来可能数值的范围，除非经过进一步的处理

9.3 预报技巧

正如我们在上面看到的，预报可以从很多不同的来源获得。因此预报的使

用者们需要能够比较各类预报,从而找出哪个预报最好。他们也需要能够决定 199
每个预报要用多少天,这种基于多少天的预报比用气候均值或随机猜测更好。

现在想象我们有可以用来估计预报“技巧”的长期历史预报记录。我们假定过去的技巧也代表着未来的技巧,所以通过比较过去的预报我们可以决定哪个预报在未来可能做得更好。这个假定大部分时候都是合理的,但是预报系统在不断更新,有时可能会出现一个预报在一个时期做得比较好,但是在下一个时期不好。因为这些因素,所以对于使用哪个预报需要不断地重新做出决策。

9.3.1　基于全温度值的技巧测度

测度预报技巧最简单的方法是将预测和观测的全(非距平)温度值做比较。我们首先考虑到的测度就是偏差,其次是均方根误差和平均绝对误差。由于温度的季节循环,计算预测温度和观测温度间的相关系数是没有意义的。这个相关性将由季节循环主导,并且会很高,因为就算比较差的预报都能成功预报出夏天温度较高而冬天较冷。这个问题可以通过观察距平而不是全值的相关性来解决,对此我们将在9.3.5节中讨论。

9.3.2　均值的偏差 200

最简单的衡量温度预报技巧的方法是看均值的偏差。

将目标日的预报温度记为f_i,当天的实际温度记为T_i,那么预报误差就是

$$e_i = f_i - T_i \tag{9.1}$$

均值的偏差就定义为这个误差的期望,即

$$E(e_i) = E(f_i - T_i) = E(f_i) - E(T_i) \tag{9.2}$$

一个实用的估算预报均值偏差的方法就是利用先前N天的预报和相应N天的观测值,计算出这个时期内的平均误差,定义为

$$\bar{e} = \frac{1}{N}\sum_{i=1}^{N} e_i = \frac{1}{N}\sum_{i=1}^{N}(f_i - T_i) = \overline{f_i} - \overline{T_i} \tag{9.3}$$

偏差通常随季节变化而不同,所以N理应不长于90天,以此避免不同季节间相反偏差的抵消。

偏差的单位和预报值是一样的,并且也存在正负值。

图9.5显示了我们预报例子的偏差。可以看到,不管提前期为多少,偏差都为很大的负值。这并不奇怪,因为我们的预报是直接从AGCM得到的,先前并没有进行偏差修正。大多数可获得的商业预报已经对偏差进行了修正,所以将接近于无偏。

一个预报无偏并不意味着这是个好的预报:气候态均值本身无偏,气候态 201
均值加上一个均值为0的很大的随机数也是无偏的。因此,我们也需要知道预报在表征气候态均值附近的波动方面的能力。均方根误差和平均绝对误差会

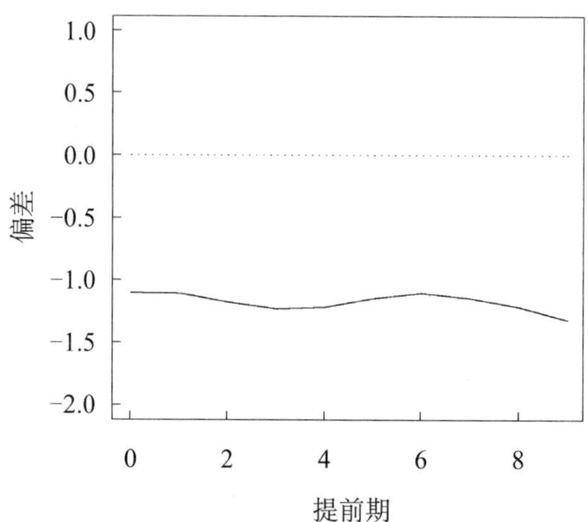

图 9.5 我们预报例子中偏差与提前期的关系

告诉我们一些这方面的内容。

9.3.3 均方误差和平均绝对误差

预报的均方误差(mean squared error,MSE)定义为:

$$\mathrm{MSE}=E((f_i-T_i)^2) \tag{9.4}$$

可以从过去 N 天的预报里估算出来:

$$\mathrm{MSE}=\frac{1}{N}\sum_{i=1}^{N}(f_i-T_i)^2 \tag{9.5}$$

均方根误差(root mean squared error,RMSE)是 MSE 的平方根。

RMSE 是一种尝试计算一般预报误差大小的方法,因此与预报本身具有相同的单位。用气候态均值温度计算的 RMSE 是 6T,这也是其他预报的基准。如果一个单一预报没有比这个更低的 RMSE,那么它就没有技巧。

一个(很少用)可以替代 RMSE 的量是平均绝对误差(mean absolute error,MAE),定义为

$$\mathrm{MAE}=E(|f_i-T_i|) \tag{9.6}$$

可估算为

$$\mathrm{MAE}=\frac{1}{N}\sum_{i=1}^{N}|f_i-T_i| \tag{9.7}$$

相比于 RMSE,MAE 受到大的误差的影响更小。它的好坏与否在一定程度上与要求有关,在不同的应用中也是不同的。

RMSE 受特定区域的温度波动水平影响很大。不能把不同区域预报的 RMSE 放在一起比较,因为它们有着不一样的天气波动背景。

图 9.6 显示了我们预报例子的 RMSE(倾斜的线),同时还有气候态均值的

RMSE(水平线)。可以看到在提前期较短的情况下,预报的 RMSE 比气候态的 RMSE 低很多,但在渐渐接近气候态的 RMSE,并且在提前期较长时很少比气候态表现得更好。

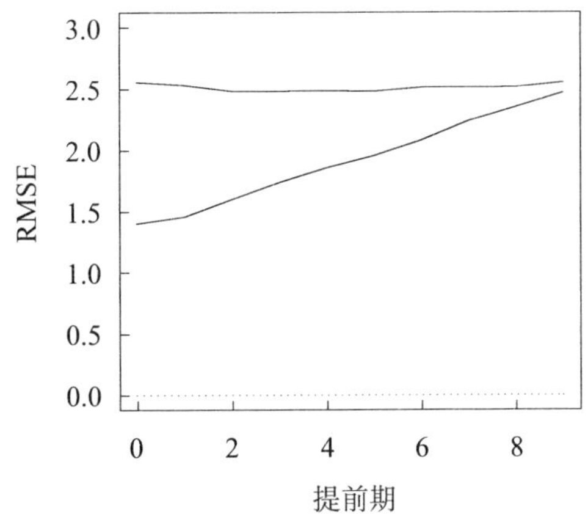

图 9.6　我们预报例子和气候态均值的 RMSE

9.3.4　基于距平温度的技巧测度 202

很多时候,人们不需要用上述预报的技巧测度之外的方法来决定哪个预报最好,最简单的方法就是运用 RMSE。但是,如果想要对一个预报进行更加深入的理解,那么可以考虑距平温度而非全值温度。这就使我们可以计算预报温度和观测温度的相关性。

9.3.5　距平相关

距平相关(anomaly correlation,AC)是基于观测温度距平和预报温度距平间的线性相关关系。

预报 f 和温度 T 之间的相关定义为

$$\rho = \frac{E(f'T')}{\sqrt{(E(f'f'))(E(T'T'))}} \tag{9.8}$$

其中

$$f' = f - E(f) \quad T' = T - E(T) \tag{9.9}$$

给出过去 N 天的预报,上式就可以用预报距平 f^a 和温度距平 T^a 按下式估计:

$$\rho = \frac{\sum_{i=1}^{N} f'_i T'_i}{\sqrt{(\sum_{i=1}^{N} f'^2_i)(\sum_{i=1}^{N} T'^2_i)}} \tag{9.10}$$

其中 203

$$f'_i = f_i^a - f_i^a \quad T'_i = T_i^a - T_i^a \tag{9.11}$$

也可以利用$f'_i = f^a_i - T^a_i$,这更为方便,因为比起f^a_i,有更多的数据可以用来定义T^a_i。

距平相关没有单位且在 -1 和 +1 之间变化。

图 9.7 给出了我们预报例子的 AC 函数,该函数以提前期为自变量。可以看到,我们的预报有很高的 AC 初始值,并且在预报过程中逐渐下降,但是在预报结束时仍然显著好于不预报(AC 为 0)。

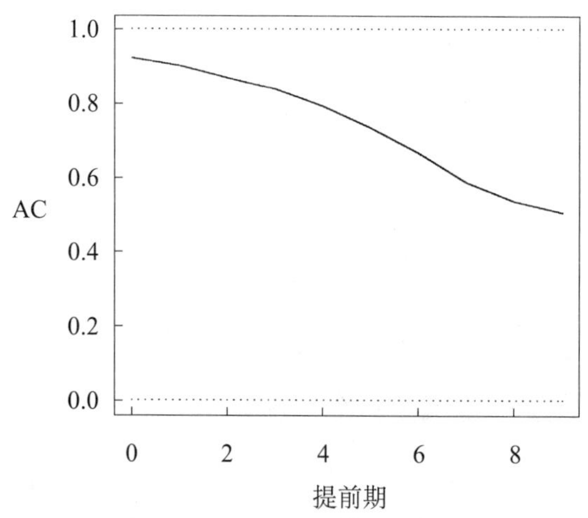

图 9.7　我们预报例子中距平相关与提前期的关系

距平相关可以说明,预报是否对平均态附近的波动方向和相对大小有好的指示作用。但是,它不包含任何关于距平的总体大小的信息;注意,如果我们使预报距平的振幅加倍,AC 仍旧不会变。距平相关同时也不受偏差的影响:一个预报可以有很好的 AC,但是也可能因为存在大的偏差而成为一个很差的预报。只有当我们假设偏差已被修正,同时预报的方差已经被准确地设置(下一节将解释这怎样实现),一个高 AC 的预报才是好的预报。由于这些原因,距平相关对我们比较预报来说不是非常有用。它被采用的主要原因是它提供了一种表征通用尺度预报技巧的方法。

9.4　改善期望温度的预报

通过简单的统计处理来改善得到的预报是可能的。这取决于预报提供
204 者对预报的修正程度。最简单的校准方案就是修正任何偏差。这可以应用到全温度中而不必定义距平。更复杂的基于回归的方案则可以改善偏差和 RMSE,但是通常需要使用距平。我们将在下面考虑偏差修正和基于回归的修正方案。

9.4.1　偏差修正

一旦我们估算了偏差,用估算值修正未来预报似乎是可行的。但是,实际上这是有危险的,因为存在**过度矫正**的风险:修正一个已经修正过了的预报。过度矫正会使得预报误差的标准差增大,因此是弊大于利的。我们分四种典型情况讨论。

- 情况 1。如果你相当地确认(a)预报还没有修正过偏差,且(b)制作预报的系统没有自动地补偿偏差(例如,预报是从 AGCM 的结果中插值得来的),那么你可以假设预报存在偏差。这个偏差可以用,例如,先前 90 天的预报来估算,然后在未来的预报中被修正。由于估算偏差是很简单的,以至于这可以重复运用到每次预报上,因此偏差的估计常常基于之前很近时期内的预报和观测值。
- 情况 2。如果你知道预报已经被修正过偏差,但是使用了错误的方法,那么你可以假设预报还存在偏差,于是可以按情况 1 所述方法进行修正。这种情况经常会出现:结算天气衍生品需要不同时期的观测数据,很多预报就用这些数据来修正偏差。特别是,很多预报都用观测的天气数据来修正偏差,然而很多天气衍生品是基于气候数据结算的。如果两种类型数据的测量时间错位几个小时,那么就会存在偏差,因为它们是针对很多国家的。
- 情况 3。如果你不确定预报是否被修正过,也不能从预报提供者那里获得相关信息,那么你可以检验预报是否存在显著偏差。如果检测到显著偏差,那么预报需要被修正。显著水平可以设定为,例如,50% 左右,来反映预报是否被修正过的先验不确定性。
- 情况 4。如果你相当地确认预报已经被修正过了,那么你可以不检验偏差(这是相当危险的,考虑到制作预报过程中很多方面都可能出错)或者也可以检验偏差,但这次需要用相当高的显著水平,例如 95% 。如果显著偏差存在,也
不应该把这个作为偏差存在的证据,即便是这类无偏的检验,20 个里面也会有 205
1 个检验出偏差。相反,应该联系预报部门确认偏差是否真的已被移除。

9.4.2　用回归修正预报

如果准备将所有数值转换成距平,那么就可以用比上述偏差修正更复杂的修正方案。这些方案基于回归,不仅可以改善偏差,还可以改善 RMSE。最简单的这类方案需要在近期观测距平和近期预报距平之间建立线性回归模型,这里的"近期"通常指 90 天左右。

我们将这个模型记为

$$T_i^a \sim \Phi(\alpha + \beta f_i^a, \sigma) \tag{9.12}$$

换句话说,第 i 天的温度距平来自均值为 $\alpha+\beta f_i^a$(这里 f_i^a 是最初预报)、标准差为 σ 的正态分布。如果 α 与零显著不同,或者 β 与 1 显著不同,这就说明用这个回归来修正未来的预报可以改善预报结果。根据具体情况确定是否要修正预报与上面所述的仅修正偏差的情况是一样的。

一个更复杂的方案(Jewson,2004d)使得我们可以运用更多过去预报的数据,它可以让回归参数根据季节变化:

$$T_i^a \sim \Phi(\alpha_i+\beta_i f_i^a,\sigma_i) \tag{9.13}$$

这里

$$\begin{aligned} \alpha_i &= \alpha_0+\alpha_s\sin\theta_i+\alpha_c\cos\theta_i \\ \beta_i &= \beta_0+\beta_s\sin\theta_i+\beta_c\cos\theta_i \\ \gamma_i &= \gamma_0+\gamma_s\sin\theta_i+\gamma_c\cos\theta_i \end{aligned} \tag{9.14}$$

其中 θ_i 表示的是年份。

9.4.3 单一预报的组合

单一特定地点的预报可以从不同的预报供应商那里获得。由于基本模式
206 不同,以及所用方法各异,这些预报或多或少有些不同。一种(经济有效的)方法是连续三个月评估所有可获得预报的预报技巧,然后只购买最好的。另一种可供选择并且可能更精确的方法是尝试把不同的预报进行合成,变成一个单一的、更好的预报。这可以通过不同途径实现。

主观组合

一个有经验的预报者会知道某种预报在什么样的天气状况下会优于其他的预报。然后他能对可获得的预报进行主观组合,运用这些知识制作属于他自己的最好的预报。

线性组合

一个更加客观(但不一定更好的)的合成预报的方法就是做一个多元线性回归模型,这个模型将不同预报的距平作为输入,将单一的"最好"的预报作为输出。不过,这样的模型不能找出某种天气条件下哪个预报做得最好。

非线性组合

理论上,一个更好的客观方法应该是非线性模型,它可以捕捉到预报效果依赖于天气这一事实。运用神经网络,或者其他非线性系统,可以"学到"在特定大气状态下,哪个模型模拟得更好。但是,拟合这个模型需要更多关于先前预报的数据。

9.4.4 评估单一预报的策略总结

评估单一预报效果的最简单方案就是单独计算 RMSE,如果 RMSE 比历史

温度的标准差 σ_T 小，那么预报是有技巧的并且可以被应用。只检验 RMSE 的风险是可能会错失一个好的预报，即便它仅是因为均值偏差的原因而具有差的 RMSE，而均值偏差可以很容易地被修正。因此，同时检验 RMSE 和偏差是有用的。最后，距平相关是对通用尺度预报技巧的一个有用的一般性测度。我们再次强调，不应该单独使用温度距平，因为一个高温度距平并不意味着一个预报有着低的 RMSE，除非在均值和方差设定准确时［可以通过式(9.12)和式 207
(9.13)实现］它才有可能有低 RMSE。

9.5　概率预报

前面几节讨论了单一预报，描绘了未来可能结果的分布的均值或期望。对于一些应用来说，这种预报的缺点是，它们没有包含不确定性指示或者未来结果分布的宽度。15℃ ±1℃和 15℃ ±15℃是有很大区别的。

包含均值和均值标准差的预报就是概率预报(probabilistic forecast)的一个例子——它提供了一个分布而不是一个单一值。考虑在天气衍生品估值中用到的概率方法，显而易见这些方法很可能对我们有用。概率预报近来可以通过商业途径获得，但是制作它们的方法仍旧发展很快，并且我们自己的经验表明，一些商业化产品并没有被正确校准，只有在进行更进一步的修正之后才能被使用。如果不想买概率预报，那就可以自己做一个，幸运的是这很容易实现。

9.5.1　制作概率预报

最直接的制作温度概率预报的方法是用 9.4.2 节里描述的回归模型。先前，我们将式(9.12)得到的结果解释为对预期温度($\alpha+\beta f_i^m$)的最优预报，不过，如果我们将 $\alpha+\beta f_i^m$ 作为均值，将 σ 作为标准差，那么我们会得到一个概率预报。这样的概率预报有一个假设，就是温度的条件分布服从正态，但这一假设可能并不完全正确。然而，我们进一步考察之后也没有发现证明它不足的证据(Jewson，2003i)，尽管 Denholm-Price(2003)的研究显示缺陷可能是存在的。

图 9.8 给出了用回归做概率预报的例子。这个预报和图 9.1 左面的图显示的是一样的，但是现在虚线显示了正负两个标准差。

9.5.2　测度概率预报的技巧

我们该怎样比较两个不同概率预报的技巧呢？一个最自然的方法就是用预报中出现观测值的概率，概率越高就认为预报是越好的。可以用一个未知参 208
数的函数来表示，这在经典统计学中被称为给定预报时的观测值的“似然函数”

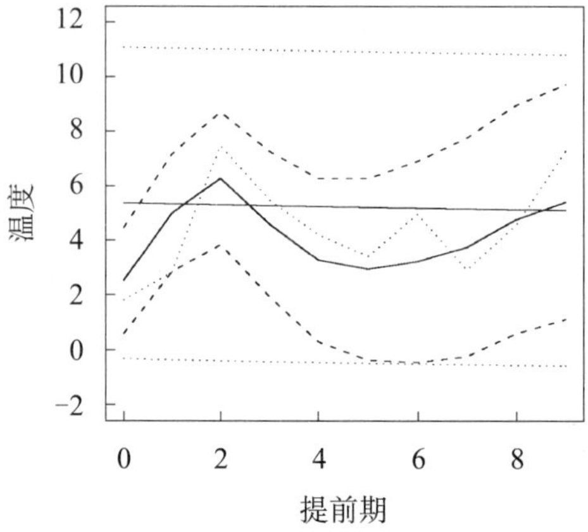

图 9.8　图 9.1 的概率预报版本

（来自 Fisher,1912,1922），我们采用了这个术语并把这个量称作似然（likelihood）。[①] 似然函数评估了概率预报在整个预报和观测值范围内的表现，这也正是我们所感兴趣的。定义似然函数的形式以使它能够应用到特殊情况中也是可行的，比如预测超过特定临界值的温度分布。

运用 log 似然函数通常比用似然函数更方便，因为 log 似然函数得到的数值更易控制范围，同时仍然可以保留预报的排序。也有其他版本的似然函数，有的被所用数据数量正则化，还有的修正了过度拟合，例如赤池信息准则、贝叶斯信息准则以及施瓦茨信息准则（Akaike,1974）。

如果一个人考虑购买商业概率预报产品，那么他需要比较一下商业预报给出的似然函数和上述简单回归模型给出的似然函数。基于对伦敦希思罗的预报工作，我们自己的经验是，回归模型很难被打败。

其他技巧测度

气象研究中，有很多具体方法被用来比较概率预报。它们中的大部分是与
209 评估预报某件事是否会发生（通常称为二元预报）的概率预报的技巧或实用性有关，而其余则与不同类别的概率的预报有关。由于我们对温度的整个连续分布而非某些特定类别感兴趣，所以这样的二分预报和类别预报对于天气衍生品并非特别实用（除了在事件指数的情况下），因此我们仅在这里简单提及一下这些方法。它们包括：

- 布莱尔评分（Brier,1950）—— 一种比较两个二分预报的方法；我们相信这个方法可以给出哪个预报更好的直观决定，但除非有特殊理由，不建议使用（详见 Jewson,2003n）；

① 注意，Murphy and Winkler（1987）把它称作校准（calibration）。

- ROC 曲线(Swets,1988)—— 一种在连续预报中计算信息数量的方法,包括首先将其转换为二分预报;ROC 不能被用作预报比较,因为它无法计算偏差;
- 可靠性框图(Hamill,1997)——一种理解二分预报偏差的方法;
- 成本-损失评分(Richardson,2000)——一种在简单决策模型中评估二分预报值的方法;
- 等级概率评分 ——一种测量多类别概率预报技巧的方法;
- 分散程度/技巧关系(Talagrand et al.,1997)——一种在集合预报分布中识别信息是否存在的方法;分散程度/技巧关系不可以用于预报的比较,因为它没有考虑实际预报技巧(一样道理,分布/技巧关系也不可以用来进行单一预报的比较);
- 秩直方图 ——一种在类别预报中识别偏差的方法。

这些方法的细节由 Jouiffe and Stephenson(2003)给出且在网站 http://www.bom.gov.au/bmrc/wefor/staff/eee/verif/verif_web_page.html 上可见。

9.6 用集合预报做概率预报

上述基于回归的概率预报预测了离散度随季节变化的分布。但是在一年中特定的一天,离散度是固定的。事实上,预报技巧随着大气状态的变化而变化,即一些大气状态比另一些更具可预报性。如果这是可预测的,那么人们就
可以做出离散度随大气状态变化的概率预报,预报技巧的这些变化可能通过增 210
加已获得的似然值来改善预报。

集合预报最初是用来改善预期温度预报的,它们最终实现了这一目标。不过,它同时也表明集合预报的分散程度包含了这样的信息:随着天气状况的变化,可能结果的范围会怎样变化。人们可以利用这一分散程度制作改善的概率预报,这使得打败回归模型的概率提高了。从这一点来看,似乎这样的预报还没有被制作出来,尽管这是研究中的热门领域(至少对我们来说)。从集合分散程度中提取信息是困难的,并且信息的数量显然是相当小的(见 Jewson et al.,2003a 和 Jewson,2003e)。当然,如果没有广泛的调整,未经处理的集合的分散程度(如图 9.4 所示)肯定不能用。我们在样本内检验中用集合分散程度作为额外的预测因子,结果已经稍领先于回归模型,但是在样本外检验中,还没有显著地优于回归模型(见 Jewson,2003m)。

9.6.1 相关性预测

一个完整的 10 天的概率预报不仅包含每天的温度分布,还有天与天之间的依赖性。对于正态温度分布,这意味着预报包含了 10 个均值、10 个方差以及

一个 10 × 10 的相关系数矩阵。我们将在第 10 章中看到，在理想情况下，在计算期权价格时所有这些信息都是可获得的。

我们已经研究了均值和方差的预测，但是我们从哪里得到这些相关关系的预报呢？出发点就是保存过去关于预期温度的预报，用它们来计算不同天的预报误差之间的相关性。集合预报也有做出贡献的可能：利用集合成员计算不同天预报之间的相关性。我们最近的研究显示，集合确实可以在相关性的预报上加上些什么东西（Jewson，2003h）。在我们研究的一个例子（伦敦希思罗的温度预报）中，基于先前预报误差统计的相关关系预报可以通过与基于集合的相关关系预报的加权处理而得到些许改善，其中，先前预报误差统计的权重为 80%，
211 集合是 20%。但是，在大部分情况下，预测高准确率的相关关系可能是不必要的，因此可以简单地用先前预报误差统计。

类似的，对多个地区的一次完整概率预报不应只包含不同地区的分布，还应包含不同地点间的依赖性。同样，在理想状态下，所有这些信息都应该在估价天气投资组合时被用到，而且出发点也是先前预报误差统计。

9.6.2 评估概率预报策略的总结

如果有人对用概率预报有兴趣，那么我们认为，在这一点上，最好的替代方法就是利用上述回归模型做出属于自己的概率预报。如果基于回归的预报已经发展起来了，那么就可以用来与商业预报进行比较。这种比较可以通过似然函数实现。

9.6.3 预测天气预报的变化

对期望的变化的预报不可能被事先预测出来；如果可以，那么这些信息应该已经包含到预报里了（这是个数学上的真命题）。可得的预报就是期望，这一假设被称作有效预报假说（efficient forecast hypothesis，EFH），因为它与有效市场假说类似。

如果我们假设有效预报假说是正确的，尽管预报的变化不能被提前预测，但是已经有研究表明预报变化的分布宽度是可以被预测的（Jewson and Ziehmann，2003）。这种预测是基于集合的分散程度：较大的集合分散程度意味着其集合均值的变动会比通常的大，同理，较小的集合分散程度意味着其变动比通常的小。图 9.9 作为一个例子显示了提前期为 4 的时候，NCEP 对伦敦希思罗的集合预报的分散程度与预报变化分布的标准差之间的关系。这些变化预测的意义在于，它们可以潜在地帮助我们预测短时期内天气衍生品价值变化的大小。

而且，提前预测集合分散程度也是可能的。这些预测基于分散程度在时间上的自相关。正如均值变化的预报一样，原则上，这些预报也可以帮助我们预测天气衍生品价值变化的大小。

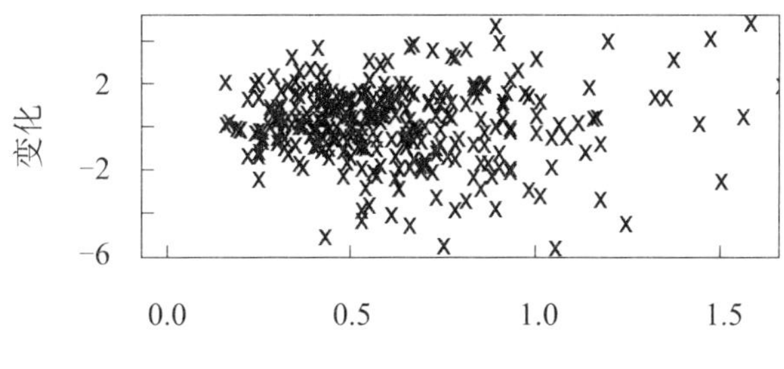

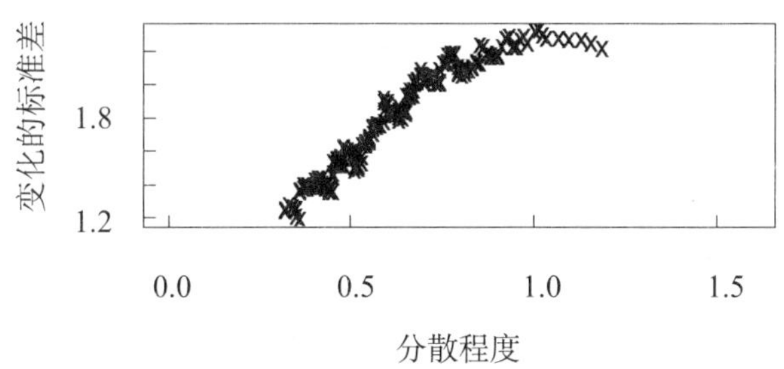

图9.9 NCEP预报的分散程度和波动之间的经验性关系。上幅将实际预报作为集合分散程度的函数,下幅是用宽70天的运行窗口算出来的这些变化的标准差。我们可以看到集合分散程度和集合均值的系列变化的标准偏差之间存在很明显的联系,这可以用来提前预测标准偏差

9.7 季节预报 212

天气预报试图去预测0—10天的大气,季节预报尝试去预测0—10个月的大气。正如上述天气预报是预测一天中温度的平均而非试图去预测一天中温度的变化一样,季节预报不会试图去预测月或季节里某一天的温度,而是预测月或者季节的平均温度。

这些就是天气预报和季节预报最重要的区别,但还有其他区别。其中之一是天气预报的技巧在世界各地大体上是一样的,但季节预报在某些地区做得很好而在某些地区特别差。另一个不同是,天气预报技巧在任何时候大体上都一 213
样,而季节预报的技巧随着季节和年份的变化显示出巨大的不同。天气预报和季节预报的最后一个不同与预测采用的不同时间尺度有关,即天气预报可以进行彻底的检查和评估,但对季节预报来说这是不可能的,因为先前可获得的能用于分析的例子太少。这就意味着,能很好地校准天气预报的统计方法不能轻易用于季节预报,因为参数不能被可靠地估算出来。用纯统计方法来做季节预报可能会因预报无用而被舍弃。然而有很多间接的科学证据说明季节预报包含有用的信息,比如计算模式的研究。因此,怎样理解季节预报应该更多地是一个科学并且直观的问题而非仅仅是统计学问题。

我们从厄尔尼诺现象(ENSO,在下面会有定义)背后的物理过程以及ENSO指数和影响方面来展开关于季节预报的讨论,然后我们再讨论季节预报。我们将重点关注平均温度变化的季节预测,尽管在原则上季节预报可以包含一些关于波动率变化的信息,这对天气衍生品估值也是有用的。然而正如我们将看到的,即使预测均值的变化也是相当难的。

9.7.1 物理背景

季节尺度可预测性的主要来源是被称为厄尔尼诺南方涛动(El Niño Southern Oscillation)的现象。ENSO的"厄尔尼诺"部分指的是赤道东太平洋表面温度的波动,"南方涛动"部分是指整个太平洋地区风和气压场的变化。事实上,这两种现象都是通过循环因果关系紧密联系的,因此它们通常被作为同一现象的不同部分加以讨论:也就是ENSO。

引起ENSO的震荡可以理解和描述如下。

ENSO的力学机制

赤道东太平洋表面温度在很大的空间尺度上有明显的年际变化。偏离均
214 值的震荡经常持续很多个月,并且覆盖的区域有北美那么大。太平洋中两个明确定义的地理区域Niño3(定义为5S-5E,150W-190W区域)和Niño3.4(定义为5S-5E,170W-120W区域)的平均温度常被用来作为震荡的指示。这两个区域的震荡是高度相关的(见Jewson,2004e中散点图的比较)。图9.10显示了Niño3.4区域冬季温度的历史震荡。

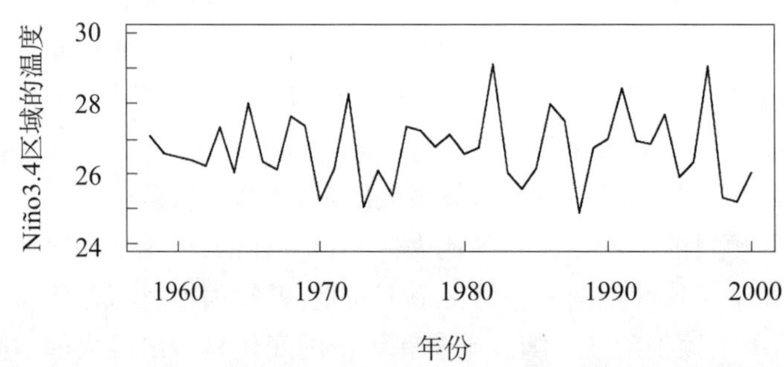

图9.10 赤道太平洋Niño3.4区域的11月到次年3月的平均温度

在正常情况下,赤道风自东向西往暖水域吹,大气对流和强降水位于印度尼西亚附近。东风往往使西边的暖水增暖,西边的暖海水则驱动对流、雨和风,形成了一个相对稳定并自我加强的模式。不过,这个模式不是完全稳定的,它偶尔会崩溃。东赤道太平洋之后可以变得和西部一样暖。降水模式向东推进,风会减弱甚至反转。在这个新的配置下,变弱的风会利于东部海水变暖,这反

过来支持了对流、雨和风的结构。这个变化的状态就被人们称作厄尔尼诺,相反的现象称作拉尼娜(La Niña)。

一种理解厄尔尼诺的方式就是大气和海洋长时间保持上述的正常状态,但是在重新回到正常状态之前,偶尔会有几个月的时间变为厄尔尼诺状态。进入厄尔尼诺和出厄尔尼诺的变化受到海洋里大尺度缓慢移动的波动的影响,这些
波动的长时间尺度为预测这些变化提供了某种可能,至少可以提前几个月做出 215
预测。

从图9.10我们可以看到特别强的厄尔尼诺事件出现在1982/1983年和1997/1998年冬天。

几乎所有的厄尔尼诺事件都起始于北方秋季北半球,在北方冬季达到顶峰,在北方春季开始衰减。表9.1给出了近期的厄尔尼诺冬天和拉尼娜冬天。

表9.1 1950年以来厄尔尼诺(左列)和拉尼娜(右列)冬季

厄尔尼诺	拉尼娜
1957—1958	1954—1955
1965—1966	1955—1956
1968—1969	1964—1965
1972—1973	1970—1971
1982—1983	1973—1974
1986—1987	1975—1976
1991—1992	1988—1989
1997—1998	1998—1999

9.7.2 厄尔尼诺的影响

厄尔尼诺引起的大气变化导致了全球大范围的天气变化。特别的,厄尔尼诺对热带地区其他部分有很强的影响:这是因为大气信号在赤道更易传播。南美和澳大利亚的特定区域受到厄尔尼诺很强的影响,同时非洲和印度洋部分区域也会受到一些影响。

厄尔尼诺对热带外地区(当下天气衍生品市场很感兴趣的区域)的影响是较弱的。在这些弱的信号中,最强的是在北美的信号。已有很多研究对这些影响进行定量研究,尽管由于一系列原因,精准的量化是很难的,例如:(a)每次厄尔尼诺现象都略不相同;(b)在过去40年只有少数几次厄尔尼诺现象;(c)影响的结构并不是那么简单。不过在冬季,厄尔尼诺对美国的影响的两个基本特征几乎是没有争议的:

- 美国北部大部分地区变暖;
- 美国南部和加利福尼亚沿岸降水增多。

有很多科学团队都将这些影响绘制成图片张贴在网上,例如http:// 216

www. cpc. ncep. noaa. gov/products/analysis_monitoring/lanina。

9.8 厄尔尼诺及其影响的预测

季节预报科学可以被分为两个阶段。第一阶段是预报厄尔尼诺本身,第二阶段是预报厄尔尼诺的影响。我们将看到第一阶段比第二阶段容易得多。

9.8.1 预测厄尔尼诺

厄尔尼诺的预测,或者说 Niño3 指数和 Niño3.4 指数的预测,是用很多不同的模式制作的。在这一系列的模式中,最简单的是纯统计学模式,比如 Penland and Magorian(1993)的模式,复杂的有海气耦合模式模拟,如 Stockdale et al.(1998),Mason et al.(1999)或 Barnston et al.(2003)的模式。介于两者中间的就是结合了动力和统计两方面的大量混合模式。实验性长周期预报公告(Experimental Long-Lead Forecast Bulletin)是一个有关预报的很好的信息资源,还包括如何制作预报的信息,可以在网站 http://www. iges. org/ellfb 获得。一些预测模式会比其他模式好,但是统计学模式和动力学模式之间没有太大差别,每一种里面都有做得很好的模式。这些预测模式做出的预测的主要特征是,从夏季和秋季开始的预测表现得比较好,它们都对 3 个月预报有很高的技巧水平,对 6 个月或更长的预报也有显著的技巧,但从冬季和春季开始的预报却表现得不是那么好。这样的结果是恰好的,因为秋季预测最有用,厄尔尼诺正是在秋季开始发展起来。

9.8.2 预测厄尔尼诺的影响

给出一个厄尔尼诺的预报,这对美国天气可能产生什么样的影响呢?这也是问题中最难的部分。一种方法是尝试着使用将 Niño3 或 Niño3.4 区域温度与美国温度指数关联起来的统计模型。我们已经这样尝试过,结果在 Jewson(2004e)上发表。我们发现用 Niño3.4 比用 Niño3 稍更容易发现和美国温度的
217 相关关系,但是用 12 月至 2 月(气象学者更喜欢用)的数据或用 11 月至 3 月(更适合天气衍生品产业)的数据并没有发现这种实质性不同。图 9.11 显示的是 Niño3.4 温度对比 11 月至 3 月美国四个区域温度的散点图。从这些结果中我们得出结论:在这些区域,想要找出 Niño3.4 区域和美国冬季温度之间的明确关系是不可能的,用简单统计模型也不可能实现对这些数据的拟合。特别地,假设冬季温度和 Niño3.4 区域温度之间存在线性响应关系(如果证明合理将便利很多)是不合理的。

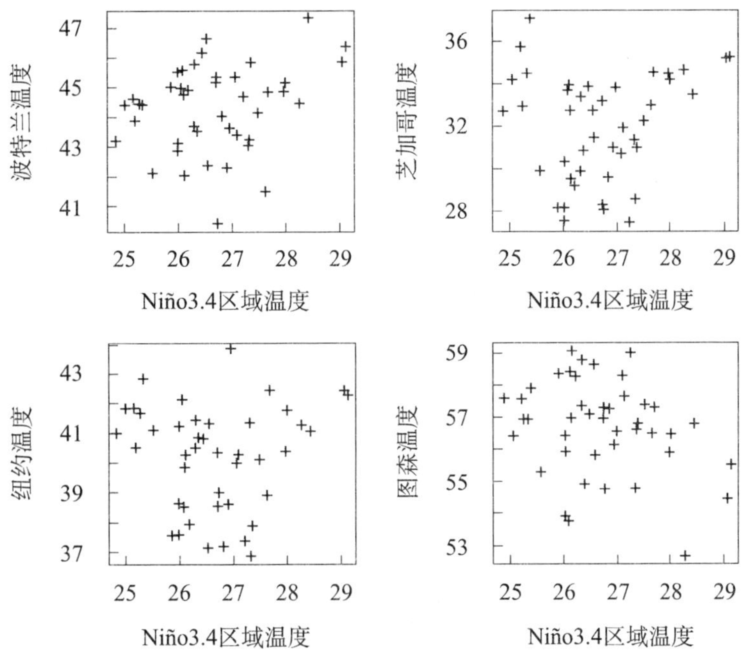

图 9.11 Niño3.4 区域和美国四个城市冬季温度(11 月—3 月平均)的关系

图 9.12 关注了 Niño3.4 区域温度和芝加哥温度之间关系的更多细节。我们作了两条垂线来表明两者关系的可能模型。看起来似乎厄尔尼诺和拉尼娜都导致温度变暖,对于变化温和的 Niño3.4 区域温度来说则没有任何关系,拉尼娜期间的波动率比厄尔尼诺期间大,但是比气候态波动率小。

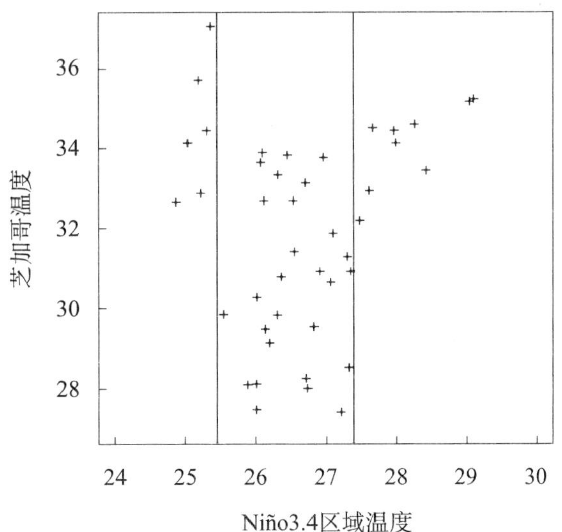

图 9.12 Niño3.4 区域和芝加哥冬季温度(11 月—3 月平均)的关系。竖线是为了表示出可能的统计模型

不过,我们真正需要去理解的冬季温度分布的精确变化不能基于这些数据
218 可靠地建立起来。结果是,我们不能像天气预报那样为概率预报提供任何强有力的方法。人们必须做出主观的评定。

另一个模拟厄尔尼诺影响的方法就是从海气耦合模式模拟中的大气模式中做出预报。除了预报厄尔尼诺,这些模式还包括对美国大气环流和温度的模拟。这个方法从长期来看是很有希望的,但现在正处于发展的早期阶段。我们自己还没有用这种方法制作出满意的预报。关于怎样从模拟提取信息才最好,还有很多工作要做。例如,对芝加哥实际冬季温度最好的预测可能并不是模型里芝加哥的冬季温度,而可能是稍微不同区域的冬季温度。

9.9 季节可预测性的其他来源

我们关于季节可预测性的讨论集中在 ENSO 的影响上。ENSO 是个很强的季节信号,也是最有可预报性的,但并不是唯一的。例如,很多研究尝试去理解并预测北大西洋涛动(North Atlantic Oscillation,NAO)。NAO 是一种影响北大西洋区域天气很多方面的大气变化模式。但是,不同于 ENSO,NAO 几乎是不可预测的。不过,NAO 的波动率有很小的可能性被预测出来。在现阶段我们把
219 这样的研究看作是初步的,但是感兴趣的读者可能会希望进行深入研究。在这方面的文章有很多,比如 Qian and Saunders(2003)以及 Lloyd-Hughes and Saunders(2002)。

我们注意到,在第 7 章里描述过的模拟投资组合的方法自然地包含了 NAO 的相关关系结构,以相关关系矩阵中用到过的其他变异性的相关模式。

9.10 延伸阅读

有大量的气象著作是关于天气预报、用于天气预报的模型,以及天气预报评估方法的。遗憾的是,很多研究都发表在学术期刊上,非学术者不能轻易获得。可获得的强调天气衍生品市场的综述文章以及很多深入的参考资料,是由 Roulston and Smith(2002),Dutton(2002)以及 Banks(2002)写的。其他的相关文章参见 Dutton and Dischel(2001),Dischel(1998c),Dischel(1998b)以及 Dischel(2000)。

一本很好的关于气象的非数学著作是 Thompson(1998)写的,一些简短的关于气象有趣方面的综述是 Banks(2002),Smith(2002),Gibbas(2002)以及 Dutton(2002)写的。关于一般预报议题的讨论在 Roulston and Smith(2002)中有提到,一些关于季节预报的议题在 Shorter et al.(2002)的文章中有提到。

近来关于预报技巧评估的文集包含在 Jolliffe and Stephenson(2003)的作品中,关于模式评估的一般讨论有 Livezey(1999)的文章。运用似然法和其他信息标准去测定概率预报技巧的方法来源于 Jewson(2003r)和其后续的文章。

我们提倡用回归来做概率预报,但是其他方法也被推荐,比如 Roulston and Smith(2003)的“dressing”法,还有 Mylteni et al. (1996)文章里描述的方法。

关于形成集合预报的方法的文章有 Toth and Kalnay(1993)以及 Molteni et al. (1996)。

最近一个关于美国气候变化原因的讨论见 Rajagopalan and Kushnir(2000)。有很多文章都是关于太平洋年际涛动(Pacific Decadal Oscillation, PDO)和 NAO 的,比如分别有 Mantua(2000)和 Ambaum et al. (2001)。

第 10 章　应用气象预报定价

220 第 2 章到第 8 章介绍了当气象预报不可得时，天气衍生品精算定价的方法。在实际中，启动一项合约之前，就会使用这些方法完成定价。我们一般将使用这种方法计算得到的值称为**票面值**。启动合约之前获得相关气象预报的时间，在美国是 6 个月，而在欧洲则是 3 个星期。

技巧好的气象预报的可获得性改变了天气合约定价的方法。“技巧好的预报”是指气象输出结果的范围缩小了，也改变了概率。当预报结果不够准确时，这种范围缩小就很微小，而预报结果很准确时，这种范围缩小很明显。

基于气象预报定价最简单的例子是当预报能够覆盖合约涉及的整个时间段时，这类合约就可以仅依据预报结果来定价。然而，在大多数案例中，气象预报结果不能覆盖整个合约期，因此就需要综合考虑历史数据和预报结果。接下来我们会看到，准确地完成这个综合过程并不总是一个琐碎的练习。

遗憾的是，对于那些致力于发展天气衍生品定价算法的人来说，气象学家倾向于分开提供天气预报和季节预报结果，而这两者在格式上差异很大。它们通常出自完全不同的来源。例如，天气预报结果通常以日度数据的形式给出，而季节预报的结果更多地是通过月度数据展示。尝试将这些预报结果合并为在所有的时间尺度上单一连续的预报是必须解决的一个问题。

在讨论如何在定价模型中应用气象预报时我们将优先考虑天气预报。然
221 后我们会非常简略地讨论季节预报的使用，这个结果仅仅对在美国境内和日本部分范围的合约有影响。

最后一个问题是该使用多少预报结果。如果能够获得 15 天的天气预报，我们是否应该全部使用还是仅使用前 5 天或前 10 天的？如果我们能计算出第 9 章中介绍的预报技巧诊断量，那么我们就能知道做多长时间的预报比应用从历史数据推导出的分布要好。接下来介绍的融合预报的方法，都是希望从预报结果中得到最可能获得的信息。任何其他使用的预报少一点的方法得到结果

的准确度也会低一点。当使用天气预报时，这种方法通常会使用 15 天的预报结果；当使用季节预报时，采用预报结果的月份数量变化较大，并且特别依赖于地点的变化。

10.1　天气预报的使用

我们将会从考虑在天气衍生品定价中使用天气预报的最简单的案例开始，这种最简单的案例就是通过线性可分指数（如 CAT 指数）计算线性互换合约的合理价格。我们会看到，在这种例子中，仅需要预期温度的预报结果，而概率预报则是不必要的。

接下来我们考虑的特殊例子是通过非线性可分指数（如 HDD 等）计算线性互换合约的合理价格。在这种情况中，我们必须使用概率天气预报，但将历史数据和概率预报融合起来也是没有困难的。

最后我们考虑一般情况，包括计算所有其他合约（非线性互换和期权）的合理价格以及计算所有合约的结果分布。这是最难的情况，我们会给出三种方法来解决这些问题。

第一种是指数模型法。这是在天气衍生品定价中使用最多的方法，因此尝试将这种方法加以拓展以将天气预报包含进来的思路是说得通的。我们将会展示一种简单明确的将预报结果与这些模型相结合的方法。我们介绍的第二种方法是基于温度的日度模型。在某些情况下，将预报结果融合到日度模型会比将预报结果融合到指数模型中更加准确。不过，这种方法也会比较复杂。最后我们会给出一种完全不同的方法，尽管会需要一些非常强的假设，但也因此能够通过一种非常简单直观的方式将预报结果融合到定价过程。我们特别感 222
兴趣的是这最后一种方法，因为它直接引发了许多关于第 11 章中套利定价和第 12 章中风险管理的讨论，而且所使用的方法与在金融界为股票定价建模所使用的方法非常相似。不同于概率预报能够应用于所有种类的合约并对输出结果的价格和分布进行计算，这种方法仅能应用于单个合约。

10.2　可分线性指数的线性互换

我们现在考虑对线性互换合约的公平行权价格进行估计，合约指数是基于日度温度构建的可分离线性指数。这包括使用 CAT 指数的线性互换，以及使用 HDD 和 CDD 等指数并且温度不会超越临界线的线性互换。依据定义，线性互换的公平行权价格是通过指数分布的期望给出的。

$$\text{公平行权价格} = E(x) \tag{10.1}$$

因为我们考虑的是一个可分指数,我们可以将总合约指数 x 写成日度指数 z 的形式:

$$x = \sum_{i=1}^{N_d} (z_i) \tag{10.2}$$

那么期望指数是平均日度指数的总和:

$$E(x) = \sum_{i=1}^{N_d} E(z_i) \tag{10.3}$$

对于 CAT 指数是

$$z_i = T_i \tag{10.4}$$

如果我们在合约期内,那么可以使用实测温度、预报结果和从历史数据中获得的期望来估算 $E(x)$ 。如果我们使用包含 N_f 个值的预报结果,那么在合约
223 的第 N_0 天,T_i^{hist} 是已知的历史温度,m_i^{fc} 是在预报时期内给出的期望温度的单个预报结果,m_i^{clim} 是根据历史数据获得的气候态均值温度。

$$\begin{aligned} E(x) &= \sum_{i=1}^{N_d} T_i \\ &= \sum_{i=1}^{N_0-1} T_i^{hist} + \sum_{i=N_0}^{N_0+N_f-1} m_i^{fc} + \sum_{i=N_0+N_f}^{N_d} m_i^{clim} \end{aligned} \tag{10.5}$$

我们注意到在这种情况下仅需要使用期望温度,不需要使用概率预报。在上面的总和中,第三项是可以通过燃耗分析法或日度模型法计算的。当使用日度模型法时,m_i^{clim} 仅仅只是温度的季节循环,而距平的统计在这种情况下不重要。

在合约执行的过程中,第一项中天数在增加,第三项中天数在减少。从某一点开始,第三项就会消失,期望指数就仅仅是用预报结果来估算了。随着合约更进一步地执行,使用到的预报结果的天数会减少,直到整个合约的结果都已知。

10.3 可分指数的线性互换

我们现在考虑一个稍微复杂的案例,案例中指数不一定要是线性的。现在考虑 HDD 和 CDD 指数中温度都有可能跨越临界值。我们不能再用温度均值来表示日度指数的均值,而它将成为整个日度温度分布的函数,$f(T)$:

$$E(z_i) = \int_{-\infty}^{\infty} f_i(T) z_i(T) \,\mathrm{d}T \tag{10.6}$$

对于正态分布的温度,这个积分通常可以用温度的均值和标准差来计算。对于 HDD,有

$$
\begin{aligned}
E(z_i) &= \int_{-\infty}^{\infty} \phi_i(T) z_i(T) \mathrm{d}T \\
&= \int_{-\infty}^{\infty} \phi_i(T) T \mathrm{d}T \\
&= (T_0 - m_i) \Phi_i(T_0) + s_i \phi_i(T_0)
\end{aligned} \tag{10.7}
$$

其中 Φ_i 是第 i 天温度的累积正态分布，$\frac{1}{s_i}\varphi_i$ 是第 i 天温度的密度，m_i 和 s_i 分别是第 i 天的温度均值和温度标准差。

对温度的任意一个分布，其互换合约的公平价值由下式给出： 224

$$
\begin{aligned}
E(x) = &\sum_{i=1}^{N_0-1} z_i(T_i^{hist}) + \sum_{i=N_0}^{N_0+N_f-1} \int f_i(T) z_i(T) \mathrm{d}T \\
&+ \sum_{i=N_0+N_f}^{N_d} \int f_i(T) z_i(T) \mathrm{d}T
\end{aligned} \tag{10.8}
$$

第一项是基于历史温度的累积指数，第二项是基于预报的期望贡献，第三项是基于预报期结束之外温度的期望贡献。第二项中温度的分布能够从概率预报中得到，第三项的温度来自历史数据。第三项中的天数可以被当作一个整体，聚合指数的均值能够通过聚合指数的历史值（即对合约的部分应用指数模型法）估算得到。或者，可以估计每天的温度分布（即使用第 6 章日度模型法中季节循环和边缘分布拟合的步骤）。

对于正态分布的温度和 HDD，式（10.8）变成

$$
\begin{aligned}
E(x) = &\sum_{i=1}^{N_0-1} \max(T_0 - T_i^{hist}, 0) + \sum_{i=N_0}^{N_0+N_f-1} (T_0 - m_i^{fc}) \Phi_i(T'_0) + s_i^{fc} \phi_i(T'_0) \\
&+ \sum_{i=N_0+N_f}^{N_d} (T_0 - m_i^{clim}) \Phi_i(T''_0) + s_i^{clim} \phi_i(T''_0)
\end{aligned} \tag{10.9}
$$

其中 $T'_0 = \dfrac{T_0 - m_i^{fc}}{s_i^{fc}}$，$T''_0 = \dfrac{T_0 - m_i^{clim}}{s_i^{clim}}$

在预报中通过每日温度的均值和标准差（m_i^{fc} 和 s_i^{fc}）能够得到概率预报结果，通过历史温度的均值和标准差（m_i^{clim} 和 s_i^{clim}）得到第三项中使用的历史数据。

10.4 一般情况：任意合约、任意指数

到目前为止，将预报融合到定价是相当简单的。然而，我们考虑的两种情况都是特殊的情况，因为它们只涉及指数分布的期望的计算并且只适用于可分指数。一旦我们需要估计标准差或指数分布的形态或者一个不可分离 225
指数的期望，过程就变得困难多了。这种情况下我们需要计算线性互换合约

结果的分布,或者非线性合约的任意项,包括所有期权种类的期望支付。为了解释这一问题,我们首先计算基于正态分布温度的线性可分离指数(如 CAT 指数)期权的期望支付。期望支付取决于指数的期望和标准差。就像我们之前提到的两个案例一样,估计期望指数是很简单的,而估计指数的标准差较难。

10.4.1 估算指数的标准差

指数的标准差是指数方差的平方根。对一个可分指数来说,方差是合约期内日指数值的协方差矩阵的和。对于一个 CAT 指数(我们将用来解释的例子),方差就是日度温度协方差矩阵的和。对于一个覆盖了预报数据和历史数据的合约,我们可以将协方差矩阵分为三项:一项仅包含预报数据,另一项仅有历史数据,最后一项是历史数据和预报数据的组合。

$$\begin{aligned}
\sigma_x^2 &= \sum_{i=1}^{N_d}\sum_{j=1}^{N_d} E(T'_iT'_j) \\
&= \sum_{i=N_0}^{N_0+N_f-1}\sum_{j=N_0}^{N_0+N_f-1} E(T'_iT'_j) + \sum_{i=N_0+N_f}^{N_d}\sum_{j=N_0+N_f}^{N_d} E(T'_iT'_j) + 2\sum_{i=N_0}^{N_0+N_f-1}\sum_{j=N_0+N_f}^{N_d} E(T'_iT'_j) \\
&= \sum_{i=N_0}^{N_0+N_f-1}\sum_{j=N_0}^{N_0+N_f-1} c_{ij} + \sum_{i=N_0+N_f}^{N_d}\sum_{j=N_0+N_f}^{N_d} c_{ij} + 2\sum_{i=N_0}^{N_0+N_f-1}\sum_{j=N_0+N_f-1}^{N_d} c_{ij} \\
&= \sum_{i=N_0}^{N_0+N_f-1}\sum_{j=N_0}^{N_0+N_f-1} s_i^{fc}s_j^{fc}\rho_{ij} + \sum_{i=N_0+N_f-1}^{N_d}\sum_{j=N_0+N_f-1}^{N_d} s_i^{clim}s_j^{clim}\rho_{ij} + 2\sum_{i=N_0}^{N_0+N_f-1}\sum_{j=N_0+N_f-1}^{N_d} s_i^{fc}s_j^{clim}\rho_{ij} \\
&= \sigma_{fc}^2 + \sigma_{pfc}^2 + \sigma_{cov}^2 \qquad (10.10)
\end{aligned}$$

226 三项中的第一项(σ_{fc}^2)取决于预报方差和预报期间温度的相关性。正如我们在 9.5 节看到的,预报方差是概率预报的一部分,在 9.6.1 节中我们也讨论了如何预测相关系数。

三项中的第二项(σ_{pfc}^2)代表了气候态温度方差和相关系数。这一项能够很容易地由这个时期的历史指数值估计得到(即指数分析)。也可以通过历史日度温度数据或拟合历史数据的日度温度模型获得,如 ARFIMA 模型。通常,当这一项的天数很少时,会推荐使用日度模型法。

三项中的第三项(σ_{cov}^2)代表了预报方差、气候态温度方差以及预报期和后预报期的温度相关性。第三项使问题明显变复杂了:如果没有这一项,我们就可以模拟指数方差,它是预报期指数方差(可以通过概率预报计算得到)和后预报期指数方差(可以通过历史数据计算得到)的和。但是,由于这两个时期相互影响,加上温度固有的正自相关,所以总会低估整个指数方差。

对于度日数指数,可以推导出与式(10.10)很类似但更复杂一些的表达式。

它们的本质是相同的：指数的总方差不仅取决于预报期和后预报期的指数方差，也取决于两个时期之间的协方差。

10.4.2　估算协方差项的大小

这个奇怪的预报/后预报的协方差是多少呢？如果它小到可以忽略，那么模型就能够显著简化。由模拟得到的这一项的估计值大小见图 10.1 的上图。正如预测的那样，后预报期越长，两个时期的相关性越低。第 6 章中已经讲到，这种相关主要是由于温度波动率的长记忆性引起的。图 10.1 也给出了当 d = 0.0、0.1 和 0.2 时相关系数的值。

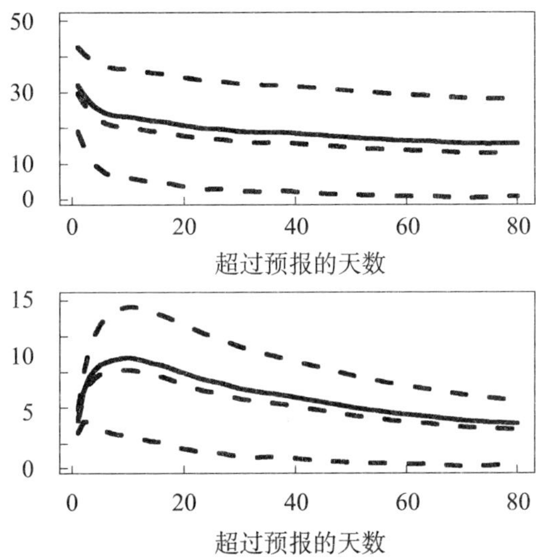

图 10.1　上图是 11 天累积气温和后续 N 天累积气温间的相关系数，其中 N 在横坐标轴上给出。相关系数是基于：(a) 拟合芝加哥气温的 ARFIMA 气温模拟模型的模拟；(b) d 值为 0.0、0.1 和 0.2 时模拟的相关系数。下图是第一个 11 天和后续 N 天相互独立的情形下，$N+11$天累积气温标准差估计的误差。误差由整个时期总实际标准差的百分比表示。所有计算都是基于拟合到芝加哥气温的 ARFIMA 模型模拟的气温，长记忆参数 d 的值设为 d = 0.0、0.1、0.2

图 10.1 的下图显示了这个相关效应的大小，用总指数方差被低估部分的百分比来表示，这个方差来自预报和后预报相互独立的假定。对于 d 的每一个 227
值，我们注意到标准差中的最大误差会在长度约为 10 天的后预报期中出现。10 天中的最大值可以通过指数总方差的表达式理解，总方差估计的误差由式(10.11)计算得到。

$$误差 = \sigma^2 - \sigma_{fc}^2 - \sigma_{pfc}^2 = \sigma_{cov}^2 = 2\rho\sigma_{fc}\sigma_{pfc} \tag{10.11}$$

其中 ρ 是预报期和后预报期的相关系数，如图 10.1 的上图所示。我们看到，误差不仅与预报期和后预报期的相关系数有关,还和后预报期的标准差的大小有关。远小于 10 天的后预报期的标准差很小,误差也很小。远大于 10 天的后预
228 报期的相关系数很小,误差也很小。而对于 10 天的后预报期,标准差和相关系数都有相当的值,因此两者的乘积得到了最大值。

总结一下,我们知道了估算非线性天气合约的合理价格需要估计指数的分布。估计分布的期望很容易,但估计标准差就难很多,因为标准差取决于温度的自相关系数。估计标准差的最简单模型可能需要假定预报期和后预报期相互独立。但是,我们已经提到基于这样的假定将无法给出所有案例指数标准差的准确估计,当合约期延伸到超过预报末尾大概 10 天时是最不准确的。我们得到的结论是:预报期和后预报期相互独立的假定可能会导致指数标准差的过低估计,如果想要得到更高的准确度,就要避免这种假定。

非正态温度

上文的讨论集中于用正态分布的温度来说明估计整个合约期指数标准差过程中的问题。接下来讨论非正态分布的温度中同样存在的问题:整个时期的分布不仅与预报期和后预报期有关,也与两个时期温度的相关性有关。式(10.10)也适用于非正态分布的温度。唯一的不同是除了需要标准差我们也要描述整个分布的形态。

我们现在提出一些允许我们结合概率预报和气候态模型以计算指数分布的方法。指数分布的估计使得我们可以计算天气衍生品的价格。

10.4.3 短期合约

最简单的例子是合约的剩余期限短到能被概率预报完全覆盖,这个合约就可以用下面的步骤定价:

- 使用第 9 章中介绍的方法,制作所研究时期的概率预报;特别地,预报应该包括日度之间相关系数的预报;
229
- 概率预报代表合约期间温度的单一多元分布,有大量的样本取自这个分布;
- 每个样本都被转换成一个指数值。

已经证实无须经过建立概率预报的阶段,集合预报就可以直接使用(Smith et al.,2001;Palmer,2002)。这被叫作“端对端”的集合预报的运用。

然而,我们需要注意:

- 集合的成员都要对均值和分散程度进行校正;
- 很难校正相关系数,但直接从集合中推导出的相关系数不能像从过去预报的误差统计分析中推导出的相关系数(就像在第 9 章中讨论的)一样准确;因

此，在这个方法中使用的相关系数可能不如在概率预报过程中得到的相关系数准确；

- 与天气衍生品定价中使用的蒙特卡洛模拟的典型规模相比，集合的规模较小，而且尾部抽样的效果并不好。

10.4.4　长期合约：基于指数模型法

我们接下来讨论如何给剩余期限超过概率预报适用期限的合约定价的一般性问题。我们从描述基于指数模型的方法开始。

概率预报覆盖的合约期部分可以使用 10.4.3 节中的方法分析，即我们从概率预报中取样然后转换为指数值。这给出了这段合约期的指数分布以及从式(10.10)得到的 σ_{fc}^2 的估计值。概率预报没有覆盖的合约期部分可以使用基于历史数据的指数模型进行分析，这能够给出合约中这段合约期的指数分布，通过式(10.10)也能够得到 σ_{pfc}^2 的估计值。结合这两个指数分布可以得到整个合约期的指数分布。对于正态分布，可以通过增加均值和方差来结合指数分布。对于非正态分布，最好的结合分布的方法是简单地从两个分布进行模拟(如每个分布一千个值)，然后将这些模拟的值成对地求和(如为结合的分布创造了一百万个模拟值)。

这种方法的缺点是忽略了式(10.10)中的第三项：σ_{cov}^2。正如 10.4.1 节中 230
提到的，由于天气总是在时间上正相关，这就会导致对指数的总传播的过低估计。有两种方法可以解决这个问题。

忽略交叉相关项

尽管 10.4.2 节已经讨论过了，不过在一些特定的情形下忽略协方差也不算很糟糕，特别是(a)问题中的所研究的地区仅显现出弱的长记忆，(b)合约的剩余期与预报的长度相比，要么很长，要么很短。在大多数案例中，协方差项 σ_{cov}^2 是式(10.10)三项中最小的一项。

使用历史指数评估协方差项

或者，我们可以估计协方差项。我们可以由历史指数得到预报期和后预报期的相关系数的估计值以及两个时期分布的标准差，然后可以用式(10.11)来估计交叉相关项。总体指数分布的方差也会因为协方差项而增加。这种方法可以应用于指数分布不是正态分布或者两部分的分布不是正态分布的情形。

10.4.5　长期合约：基于日度模型法

我们将介绍天气预报与日度模型法的结合方式。因为日度模型是处理时间依赖性和估算式(10.10)中 σ_{cov}^2 项的根本方法，所以将天气预报与日度模型结合可能是在天气合约定价中应用天气预报最简洁的方式。然而,正如我们将看到的,这些方法尽管简洁,但其实也很复杂。只有当一个组织很频繁地基于预报进行期权交易时,使用这些方法才可能是经济合算的。

简化方法

所谓的“简化方法”(pruning method)(见 Jewson,2000 和 Jewson and Caballero,2003b)的实施步骤如下:第一步,我们使用一个就如第 6 章介绍的日度温度模型,产生覆盖整个合约期的大量温度记录。这些记录应该根据最近的历史数据进行初始化。我们还要计算从日度温度模型中产生的记录的概率密度。
231 第二步,我们使用概率预报对每一个记录计算另一个概率密度,这些概率包含了预报信息。第三步,我们将每个记录转化为一个指数值。再对指数值进行加权,权重为第二个密度(预报)除以第一个密度(历史)。加权后指数值定义了指数的分布。在统计学中,使用这种方法对模拟值求权重称为“根据重要性抽样”(Ripley,1987)。

此方法不仅限于正态分布的温度。如果将日度模型应用于先前已经经过分布转换的温度,那么在计算权重之前,相同的转换方式也应该应用于预报,并且所有模拟的温度都应该在计算指数值之前转回正确的分布。

由于温度轨迹覆盖了整个合约期,所以简化方法的优点是预报期和后预报期的协方差项是自动合并的。原则上,这种方法可以被调整到同时包括天气预报和季节预报,因此被认为是所有与预报有关的定价方法中最准确和最灵活的方法。

简化方法的数学原理如下。

令 $p(\boldsymbol{T})$ 为气温轨迹 $\boldsymbol{T}$ 的支付函数,$f(\boldsymbol{T})$ 为 $\boldsymbol{T}$ 的气候态概率,$g(\boldsymbol{T})$ 为 $\boldsymbol{T}$ 的预报概率。那么气候态期望支付 μ_p^{clim} 就为

$$\mu_p^{clim} = \int p(\boldsymbol{T}) f(\boldsymbol{T}) \mathrm{d}\boldsymbol{T} \tag{10.12}$$

其中积分范围是 $\boldsymbol{T}$ 的所有可能轨迹。预报期望支付 μ_p^{fc} 为

$$\mu_p^{fc} = \int p(\boldsymbol{T}) g(\boldsymbol{T}) \mathrm{d}\boldsymbol{T} \tag{10.13}$$

为了计算 μ_p^{clim},我们选择沿气候态 CDF 等距隔开的一系列轨迹 $F(\boldsymbol{T})$。换言之,所有 $\mathrm{d}F(\boldsymbol{T}) = f(\boldsymbol{T})\mathrm{d}\boldsymbol{T}$ 的值均相等,所以有 $\mathrm{d}F(\boldsymbol{T}) = \mathrm{d}F = \frac{1}{N}$,其中 N 是轨迹数。

积分变为

$$\mu_p^{clim} = \int p(\boldsymbol{T}) \mathrm{d}F \tag{10.14}$$

$$\approx \frac{1}{N} \sum p(\boldsymbol{T}) \tag{10.15}$$

其中,求和是对所有可能连续气温轨迹的支付进行求和。

如果使用相同系列的记录计算 μ_p^{fc}, 232

$$\mu_p^{fc} = \int p(\boldsymbol{T}) g(\boldsymbol{T}) \mathrm{d}\boldsymbol{T} \tag{10.16}$$

$$= \int p(\boldsymbol{T}) g(\boldsymbol{T}) \frac{\mathrm{d}F}{f(\boldsymbol{T})} \tag{10.17}$$

$$= \int p(\boldsymbol{T}) \frac{g(\boldsymbol{T})}{f(\boldsymbol{T})} \mathrm{d}F \tag{10.18}$$

$$= \int p(\boldsymbol{T}) \omega(\boldsymbol{T}) \mathrm{d}F \tag{10.19}$$

$$\approx \frac{1}{N} \sum p(\boldsymbol{T}) \omega(\boldsymbol{T}) \tag{10.20}$$

其中权重 $\omega(\boldsymbol{T})$ 是

$$\omega(\boldsymbol{T}) = \frac{g(\boldsymbol{T})}{f(\boldsymbol{T})} \tag{10.21}$$

换句话说,我们对所有可能轨迹求加权支付总和。我们使用的权重比是用某个轨迹的预报概率密度除以此轨迹的气候态概率密度。

移植法

简化方法的另一个选择是“移植法”(grafting)(Jewson and Caballero, 2003b)。在移植法中,概率预报是在预报期对概率预报大量多次抽样以生成接近实测的气温轨迹。然后将这些温度轨迹作为日度模型的初始条件,积分到预报期的末尾。与简化方法一样,麻烦的交叉相关项在算法中被自动合并。

由于不必计算概率密度,移植法比简化方法简单一些。不过,移植法也有缺点,就是不能很容易地包含季节预报。

10.4.6　基于布朗运动的方法

接下来我们最后要介绍的将预报结果融合到定价过程中的方法与之前的方法相比显著不同,并且也简单很多。它依赖于以下强有力的假定:

- 指数是线性可分的;
- 温度和预报温度都是正态分布的;
- 预测的不确定性的统计是不依赖于(数据)流的;
- 预测是高效的(依据9.6.3节的定义)。

尽管这些假定是相当严格的,排除了多种合约,但对于几乎所有在二级市 233
场上交易的合约,它们是很好的近似。

因为我们假定温度是正态分布的并且指数是线性可分的,那么指数分布一定是正态的,因此我们只需要考虑指数的期望和标准差,而不用考虑整个分布的形状。指数的期望可以用 10.2 节中介绍的单一预报方法计算得到,而标准差的计算更加复杂。目前为止,我们认为是由于合约剩余期内的温度的不确定性的组合引起了指数的标准差。以这种方式理解,标准差取决于日度温度协方差矩阵的所有项(见式(10.10)),正如我们已经看到的,分析将变得相当复杂。不过,还有一种更易于理解标准差的方法,这种方法考虑了期望指数的随机过程。

10.4.7 期望指数的随机过程

由于期望指数的估计只是预报的总和(就像我们在 10.2 节中看到的),因此期望指数的变化就是预报变化的总和。

设第 j 天的期望指数为 $\mu_x(j)$,那么期望指数从第 j 天到第 $j+1$ 天的变化就是

$$\Delta\mu_x(j) = \mu_x(j+1) - \mu_x(j) \tag{10.22}$$

代入式(10.5),得到

$$\Delta\mu_x(j) = (T_j^{obs} - T_{j,j}^{fc}) + \sum_{i=j+1}^{j+N_f}(T_{i,j+1}^{fc} - T_{i,j}^{fc}) + (T_{j+N_f+1,j}^{fc} - E_j(T_{j+N_f+1})) \tag{10.23}$$

第一对变量是 T_j 的实际值之间的变化,在第 $j+1$ 天能够知道,在第 j 天的预报是 T_j。第二项是在 $j+1$ 天和 j 天得到的从 $j+1$ 天到 $j+N_f$ 预报结果的差的和。第三项是在 $j+1$ 天得到的关于 $j+N_f+1$ 天的预报结果和从历史数据得到的 T_{j+N_f+1} 的均值的差。简而言之,期望指数的变化是由新的历史数据、预报的变化以及延续到未来一天的预报这三项控制的。

234 由于温度和预报都是正态分布的,这些变化也将是正态分布的。将这些与有效假定相结合,可以得出期望指数的变化是独立且正态分布的。因此我们可以将它们当作布朗运动,记为

$$\Delta\mu_x(j) = \sigma(j)\Delta W(j) \tag{10.24}$$

或者

$$d\mu = \sigma dW \tag{10.25}$$

布朗运动的波动率与大小、每天预报的变化的相关系数以及预报与合约期的重叠程度有关。我们假设 σ 是确定的并忽略一个事实:预测的不确定性实际上每天都会随机地以较小幅度在变化。

图 10.2 显示了根据某一特定预报而得的估计,其对应于式(10.23)中各项的大小(此特定预报取自 Jewson,2002b)。也许令人吃惊的是,对这个预报而言,各项的大小大致相等。图 10.3 给出了其中一项(第六项)与其他项的相关系数,我们看到不同提前期的各项在两天或三天的提前期内均与第六项是正相关的。

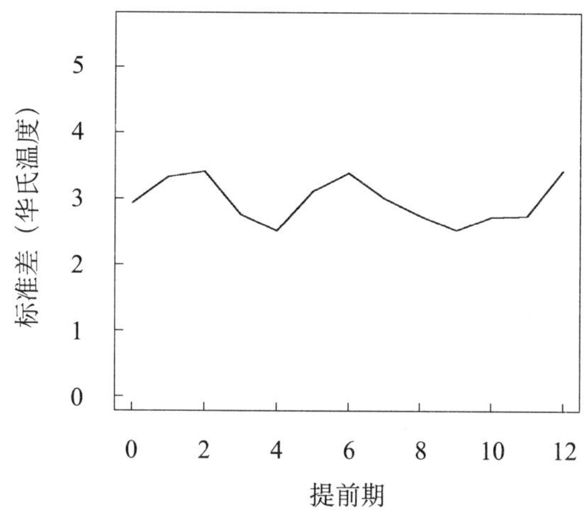

图 10.2　预报变化的标准差随提前期变化

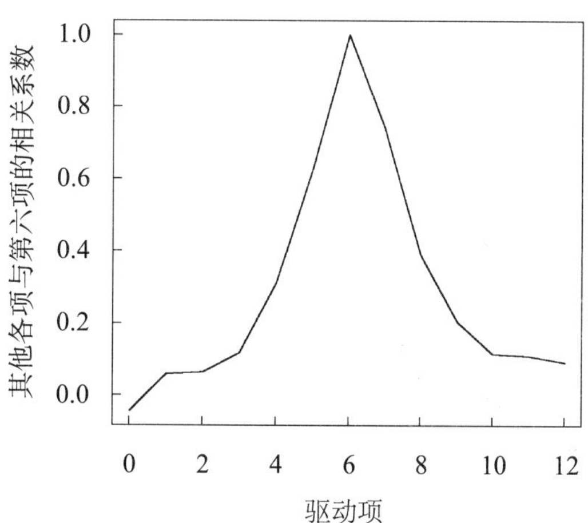

图 10.3　不同提前期预报变化的相关系数

期望指数的随机过程(式(10.24)和(10.25))是定义了合约期内期望指数的日变化的过程。在合约的末期,期望指数与合约的结算指数达到一致。这意味着期望指数的随机过程的最终值分布就是结算指数的分布。

从第 j 天到合约结束后一天对式(10.24)求和得到 235

$$\mu_x(N_d+1)-\mu_x(j)=\sum_{i=j}^{N_d}\sigma(i)\Delta W \tag{10.26}$$

其中 $\mu_x(N_d+1)=x$,因为在合约结束后一天,我们有了需要计算结算指数的所有信息,因此有

$$x-\mu_x(j)=\sum_{i=j}^{N_d}\sigma(i)\Delta W \tag{10.27}$$

结算指数 $\sigma_x(j)$ 的标准差定义为

$$
\begin{aligned}
(\sigma_x(j))^2 &= E[(x-\mu_x(j))^2] \\
&= E[(\sum_{i=j}^{N_d}\sigma(i)\Delta W)^2] \\
&= \sum_{i=j}^{N_d}\sigma^2(i)
\end{aligned}
\tag{10.28}
$$

由于它结合了期望指数的日波动率和结算指数的方差，我们称之为波动率–方差约束。我们已经在 5.1 节中使用过此概念，接下来会证明它非常有用。

给定所有的 $\sigma^2(i)$，对合约期内的每一天，我们都可以计算 $\sigma_x(j)$。需要注意的是，在我们的假定下，从合约开始之前，整个合约期间的 $\sigma(j)$ 与 σ_x 均是确定的。

这就导致了期望指数的演变存在三个阶段。

236 **合约之前期望指数的波动**

当我们启动一份天气合约时，天气预报的第一天会覆盖合约，然后是两天，依次类推，直到整个预报完全覆盖合约期。随着预报覆盖合约期天数的增加，期望指数的大小和波动率也会增加。

合约中期期望指数的波动

当在某个点预报全部进入合约期时，所有的预报都将用来估算期望指数。每天使用的预报数量没有改变，仅仅是使用的日期改变了。因此对于短期合约，期望指数的波动率会大致保持恒定。而对于长期合约，预报变动性大小的季节变化可能导致合约期内的波动率逐渐改变。

合约末期期望指数的波动

当合约接近末期时，预报的最后几天将开始超出合约期，只有预报的前面几天是有用的。每天使用的预报会越来越少，期望指数的改变会逐渐变小，期望指数的波动也会逐渐减弱。

10.4.8 梯形模型

波动率曲线的上升和下降的实际形状是复杂的，取决于在预测中各种变化的相对大小以及它们之间的相关性。根据 Jewson(2002b)，这种形状的简单参数化是采用梯形来拟合波动率的平方。图 10.4 是从该文章中一个特定例子得到的梯形模型与实际预报变化的标准差对比。

梯形的三部分与上文中指数波动演变的三个阶段有关。若不同提前期预报的变化是独立且大小相等的，那么梯形就基本正确。如果它们完全相关且大小相等，那么波动率本身而不是波动率的平方就会是一个梯形的形状。正如图 10.2 和 10.3 所示，在实际中，预报变化项大小基本相等且一定程度上相关。相

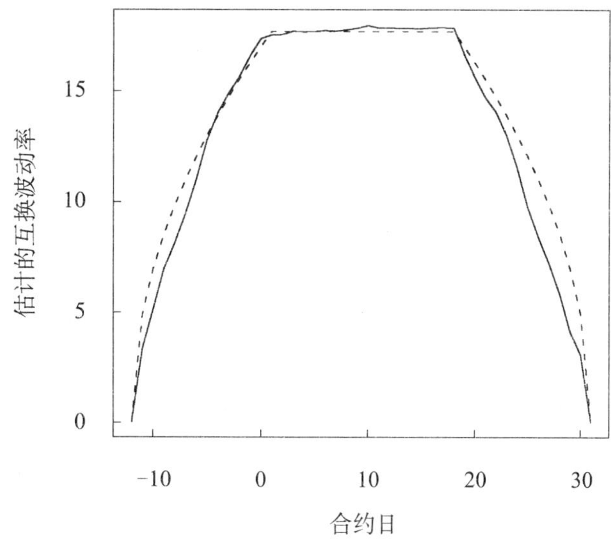

图 10.4　梯形模型中的互换波动率(虚线)和预报计算得到的互换波动率(实线)

关系数大致解释了为什么图 10.4 中梯形模型的第一阶段和第三阶段略微高估了波动率。

梯形面积是指数的历史方差,可以在合约开始前计算。这固定了整个梯 237
形。由于我们可以从梯形中读出数值,所以在合约启动之前,我们就可以知道合约期内任意时间点期望指数的波动率平方。并且由于合约期内任何一点的指数方差就是梯形下的面积,所以在合约开始之前,任何时间点的指数标准差也是确定的。换言之,我们能够得到整个合约期标准差减少率的确定性模型。减少率最开始低但是是加速的,接着趋于平稳,最后在合约末期附近减少。

到目前为止,我们都忽略了季节性,但是季节影响可以合理使用 Jewson (2003b)的方法简单融合;例如,图 10.5 是应用于 11 月合约中的季节梯形模型,图 10.6 是在 11 月到次年 3 月合约中的应用。在 11 月合约的案例中,由于标的温度波动率增加,所以合约期内波动率也增加。在 11 月到 3 月的合约中,波动率先增加,接近春季时开始下降。

梯形模型可以应用于合约期内合约的简单定价,步骤如下:

- 如 10.2 节所示,使用单一预报计算期望指数;
- 如第 4 章,使用历史数据计算历史指数方差的票面价值;
- 票面价值确定了梯形的高度和形状;
- 由梯形我们可以得到指数方差的当前值,即梯形面积; 239
- 现在可以使用期望指数和指数的当前标准差对合约进行定价。

对于在合约期内定价,与前面的方法相比,此方法的主要优点是不必使用

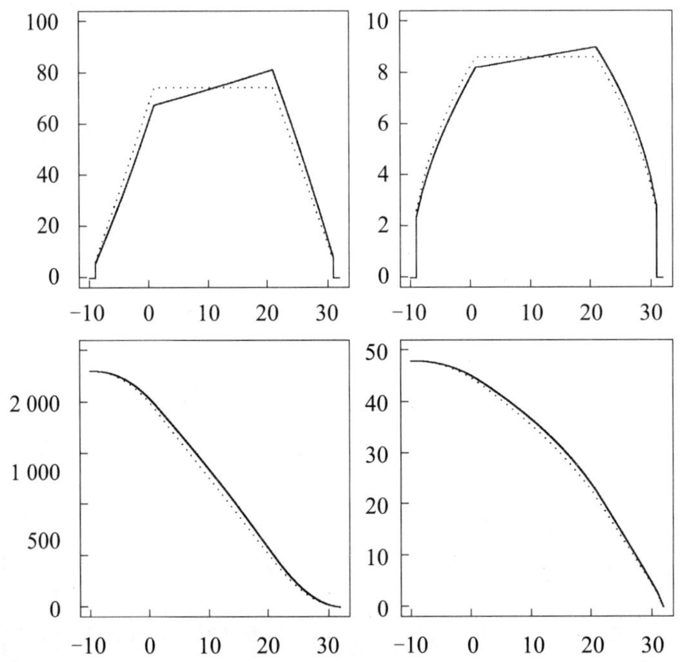

图 10.5 11 月合约的季节梯形模型的波动率(实线)和非季节梯形模型的波动率(点线)。两个模型都用来拟合指数标准差为 48 的季前合约的面值,粗略地代表伦敦希思罗的 11 月 HDD 的值。四幅图分别是波动率的平方、波动率、条件指数方差(以时间点上所有可用信息为条件)和条件指数标准差

概率预报,仅需单一预报。概率信息是自动融合到我们计算波动率的模型中的。我们也不需计算预报期和后预报期的协方差项,它们自动包含在模型中,所以此方法非常简单。缺点是我们需估出较强的假定,而假定并非适用于所有合约。

下一章我们会讨论这些概念与套利定价的相关性,在 12 章中我们会讨论如何将它们延伸为计算风险值的简单算法。

梯形模型的限制

梯形模型在季节预报不重要的地点非常合适,而在季节预报重要的地点就会产生一定的波动,大约每月有一次较大的价格波动(当预报出现)。这很容易在上述给定框架下建模:通过在预报发布时给价格波动性加上一个确定的"剧增"。

10.4.9 该用哪种方法?

我们已经给出了三种完全不同的将预报融合到定价模型的方法。那应该

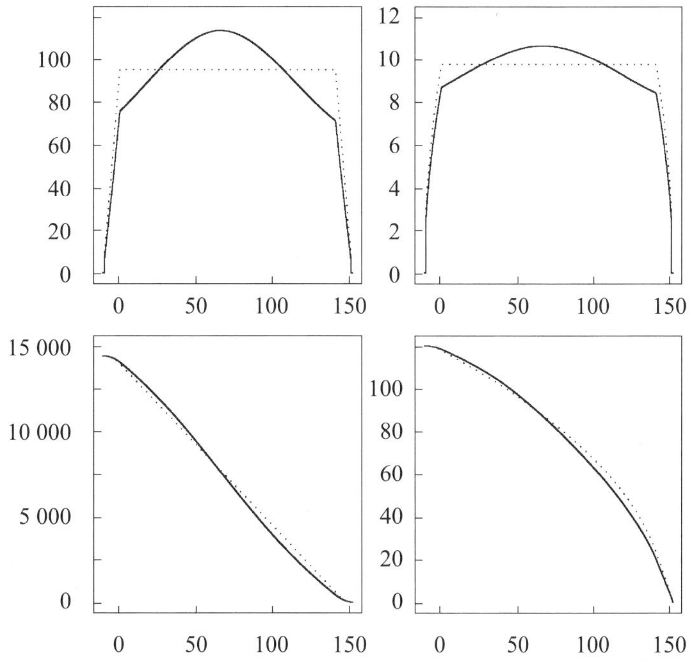

图 10.6　伦敦希思罗地区 11 月到次年 3 月合约的季节梯形模型的波动率(实线)和非季节梯形模型的波动率(点线),用来拟合指数标准差为 120 的 HDD 合约面值

采用哪种方法呢？最终的选择由机构或交易者做出。不过,我们可以给出明确的指导方案。

1. 若交易指数的关键部分无法使用正态分布较好地建模,则不能使用基于布朗运动的方法。[①] 不过,只要不是此类情况,那么基于布朗运动的方法就是最简单的。

2. 在一般的应用中,指数模型法的效果非常好。

3. 若合约期内期权交易频繁发生,则非常有必要准确估价,此时如果谨慎地使用日度模型法,则可以给出最准确的结果。

10.5　季节预报 240

我们现在简略讨论在何种情况下会使用季节预报定价。由于从季节预报结果中建立特定地点的温度的概率预报非常复杂,所以比使用天气预报困难。因此很难指定任何一种通用的定量方法。

---

① 原则上可以将此方法延伸到事件指数中,不过这样的话就不再是布朗运动的确定性函数了,使得刻画期望指数的随机过程更困难。我们还在进一步研究。

实际应用中,可能会选择以下方法。我们考虑 9 月或 10 月的前冬季节评估。

1. 检查一些可用的季节预报,估计下一个冬天厄尔尼诺或拉尼娜事件发生的概率。

2. 如果很明显没有厄尔尼诺或拉尼娜事件,那么就要从历史分析中剔除厄尔尼诺和拉尼娜事件。

3. 如果厄尔尼诺或拉尼娜事件有较大的发生概率,那么就要根据散点图移动期望指数值分布,就像 9.8.2 节中展示的那样。

4. 由于只需估计指数均值,所以这对互换合约就足够了。而期权合约还需计算指数的标准差。这很难由严谨的科学方法得到;起始点可能会减少一定数量的气候态标准差。

比较复杂的方法是使用 Niño3.4 温度的概率预报结果,Jewson et al.(2003b)的文章已经研究过如何应用此预报结果了。

很明显,此方法属于基础方法。以上就是目前所有相关研究的情况。

10.6 延伸阅读

本章大部分内容都是我们的研究结果。10.1 节到 10.4.5 节的内容参考了 Jewson and Caballero(2003b),而 10.4.6 节到 10.4.8 节的内容参考了 Jewson(2002b)。其他已经发表的与本专题相关的文章包括了 Jewson(2000),Jewson and Ziehmann(2003)以及 Jewson et al.(2002b)。

我们能够找到的其他研究此类问题的文章是 Shorter et al.(2002)。

10.7 致谢

经 *Meteorological Applications* 编辑授权,图 10.1 按照 Jewson and Caballero(2003b)绘制。

第 11 章　套利定价模型

到目前为止，本书已经探讨了为天气衍生品定价的精算方法的使用。本章 241
将讨论套利定价理论的应用。精算定价理论与套利定价理论的主要区别是精算定价基于多元化而套利定价基于对冲。对实行对冲策略的预期会影响我们对天气合约的要价。

股票期权是解释套利定价的一个有用的背景。股票期权的发行者可以交易标的股票以对冲他/她的风险。如果标的股票市场是充分交易的，那么在期权的发行日与到期日之间可以进行很多这样的对冲交易，且风险几乎被完美地对冲。有许多对冲交易是必要的，因为来自股票期权的风险依赖于股价并因此也会随股价的震荡而随时间变化。对冲的成本和期权的支付分布决定了期权的最初价格，我们将这一价格称为“套利价格”(arbitrage price)，套利价格通常来说不同于没有进行这样的动态对冲且期权被精算定价时的价格。特别地，套利价格**不是**期望(尽管我们将在后面看到套利价格有可能变成期望，但前提是我们要对“期望”做出重新定义)。

做市商一定以套利价格对期权定价，因为如果不这样的话，市场中的其他交易者就可以通过交易做市商提供的期权，然后用股票复制它们从而获取无风险利润。如此来看，可以说是市场在特定条件下迫使套利定价出现。

温度本身不能被交易，所以温度和股票之间不能形成对比。不过天气衍生品至少原则上可以被其他相同或相似指数的天气衍生品所对冲，这就是天气衍 242
生品套利定价背后的主要概念。由于动态对冲需要频繁的交易，而在写作本书时唯一可以被频繁交易而不会招致极高交易成本的天气合约是天气互换，所以我们将把自己限制在以天气互换来动态对冲天气期权的情形之下。尽管如此，原则上，给定一定的市场流动性，人们也可以设想用期权对冲互换，或用期权对冲期权。

我们将首先给出标准套利定价理论的一个简单回顾，并对一些将它拓展至涵盖交易成本、市场滑动和间断区间对冲的尝试进行评价。之后我们将推导一个针对天气互换合约的定价过程，并且通过修改标准理论，推导出动态对冲的天气期权的定价公式。然后我们将讨论标准理论的扩展如何可以被应用到天气上。

在本章的最后，我们将讨论少量延伸阅读和相关的话题，比如双触发值合约的定价和高度相关地区合约的定价。

11.1 标准套利理论

想象我们在交易一个股票期权，并且用期权标的股票来对冲此期权中的风险。

第一个假定是股票价格 S 遵从由下式给出的随机微分方程：

$$dS = \mu S dt + \sigma S dW \tag{11.1}$$

其中 μ 是漂移，t 是时间，σ 是波动率，W 是布朗运动。等式右边第一项表示漂移（经常是向上的），而第二项代表随机波动，它由市场中的新信息和供给需求的波动所驱动。新信息的影响是随机的，因为如果它不是随机的，那它就会是可预测的且已经包含在价格中了。如果股票价格经常向上漂移那么为什么不是所有人都投资股票呢？答案是随机波动是很大的，而且在任一有限时间段内股票价格下跌的风险都可能很显著的。

我们也可以考虑股票价格的贴现价值如何随时间变动。在 t_0 时刻股票的贴现价值是

$$S_d = e^{r(t_0-t)}S \tag{11.2}$$

243 那么贴现价值的随机过程是

$$dS_d = (\mu - r)S_d dt + \sigma S_d dW \tag{11.3}$$

我们可以“求解”式(11.1)，以给出布朗运动形式的股票价格。解为

$$S = S_0 e^{\left(\mu-\frac{\sigma^2}{2}\right)t+\sigma W} \tag{11.4}$$

注意当我们对式(11.4)进行微分以得到式(11.1)时，我们须使用伊藤公式来估计随机过程函数 $f(W,t)$ 的导数，它给出

$$df = \frac{\partial f}{\partial t}dt + \frac{\partial f}{\partial W}dW + \frac{1}{2}\frac{\partial^2 f}{\partial W^2}dt \tag{11.5}$$

右边多出一项是因为虽然 W 是连续的但它不是可微的，所以在 dt 时间内会有 $dt^{\frac{1}{2}}$ 大小的跳跃。

标准套利定价理论可以用很多不同的数学方式表达。我们将以一个与 Black and Scholes(1973)的最初推导相似的偏微分方程（partial differential equation, PDE）作为开始。之后我们将给出一个基于测度理论的更加简洁的方法。

11.1.1 德尔塔对冲和 PDE 方法

假想在时刻 t，除了期权持仓量外我们还拥有一个股票空头 Δ，以及数量

为 cB 的现金投资在利率为 r 的无风险债券 B 中。因此，我们持有的总价值 Π 为

$$\Pi = V - \Delta S + cB \tag{11.6}$$

其中 $V(S,t)$ 是期权的未知价值，S 是单个股票的价值，Δ 是持有股票的数量，而 B 则是债券的价值。

前进一个无穷小的时间步长，我们所持有的价值的变化为

$$\mathrm{d}\Pi = \mathrm{d}V - \Delta \mathrm{d}S - S\mathrm{d}\Delta + c\mathrm{d}B + B\mathrm{d}c \tag{11.7}$$

因此，投资组合的价值会随期权价值的变化、股票价格的变化、我们持有股票数量的变化、债券价值的变化，以及我们持有债券数量的变化而发生变化。

如果我们假设股票数量的变化仅仅是因为我们用现金买进或为了现金卖
出股票，并且现金数量的变化仅仅是因为我们用它来买卖股票，那么我们可以
发现因股票数量改变而造成的价值变化被因持有的债券数量改变而造成的价 244
值变化所抵消了，这被称为投资组合的自融资，可以写成

$$B\mathrm{d}c = S\mathrm{d}\Delta \tag{11.8}$$

因此我们的投资组合的变化简化为

$$\mathrm{d}\Pi = \mathrm{d}V - \Delta \mathrm{d}S + c\mathrm{d}B \tag{11.9}$$

债券以利率 r 增长，所以

$$\mathrm{d}B = rB\mathrm{d}t \tag{11.10}$$

因此

$$\mathrm{d}\Pi = \mathrm{d}V - \Delta \mathrm{d}S + crB\mathrm{d}t \tag{11.11}$$

我们可以将 $\mathrm{d}V$ 展开成 $\mathrm{d}S$ 和 $\mathrm{d}t$ 的形式（注意使用伊藤引理），那么有

$$\mathrm{d}V = \frac{\partial V}{\partial t}\mathrm{d}t + \frac{\partial V}{\partial S}\mathrm{d}S + \frac{1}{2}\sigma^2 S^2 \frac{\partial^2 V}{\partial S^2}\mathrm{d}t \tag{11.12}$$

如果我们现在用式(11.1)给出的股票价格模型将 S 展开，可以得到

$$\mathrm{d}V = \left(\frac{\partial V}{\partial t} + \frac{1}{2}\sigma^2 S^2 \frac{\partial^2 V}{\partial S^2} + \mu S \frac{\partial V}{\partial S}\right)\mathrm{d}t + \left(\sigma S \frac{\partial V}{\partial S}\right)\mathrm{d}W \tag{11.13}$$

那么投资组合价值的变化就可写成

$$\mathrm{d}\Pi = \left(\frac{\partial V}{\partial t} + \frac{1}{2}\sigma^2 S^2 \frac{\partial^2 V}{\partial S^2} + \mu S \frac{\partial V}{\partial S} - \mu S\Delta + crB\right)\mathrm{d}t + \left(\sigma S \frac{\partial V}{\partial S} - \sigma S\Delta\right)\mathrm{d}W \tag{11.14}$$

在这一变化中有一确定分量（$\mathrm{d}t$ 项）和一随机分量（$\mathrm{d}W$ 项）。如果我们现在将 Δ 选作

$$\Delta = \frac{\partial V}{\partial S} \tag{11.15}$$

那么 $\mathrm{d}W$ 中的随机项和 $\mathrm{d}t$ 中的漂移项互相抵消，而投资组合的总变化就变成

$$\mathrm{d}\Pi = \left(\frac{\partial V}{\partial t} + \frac{1}{2}\sigma^2 S^2 \frac{\partial^2 V}{\partial S^2} + crB\right)\mathrm{d}t \tag{11.16}$$

随机项与漂移项的抵消是以股票进行连续对冲的本质。

245 由于现在投资组合价值的变化是确定的了,这一变化量一定与在利率为 r 的安全债券中投入等量资金所赚得的价值相等。如果不是这样的话,一些人就能通过购买期权和对冲或售出期权和对冲来获得无风险的利润。投资组合的回报与安全债券的回报之间的相等关系可以写成

$$\mathrm{d}\Pi = \Pi r \mathrm{d}t \tag{11.17}$$

从式(11.17)、(11.16)和(11.6)可以得出

$$\left(\frac{\partial V}{\partial t} + \frac{1}{2}\frac{\partial^2 V}{\partial S^2} + crB\right)\mathrm{d}t = (V - \Delta S + cB)r\mathrm{d}t \tag{11.18}$$

重排各项,我们得到为期权定价的著名的布莱克-斯科尔斯(Black-Scholes,BS)偏微分方程,它是股票价格和时间的函数:

$$\frac{\partial V}{\partial t} + \frac{1}{2}\sigma^2 S^2 \frac{\partial^2 V}{\partial S^2} + rS\frac{\partial V}{\partial S} - rV = 0 \tag{11.19}$$

给出指定最后支付结构的适当边界条件,则这一方程有解析解。对于一个没有上限的、交割价格为 K 的看涨期权合约,解为

$$V(S,t) = S\Phi(d_1) - Ke^{-r(T-t)}\Phi(d_2) \tag{11.20}$$

这里

$$d_1 = \frac{\log(S/K) + \left(r + \frac{1}{2}\sigma^2\right)(T-t)}{\sigma\sqrt{(T-t)}} \tag{11.21}$$

$$d_2 = \frac{\log(S/K) + \left(r - \frac{1}{2}\sigma^2\right)(T-t)}{\sigma\sqrt{(T-t)}}$$

11.1.2 复制和测度理论方法

除了上面讲述的基于偏微分方程的方法外,还有几种不同的方法可以推导出式(11.20)。其中一种流行的方法来自概率论。它基于下列步骤(摘自 Baxter and Rennie,1996)。只要读者对测度理论这一数学分支有基本的理解,那么这些步骤就很容易被理解。我们对这一方法的处理会比较简要,因为其他地方对它的说明有很多。在本章后面部分,我们将论述足够的细节来看这一定理如何被拓展到天气衍生品市场上。

使用 Girsanov 定理,我们可以发现这样一种测度的改变(事件概率的改
246 变),即式(11.3)给出的股票价格贴现过程中的漂移变成零。则这一新测度中的股票价格贴现过程由下式给出:

$$dS_d = \sigma S_d dW \tag{11.22}$$

像这样的没有漂移的随机过程被称为鞅(martingale)。

用这一新测度我们可以定义另一个随机过程 E_t(这里下标 t 表示是时间的函数),它基于期权的最终支付贴现。使用在时刻 t 能获得的所有信息来计算期望:

$$E_t = E_Q(B_T^{-1}X) \tag{11.23}$$

其中,E_Q 表示新测度下 Q 的期望,B 代表最终支付 X 的贴现过程。当我们随时间向前移动时股票价格会演变,因此我们对于 X 的预测以及 E_t 也会变化。

我们可以证明这一新过程也是一个鞅(因为所有期望都是鞅)。根据定义,这个支付过程的初始价值就是新测度下期权的贴现最终支付的期望,而这个支付过程的最终价值就是期权的贴现支付。

现在我们具有两个基于相同基础随机源(股票价格的随机)的鞅(股票价格贴现过程和支付过程)。根据另一个定理,即鞅表示定理,任意两个这样的鞅可以相互表示。这意味着我们可以将期权价格过程写成股票价格贴现过程的形式。用金融术语来说,这意味着期权支付可以用股票和债券来复制。开始这一复制所需的现金初始量是这一期权价格过程的初始价值,而正如我们所看到的,这就是新测度下期权的期望支付。这意味着,在新测度下,期权的价值就是期权期望支付的贴现。

$$V(S,t) = B_t E_Q(B_T^{-1}X) \tag{11.24}$$

再一次,用时刻 t 可获得的所有信息来计算期望。所有的复杂性都已被转移到寻找新测度这一问题上了。实际上,找到这样的新测度是容易的(尽管不总是这样,但在这一情况下是这样)。我们已经看到新测度就是股票贴现过程为鞅的测度。这意味着在这一测度中的非贴现股票的漂移一定是 r。期权价格因此可以作为期权支付的贴现期望而用股票价格来计算,这一股票价格具有调整过 247
的漂移 r 而非 μ。

我们可以用下式模拟调整过的测度中的最终股票价值

$$dS = rSdt + \sigma SdW \tag{11.25}$$

并计算期权的贴现期望支付。

11.2　对标准理论的评价

唯一性

与精算定价相比,套利定价的突出点是套利价格是唯一的,并且不依赖于交易者。这是因为所有风险都被对冲掉了因而风险偏好不起作用;与在精算定价理论中一样,风险载荷也不起作用。

风险中性

我们在 11.1.2 节中看到，可以通过将股票价格过程中的漂移设置为 r 然后计算贴现期望支付，来简单地为期权定价。

为了给期权定价而对股票的漂移做这样的临时人为改变被称作“风险中性定价”，因为它意味着我们可以用以下步骤给期权定价：

- 假定我们生活在一个每个人都是风险中性的世界中（不存在风险规避或不存在边际收益递增）；
- 因为股票交易者是风险中性的，所以股票价格以无风险利率增长，且我们可以用式(11.25)计算股票价格；
- 因为期权交易者是风险中性的，所以他们不会对冲他们的持仓量；
- 通过计算期权的无风险载荷的贴现期望支付就能得到期权价格。

如果观察到式(11.20)中不包含股票价格的漂移，也可以导出以上这一定价方法。

在这一人为的风险中立世界中，我们可以独立地为期权定价，无须考虑对冲的成本，并且我们会得到就好像我们考虑了现实世界中的对冲成本一样的结果。

我们注意到风险中立定价不包括变成风险中立的情形。一个真正的风险中立交易者根本不会对冲他的持仓量，并且有可能将他所有的钱都投资到非对冲期权持仓量中。风险中立性仅是为了得到期权价格表达式的一个有用的数学简化。

248 短语“风险中立定价”也经常被延伸来指代普遍的套利定价，尽管我们注意到 11.1.1 节中用到的推导套利价格的论据中没有一点使用了风险中立性假设，并且从历史发展的角度来看，风险中立的概念是后来出现的。

直观的论据及与精算定价的关系

上面给出的期权套利价格的推导都不是特别直观：一种说期权的价格是一个偏微分方程的解，而另一种说它是与真实概率不同的一组概率下的期望值。

价格的一个不那么严密但是更加直观的表达式可以按如下方法推导。出售期权并用股票连续对冲所获得的总贴现利润由权利金、期权的贴现利润以及股票的贴现利润的总和给出，或

$$p = p_r - p_o + p_s \tag{11.26}$$

其中 p 是总贴现利润，p_r 是权利金，p_o 是期权的贴现支付，而 p_s 是股票交易的贴现净值。

由于存在套利，总利润必须等于零，因此

$$p_r = p_o - p_s \tag{11.27}$$

我们看到期权的权利金被期权的贴现支付和股票的贴现亏损所平衡。等式右边各项是随机变量，而权利金是常量。

在任一测度下取这一表达式的期望我们可以得到

$$p_r = E(p_o) - E(p_s) \tag{11.28}$$

因此我们看到期权的价格就是期权的贴现期望支付加上交易股票的贴现期望成本。（我们认为）这个结果是相当直观的。

我们同样可以看到，套利价格就是基于期望和风险载荷的精算定价规则的一种特殊情况。由于风险已经被对冲掉了，所以风险载荷项为零，而价格就是期权和互换交易的总投资组合的利润的期望。

最后，我们注意到，如果我们选择式（11.28）中用到的测度作为股票的贴现期望亏损为零时的测度，那么我们重新得到了 11.1.2 节中的结果，即期权价格是一测度下的期望支付，在这个测度中股票价格是一个鞅。改变测度的后果是 249
使 $E(p_s) = 0$。

与期权的期望支付的关系

一个股票期权的套利价格如何与这一期权的期望支付相关联呢？我们已经在 11.1.2 节中看到，当股票漂移被设置为 r 时，期权价格就是贴现期望支付。考虑一个看涨期权并假设股票的漂移比 r 大，正如通常的情况。如果我们将股票漂移减小到 r，那么我们将会使得最终股票价格出现高值的可能性减小，因而期权不太可能被执行。我们得出结论：套利价格一定比期望支付要低。如果看涨期权以低于期望支付的价格进行交易，那么为什么人们不购买并持有它们，且不对冲，直至到期日（因为平均来说这样做大概可以获利）？现在来考虑一个看跌期权。将股票漂移减少至 r 使得最终股票价格的低值更有可能出现，因而期权更有可能被执行。我们得出结论，套利价格一定比期望支付要高。那么为什么人们不卖出看跌期权并持有它们直至到期日呢？平均来说，以这种方式购买看涨期权并出售看跌期权可以赚钱，且这样的一种交易策略确实可以被使用：它就是一种赌股票价格的方式。相对于单纯只买或卖股票本身，这一方式更具杠杆效应：一小笔钱可以带来较大的利润或损失。

守恒量

物理学与气象学中的许多内容都与确定守恒量有关。纯粹由于兴趣的缘故我们注意到，在 BS 系统中，投资组合（包含期权、股票和债券）的贴现价值是守恒的。这可以由投资组合以无风险利率增值的假定导出。

$$\mathrm{d}(e^{-rt}\Pi) = 0 \tag{11.29}$$

德尔塔对冲与复制

在 BS 价格的偏微分方程推导过程中强调了在每一无穷小时间步长上对冲

风险。因为每一小步的风险被对冲掉了,所以总的风险为零。使用测度理论对相同结果的推导则强调了用股票和债券来复制期权的最终支付。因为最终支付被精确地复制了,所以总的风险为零。因此,连续对冲和复制策略相当于是消除总风险这同一思路分别在微观层面和宏观层面的体现。

250 **假定**

强调上述套利价格推导过程中的一些假定是有用的。后面我们将会讨论怎样放松这些假定的一部分来使得模型更加贴近现实。

- 对冲在时间上是连续的。
- 交易股票和债券没有交易成本。
- 对冲不影响股票价格。
- 股票能以任一数量被交易。

尽管上述推导过程中的许多假定在实际中都是明显错误的,但 BS 价格作为一个参考价格在很多衍生品市场中具有重要作用。

波动率的作用

BS 模型的关键方面之一是波动率的作用。在波动率与看涨期权价格之间存在着一对一的关系:波动率越高则价格越高,因为期权更有可能被执行。结果就是,在市场报价时更多地用波动率来替代价格。

天气衍生品市场中的期权交易者,特别是有在流动性更高的市场中交易其他期权背景的交易者,经常考虑波动率比考虑价格更多些,即使在严格基础上这可能并不合理,因为在天气衍生品市场中缺少流动性。我们将在 11.4.9 节中对此进行深入考察。

波动率与标准差

之前章节中关于为天气期权定价的许多讨论都包含了对结算指数标准差的估计。这个量并没有在上面给出的 BS 推导过程中出现。尽管如此,实际上,式(11.21)可以用与结算指数标准差相似的量来写。

从式(11.4)可以得到,股票价格的对数的标准差是 $\sigma_x = \sigma\sqrt{T-t}$。式(11.21)可以用这个标准差,而不是用股票价格的日度波动率 σ,重新写为

$$d_1 = \frac{\log(S/K) + r(T-t) + \frac{1}{2}\sigma_x^2}{\sigma_x} \tag{11.30}$$

$$d_2 = \frac{\log(S/K) + r(T-t) - \frac{1}{2}\sigma_x^2}{\sigma_x}$$

我们看到使用结算指数的标准差 σ_x 与使用日度股票价格对数的波动率 σ 是可
251 以互相转换的。因为对股票来说经常从数据中估计的是 σ,所以使用 σ 更有意

义。然而在天气衍生品中,标准差 σ_x 可以被更加容易地估计。

希腊参数之间的关系

希腊参数被定义为期权价格的偏导数。式(11.19)是期权偏导数之间的关系,因此也是希腊参数之间的关系。特别地,式(11.19)可以改写为

$$\Theta + \frac{1}{2}\sigma^2 S^2\Gamma + rS\Delta - rV = 0 \tag{11.31}$$

风险的市场价格

在充分交易的市场中,合约价格之间的关系经常可以用所谓的"风险的市场价格"来理解,它连接了风险的大小(波动率)和收益(漂移)。如果有两个充分交易的合约并且它们具有被相同随机源控制的随机震荡,那么它们就可以用来对冲对方且消除随机性。可以证明(Hull,2002)这两个合约的风险的市场价格具有相同值:

$$\mathrm{mpr} = \frac{\mu - r}{\sigma} \tag{11.32}$$

其中 μ 和 σ 是合约价格的漂移和波动率。

在上面套利价格的推导中我们实际上已经考虑了我们已知其中一个合约(标的股票)的漂移和波动率。因此我们知道股票的风险的市场价格,并且因此知道期权的风险的市场价格。

11.2.1　布莱克模型(1976)

人们可以想象用股票的远期合约对冲期权,而不是用股票对冲期权。一个简单的静态对冲观点给出了股票形式的远期价格:

$$F = e^{r(T-t)}S \tag{11.33}$$

根据布莱克(1976)的工作我们可以用下面的关系式将式(11.19)改写成 F 而非 S 的形式:

$$\left.\frac{\partial V}{\partial t}\right|_S = \left.\frac{\partial V}{\partial t}\right|_F - \left.\frac{\partial V}{\partial F}\right|_t \left.\frac{\partial F}{\partial t}\right|_S \tag{11.34}$$

$$\left.\frac{\partial V}{\partial S}\right|_t = \left.\frac{\partial V}{\partial F}\right|_t \left.\frac{\partial V}{\partial S}\right|_t \tag{11.35}$$

和 252

$$\left.\frac{\partial^2 V}{\partial S^2}\right|_t = \left.\frac{\partial^2 V}{\partial F^2}\right|_t \left.\left(\frac{\partial F}{\partial S}\right)^2\right|_t \tag{11.36}$$

BS 方程由此变为

$$\frac{\partial V}{\partial t} + \frac{1}{2}\sigma^2 F^2 \frac{\partial^2 V}{\partial F^2} - rV = 0 \tag{11.37}$$

我们注意到 $rS\frac{\partial V}{\partial S}$ 项已经消失了。理解这个的一种方法是这一项与利息损

失有关,因为必须要投资股票。当人们用远期合约对冲时这一项会消失,因为在合约结束之前没有资金会转手,并且人们不用担心远期合约会损失利息。

如果我们现在将期权价格写成时刻 T 的应计价值(accrued value)的形式(这涉及在时间上往前贴现):

$$V_T = e^{r(T-t)}V \tag{11.38}$$

那么式(11.37)进一步简化为

$$\frac{\partial V_T}{\partial t} + \frac{1}{2}\sigma^2 F^2 \frac{\partial^2 V_T}{\partial F^2} = 0 \tag{11.39}$$

以希腊参数(现在使用 V_T, 而非 V 进行重新定义)的形式,这个方程可以写成

$$\Theta + \frac{1}{2}\sigma^2 S^2 \Gamma = 0 \tag{11.40}$$

这个关系相当容易理解。标的远期价格的随机属性产生了伽玛,它往往会改变期权价格。不过,期权价格必须保持固定以保证没有套利机会。

11.3 标准理论的扩展

有很多学术文献致力于将上面描述的基本 BS 模型扩展至更加现实的市场中去。下面讨论这些扩展的一部分。

离散时间对冲

BS 模型中的假定之一是期权被连续对冲。实际上这并不现实。如果相对于标的资产的变化率来说,对冲进行得非常频繁,那么这一假定可能是一个好的近似。但如果对冲进行得不那么频繁,那么这一假定可能就不是一个好的近似。

253 当使用离散时间对冲时,期权中的风险不能被完美对冲并且会有剩余风险,因而对冲持仓量的最终结果是部分随机的。那么就不会有精确的套利价格,且价格将会依赖于交易者的风险偏好。这在数学模型中体现为需要对风险偏好作一相当主观的假定。在离散时间对冲模型中,最优对冲的大小也可能改变,并且不再由德尔塔精确给出。

探讨这些内容的研究包括 Boyle and Emanuel(1980), Wilmott(1994)及 Mercurio and Vorst(1996)的相关工作。

加入交易成本

在 BS 模型中假定交易成本为零。实际上,大多数股票交易都是通过经纪人或交易所进行的,他们会收取少量的费用,通常与交易的规模成比例。

加入交易成本意味着非常频繁的德尔塔对冲不再是可能的。在尽可能频繁地对冲以减少风险和尽可能不频繁地对冲以减少交易成本之间产生了一个权衡。

如同离散对冲一样,这会产生剩余风险,并且风险偏好也会起作用。给定风险偏好模型和交易成本模型,人们可能找到一个最优的交易策略。这一策略可以给出期权的价格和对冲的大小。

有许多关于这一主题的文章,包括 Leland(1985)和 Hoggard et al.(1994)。

加入市场反馈

在 BS 模型中对于标的投资的价格过程是明确且固定的。然而,在交易清淡的市场中那些用于对冲期权的交易可能影响其本身标的投资的价格,关于标的投资价格(固定的)动态过程的基本假定就不再适用。这一点在 Schönbucher(1993)及 Frey and Stremme(1995)等研究中被探讨过。

股票能以任一数量交易

在 BS 模型中假定股票能以任一数量进行交易,包括极小的数量。这在实际中并不是精确成立的,但对于股票期权来说这不是一个坏的假设,因为考虑到期权相对于股票的规模,它的误差是微小的。

完备模型 254

在理想情况下,人们可以考虑上述所有的影响来为期权定价。而这只能通过数值方法来实现;人们想要一种数值方法,它可以将这些因素都考虑到,并且(很快)给出最优的对冲策略以及期权的价格,或者价格的范围。这一方向的尝试之一可参见 Potters et al.(2001)和 Bouchaud et al.(1996)以及相同作者的其他文章中描述的方法。

11.4　天气互换定价过程

简要了解标准期权定价理论之后,现在我们来看如何将这些理论应用到用互换来对冲天气期权的实例中。关键步骤是互换的定价过程。一旦有了定价过程,就很容易应用经过微调的标准理论来推导出期权价格。我们将介绍互换的三种定价过程,从简单(且不太现实的)到复杂(且更现实的)。

我们假定所有的互换都是线性的且没有上限,并基于 CAT 或线性度日数。这将大大简化分析,并且是对大多数交易频繁的合约来说都是相当不错的模型。

为使互换的价格过程与标准 BS 理论(其中股票是有价格的)的相似性更为清晰,我们没有使用行权价格,而是使用了数学技巧来处理互换价格。换句话说,我们并不是用最小变动价位 1 和行权价格 K(当结算指数为 x 时,赔付取值为 $x-K$)来购买无成本互换,而是假设支付一笔权利金用来购买互换,这个互换在结算时会赔付 x。这个权利金可以由套利理论以无成本互换的行权价格 K

的形式给出：

$$\text{权利金} = S = Ke^{r(t-T)} \tag{11.41}$$

这些虚构的基于权利金的互换之于股票正如无成本互换之于股票远期。换句话说，我们可以认为虚拟的基于权利金的互换类似于普通股，而真实的无成本互换类似于这些普通股的远期。

11.4.1 平衡的市场模型

为了得出互换的第一个价格过程，我们假定就供给和需求来说互换市场是
255 平衡的。这会导出我们所假设的基于权利金的互换是以贴现期望支付而进行交易且无成本互换是以期望指数进行交易。如果我们对贴现期望支付的估计不改变，互换价格就以无风险收益率增长。这一论断对股票来说是行不通的，因为购买股票的根本原因是投资：除非股票价格以高于无风险收益率的速度增长，否则没有人会进行股票投资。然而，交易互换的根本原因就是作为一种对冲工具，人们不指望通过对冲来获利。在平衡市场条件下，对冲者之间的互换交易是通过交易所或做市商进行的。由于做市商促成了交易，他会要求一部分的溢价，但是我们暂且忽略这种溢价。

互换的期望支付是怎么计算出来的呢？最初我们假设所有市场参与者采用了相同的历史数据和预报来估计互换的期望指数。

就如我们在 10.4.7 节中看到的，随后期望指数 μ 会变成由下式给出的布朗运动的确定函数：

$$d\mu = \sigma dW \tag{11.42}$$

其中 σ 是指数的波动率。

通过式(11.41)，(基于权利金互换的)价格由下式给出：

$$S = e^{r(t-T)}\mu \tag{11.43}$$

因此

$$\begin{aligned} dS &= rSdt + e^{r(t-T)}\sigma dW \\ &= rSdt + \sigma dW \end{aligned} \tag{11.44}$$

其中 $\sigma_s = e^{\gamma(t-T)}\sigma$ 已经被定义以便消除贴现项。

将 t 时刻价格折现到 t_0 时刻，

$$S_d = e^{r(t_0-T)}S \tag{11.45}$$

则

$$\begin{aligned} dS_d &= e^{r(t_0-T)}\sigma dW \\ &= \sigma_d dW \end{aligned} \tag{11.46}$$

其中 $\sigma_d = e^{\gamma(t_0-T)}\sigma$ 也已经被定义从而消除贴现项。我们可以看到贴现期权价格呈布朗运动，因此是一个鞅。

式(11.44)和(11.46)是在我们的假定下得出的互换价格和贴现互换价格的随机过程,包括高效的预报假设,该假设认为我们的预报就是预期。不同于 256
式(11.1)中的股票价格过程,互换价格变动的随机部分与互换价格无关。这是因为随机部分完全是由预报与温度的变化所驱动的。同时要注意到,尽管我们在第 6 章看到温度具有较显著的自相关性和长期记忆,但在互换的定价过程中它们完全互相抵消了。这是因为,温度的自相关性可由预报得出,因此已经包含在对指数的估计过程中,这种作用可以从以下例子中看出。

最后,我们注意到互换价格可能会成为负值。这对股票来说是不可接受的:如果股票价格为负,那么股民就可以购买股票(以负价格购买——也就是股票的卖者给你钱),然后抛售股票并获得无风险利润。然而,如果在互换结束时必须进行赔付,那么以负的价格购买互换仍然有可能,所以并不存在无风险利润。

在互换价格推导中所做的假定之一就是所有的市场参与者都使用相同的预报和数据来估计期望指数。当然,这不是真的,因为二级市场交易者寻求优势的一个主要途径是使用更精确整理过的历史数据和更精准的预报。然而,我们认为式(11.44)提供的互换价格仍然是可信的。我们假定市场参与者可以基于他们所得的数据实现合理化的定价。价格**变化**仍然会受以上所说的预报和数据的变动的影响。

11.4.2　互换价格的 toy 模型

为了解释互换价格的温度自相关的消失,我们考虑用下述 toy 模型来处理温度和价格之间的关系。

我们假定真实温度会根据平稳的 AR(1)过程发展:

$$T_{n+1} = \alpha T_n + \epsilon_n \tag{11.47}$$

其中 $0 < \alpha < 1$。此式是自相关的以反映真实温度的自相关性。

假定我们正在交易的合约将以第 $n+m$ 天那天的温度结算。在第 $n+1$ 天
我们所知的温度仅截止到第 n 天并包含第 n 天的。因此,我们对结算指数(第 257
$n+m$天的温度)的最佳预报是

$$f_1 = \alpha^m T_n \tag{11.48}$$

忽略贴现并假定市场平衡,这将会得到第 $n+1$ 天的价格。而在第 $n+2$ 天我们会得到一个更好的预报,即

$$f_2 = \alpha^{m-1} T_{n+1} \tag{11.49}$$

这将会给出第 $n+2$ 天的价格,而价格变动是

$$\begin{aligned} f_2 - f_1 &= \alpha^{m-1} T_{n+1} - \alpha^m T_n \\ &= \alpha^n (T_n + \epsilon_n) - \alpha^m T_n \end{aligned} \tag{11.50}$$

$$= \alpha^m \epsilon_n$$

我们看到,即使模型中温度是自相关的,价格的变化仍是随机的。因为自相关性已包含在预报中,所以它们被抵消了。

11.4.3 平衡市场模型中的期权定价

已知式(11.44)的互换定价过程,我们现在可以为基于相同指数的期权定价,前提假定是,互换可以无成本地进行交易,并且用来连续对冲期权。用新的定价过程式(11.44)替代式(11.1),我们可以重新推导式(11.19),得出

$$\frac{\partial V}{\partial t} + \frac{1}{2}\sigma_s^2 \frac{\partial^2 V}{\partial S^2} + rS\frac{\partial V}{\partial S} - rV = 0 \tag{11.51}$$

这个等式类似于以权利金 S 进行交易的天气互换的 BS 方程。注意其与实际 BS 方程的唯一区别在于第二个推导项之前的系数不同。

在 11.2 节中我们展示了 BS 等式可以被改写成希腊函数的关系式。而式(11.31)也同样适用,可以被改写为

$$\Theta + \frac{1}{2}\sigma_s^2\Gamma + rS\Delta - rV = 0 \tag{11.52}$$

我们现在必须将这一方程变形,以便使 V 成为互换行权价格 K 和 t 的函数而不是 S 和 t 的函数,因为 K 是我们在互换市场中实际观察到的。其类似于我们在 11.2.1 节中所给出的布莱克模型(1976)的变形。

式(11.37)从而变为

$$\frac{\partial V}{\partial t} + \frac{1}{2}\sigma^2 \frac{\partial^2 V}{\partial K^2} - rV = 0 \tag{11.53}$$

258 我们已经消除了 $rS\frac{\partial V}{\partial S}$ 项,且 σ_s 项又一次变为了 σ 项。

这一式与式(11.37)相同,但在第二推导项之前的系数由 $\sigma^2 S^2$ 变成了 σ^2 。

这是天气期权价格满足偏微分方程的情况。如果我们以 T 时刻的期权的应计价值来定价,即

$$V_T = e^{r(T-t)}V \tag{11.54}$$

该公式可以被简化为

$$\frac{\partial V_T}{\partial t} + \frac{1}{2}\sigma^2 \frac{\partial^2 V_T}{\partial K^2} = 0 \tag{11.55}$$

就像 BS 等式,该等式也可以被解析地求解,我们导出这个方程的格林函数解如下:

$$V_T = \frac{1}{\sqrt{2\pi}}\frac{1}{\sigma}(T-t)^{-\frac{1}{2}}\exp\left(-\frac{(x-\mu)^2}{2\sigma^2(T-t)}\right) \tag{11.56}$$

我们可以通过计算其导数从而证明它是上式的解:

$$\frac{\partial V}{\partial t}=V\left[-\frac{(x-\mu)^2}{2\sigma^2(T-t)^2}+\frac{1}{2(T-t)}\right] \tag{11.57}$$

$$\frac{\partial V}{\partial x}=V\left[-\frac{(x-\mu)}{\sigma^2(T-t)}\right] \tag{11.58}$$

$$\frac{\partial^2 V}{\partial x^2}=V\left[\frac{(x-\mu)^2}{\sigma^4(T-t)^2}-\frac{1}{\sigma^2(T-t)}\right] \tag{11.59}$$

并代入式(11.55)

在式(11.56)中令 $t\to T$，我们得到其边界条件

$$V(x,t=T)=\delta(x-\mu) \tag{11.60}$$

(注意式(11.56)是收敛到狄拉克函数上的许多函数中的一个：见 Arfken，1985，p. 481)。

由于式(11.55)是线性的偏微分方程，为满足更为一般的边界条件 $V_T(x,T)=p(x)$，我们只需要叠加解，所以更为一般的解为

$$V_T=\frac{1}{\sqrt{2\pi}}\ \frac{1}{\sigma}(T-t)^{-\frac{1}{2}}\int_{-\infty}^{\infty}p(s)\exp\left(-\frac{(s-\mu)^2}{2\sigma^2(T-t)}\right)\mathrm{d}s \tag{11.61}$$

令 $\sigma_x^2=\sigma^2(T-t)$ 得到

$$V_T=\frac{1}{\sqrt{2\pi}}\ \frac{1}{\sigma_x}\int_{-\infty}^{\infty}p(s)\exp\left(-\frac{(s-\mu)^2}{2\sigma_x^2}\right)\mathrm{d}s \tag{11.62}$$

这是正态分布下 $p(s)$ 的期望值，其中 μ 为期望值，σ_x 为标准差。期权的 259
价格 V 恰好就是贴现期望价值。

我们可以将 11.1.2 节的复制和测度理论论据用于天气期权从而代替上面的基于偏微分方程的推导式。式(11.46)中我们的贴现互换价格已经是一个鞅。在标准理论中，我们需要改变测度，以使贴现股票价格成为一个鞅；互换价格不需要这样做。因此，期权价格就是自然测度中的贴现期望收益。

令人惊讶的是，用偏微分方程和测度理论方法导出的套利价格与无风险载荷的精算公平价格完全一样。当然，这对股票期权并不成立。与式(11.28)相比，我们可能会问互换交易过程中的期望损失如何变化。在对冲股票期权时，由于股票价格产生漂移，期望损失(在自然测量下)不为 0，导致期权价格不同于精算公平价格。然而对天气互换，贴现互换价格不产生漂移，互换的期望损失为 0。这就是为什么式(11.28)告诉我们，精算公平价格与套利价格一致。

精算公平价格和套利价格的等价性意味着我们可以再对这两者使用相同的闭式表达式。套利价格和希腊函数的表达式见附录 E 和 F。

风险的市场价格

将 11.2 节中讨论的风险的市场定价思路应用于天气案例中会非常有趣。因为式(11.44)中的漂移刚好是 r，所以互换合约的风险市场价格是 0。因此，期权的风险市场价格也一定是 0，期权价格的漂移也一定是 r。所以，贴现的期

权价格的漂移一定是0。因为最终期权价格是期望支付,所以初始期权价格也一定是期望支付。

11.4.4 天气期权定价

该模型验证了以下用于计算期权套利价格的算法。

1. 以市场互换行权价格为期望指数。
2. 使用期望指数计算期权的期望支付。
3. 对期权期望支付进行贴现来给出套利价格。

260 为了估计天气期权的期望支付,我们必须知道结算指数的标准差。在一个交易充分的市场中有许多方法可供选择:

- 从历史数据中确定,如第4章和第6章所述;
- 从市场上其他期权计算所得的隐含标准差;
- 通过10.4.8节给出的梯形模型,但反向使用;每日波动率的观测值被用来拟合模型,并将该模型应用于计算标准差。

11.4.5 线性不平衡模型

鉴于我们所有的假定,从上述过程中推出的套利价格是市场动态促成的天气期权的价格。然而,我们的假定与真实的天气衍生品市场并不接近,具体而言:一方面,互换的流动性很差(互换交易产生交易成本,并且会改变市场价格);另一方面,互换的规模是不连续的(并不是所有规模的互换合约都可以交易,规模是离散的)。这两点都会阻碍精确的对冲,这可能会在套利价格附近产生一个买卖价差。此外,互换的价格过程可能并不完全现实。我们现在考察市场在一个方向上是不平衡的可能性。

最简单的方法是给互换市场加入一个恒定的供给和需求之间的不平衡水平,并假定这会导致互换价格的线性漂移。这将使由式(11.43)给出的互换价格被下式替换:

$$S = e^{r(t-T)}(\mu - \lambda(T-t)) \tag{11.63}$$

该价格过程的随机微分方程(stochastic differential equation,SDE)如下:

$$\mathrm{d}S = rS\mathrm{d}t + \sigma_s \mathrm{d}W + \lambda_s \mathrm{d}t \tag{11.64}$$

其中 $\lambda_s = e^{\gamma(t-T)\lambda}$。

贴现互换价格于是为

$$S_d = e^{r(t_0-t)} S \tag{11.65}$$

其价格过程如下:

$$\begin{aligned} \mathrm{d}S_d &= \lambda e^{r(t_0-T)}\mathrm{d}t + e^{r(t_0-T)}\sigma \mathrm{d}W \\ &= \lambda_d \mathrm{d}t + \sigma_d \mathrm{d}W \end{aligned} \tag{11.66}$$

其中 $\lambda_d = \lambda e^{\gamma(t_0-T)}$。

我们可以通过比较当前互换价格和期望指数 μ 计算出 λ 的值: 261

$$\lambda = \frac{\mu - e^{r(T-t)}S}{T-t} \tag{11.67}$$

11.4.6 线性不平衡模型下的期权定价

在这个更一般的模型下,我们的确需要考虑期权定价测度的变化,因为贴现互换价格不再是一个鞅但是有一个 λ_d 的漂移。这验证了以下计算套利价格的算法:

- 求 $dS_d = \sigma_d dW$ 积分从而得到互换价格结果的风险中性分布。它不是互换价格结果的实际分布,因为我们已将漂移设为 0。
- 计算这种风险中性情况下的贴现期望支付;这是套利价格,但不是真实的期权期望支付。

在实践中,这种方法变成了:

- 采取当前的互换行权价格(我们不假定其为期望指数);
- 用互换行权价格计算期权的贴现期望支付;这就是套利价格,但现在不是期权的期望支付。

为了说明这一点,想象这样一种情况,市场不平衡驱动了互换价格低于贴现期望支付。互换价格必须向上漂移以达到最终支付分布。因此,从平均意义上看,购买互换可以赚钱。如果我们正在对冲一个看涨期权空头,我们必须购买互换。由于这些互换平均来说是赚钱的,因此期权的套利价格低于期权的期望支付。这与之前 5.13.1 节中提出的论点相同,除了现在我们是连续对冲而不是一次性对冲,以及在数学上是精确的而不包含近似这两点差异之外。

11.4.7 随机不平衡模型

在互换价格的线性不平衡模型中,我们假定一个恒定水平的供需不平衡,导致价格相对于互换的贴现期望支付有一个线性漂移。一个更为现实的期权定价过程模型会考虑到不平衡的随机波动。其简单形式即

$$S = e^{r(t-T)}\mu - \phi(t) W_2 \tag{11.68}$$

其中,W_2 是一个新的布朗运动而 ϕ 是在 $t \to T$ 的情况下趋于 0 的确定性函数, 262
其中一个例子是对于某些常数 λ 有 $\phi(t) = \lambda(T-t)$。

另一种看似合理的 ϕ 模型与期望指数估计值的不确定性成等比关系,其随着 $\sqrt{t}$ 递减,即 $\phi(t) = \lambda(T-t)^{\frac{1}{2}}$。

这个考虑供需波动的模型合理的依据是,互换价格从来不可能过于偏离贴现期望支付。如果偏离了,那么这就提供了一个低风险且高回报的投资机会。

这围绕贴现期望支付产生了一个价格区间。随着到期日的临近，这个区间变窄。具体来说，在时刻 T 市场供给和需求的影响消失，互换价格的分布只受天气影响。

这种论点是套利思想的一种保险版本。这种套利方法确定了一个价格范围，而不是固定一个确切的价格。我们可以应用这个方法（例如并不适用于股票）的原因是，天气互换本质上关联的支付分布是不受市场情绪影响的。

式(11.68)现在包含两个随机性来源：由于天气和天气预报引起的期望支付的随机性(W)以及由于供需随机波动引起的价格随机性(W_2)。

由于这两种随机性，只用一种对冲工具（互换合约）来完全对冲风险显得不再可能，而且价格也不再唯一。

11.4.8 随机波动性的问题

到目前为止，我们已经假定式(11.42)的波动率是确定的，且该波动率可以通过评估过去的预报误差来确定。这并不完全是对的。像在第 9 章中讨论的，大气的可预测性，在很小的程度上，取决于大气本身的状态。在某些天比其他天做出更好的预报是有可能的。于是，可以说波动性部分地依赖于大气的状态。使用（在第 9 章中讨论的）基于数值模型的集合预报的预测误差的预报，这种依赖性是部分可预测的。然而，这些预测是不完全精确的，仍然存在一定的误差。该项可以表示为一个随机波动项。

263 随机波动的存在破坏了套利价格在平衡和线性不平衡两种情况下的简洁推导，从而产生了一个不能只用单一投资来对冲的风险源。同样，价格不再是唯一的。在一些金融市场上，这是一个很大的影响因素：例如在外汇交易中，波动率变化很大。然而，在天气衍生品市场中这个影响是很小的以至于可以被合理地忽略。

11.4.9 波动率和风险载荷

在交易比较充分的天气期权市场上，期权交易者可以选择根据可观察到的市场期权价格来推导指数的隐含标准差。然而，这些价格可能最初是由一位交易者在公平价格基础上增加风险载荷而得到的。这就提出了一个问题：隐含波动率和风险载荷之间是否存在什么简单的关系。这个问题已经在 Jewson (2003o)关于简单基于标准差的风险载荷模型的研究中进行了详细的探讨。这项研究的结论如下：

1. 如果考虑单一类型和头寸的无上限期权，然后改变标的资产的标准差，这粗略地相当于添加一个风险载荷到期权价格上。因此，如果得到一个无上限看涨期权多头的隐含波动率并使用它来给另一个无上限看涨期权多头定价，两个合约会有大致相同的风险载荷。这种情况下标准差和风险载荷之间的确切关系如图 11.1 所示,其中不同的期权行权价格对应不同的线。这种关系可以 264
作为即使在缺乏流动性的市场(如天气衍生品市场)中使用隐含波动率的合理解释。

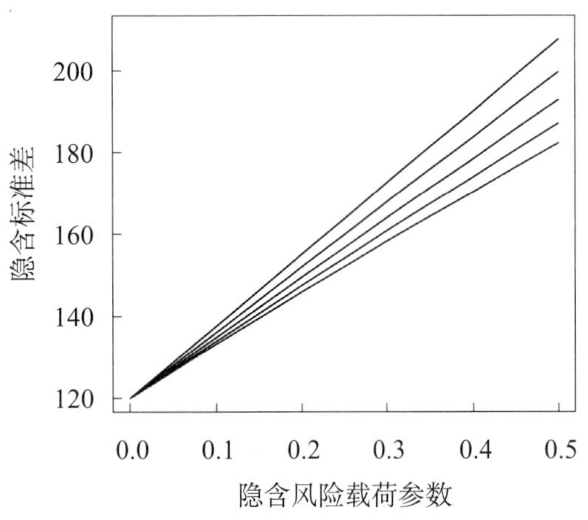

图 11.1　结算指数标准差与风险载荷的关系

2. 如果考虑有上限期权,这种粗略的对等性就不成立,如果用一类合约的隐含波动率为另一类合约定价同样也无效。

标准理论在天气衍生品市场中的扩展

到现在为止,我们一直是在一个理想条件下讨论:天气互换是连续交易的,具有无限的流动性,没有任何交易成本。我们还假定,互换是线性的,而实践中,它们可能是有上限的。

真正需要回答的问题是:考虑到真实天气衍生品市场的性质,包括互换合约的规模有限、交易成本显著以及存在反馈效应,是否真的值得用互换进行对冲?如果是的话,应该进行多少次对冲?对冲的规模多大?应该在什么时候对冲?最后,已知我们确定要对冲时,应该给期权如何定价?

在 11.3 节中提到的许多研究都可以转化到平衡市场模型和线性非平衡模型的天气衍生品市场中,这将在某种程度上回答以上问题。

Jewson(2003t)给出了一个具体的例子来讨论在平衡市场模型的框架下解决不完备市场效应的问题。这个研究考察了在同一地点、有交易成本的前提下用线性天气互换对冲天气期权的可能性,还回答了为了使交易策略的价值最大化需要进行多少次对冲,以上研究是在风险/收益的均值-标准差理论框架下展开的。模型假设交易成本和交易规模是成比例的。一些结果如图 11.2 所示。随着对冲次数的增加,对冲的成本增加而期望利润减少,如第一幅图所示。利润的减少和对冲数量之间不是线性关系,因为对冲次数越多,对冲(期望利润)

会越来越小。同时，来自对冲投资组合的利润的标准差减小，如第二幅图所示。将期望收益和利润的标准差组合进一个风险调整后收益的测度中，会产生一个包含有限对冲次数的最优（风险调整后最大化）对冲策略，如第三幅图所示。第四幅图和第六幅图展示了对冲最优次数如何随着交易成本大小和风险规避水
265 平的变化而变化。交易成本越高，对冲次数越少；风险规避水平越高，对冲次数应该越多——正如我们所预期的。在第五幅图中权利金是交易成本的函数，这个曲线显示了收取的权利金应该使得风险调整后收益不减少。当交易成本很小时，对冲可能会使权利金比没有对冲时减少超过 40%。这就是一个二级市场交易的可能的积极影响的例子，正如我们在第 1 章中所讨论的。

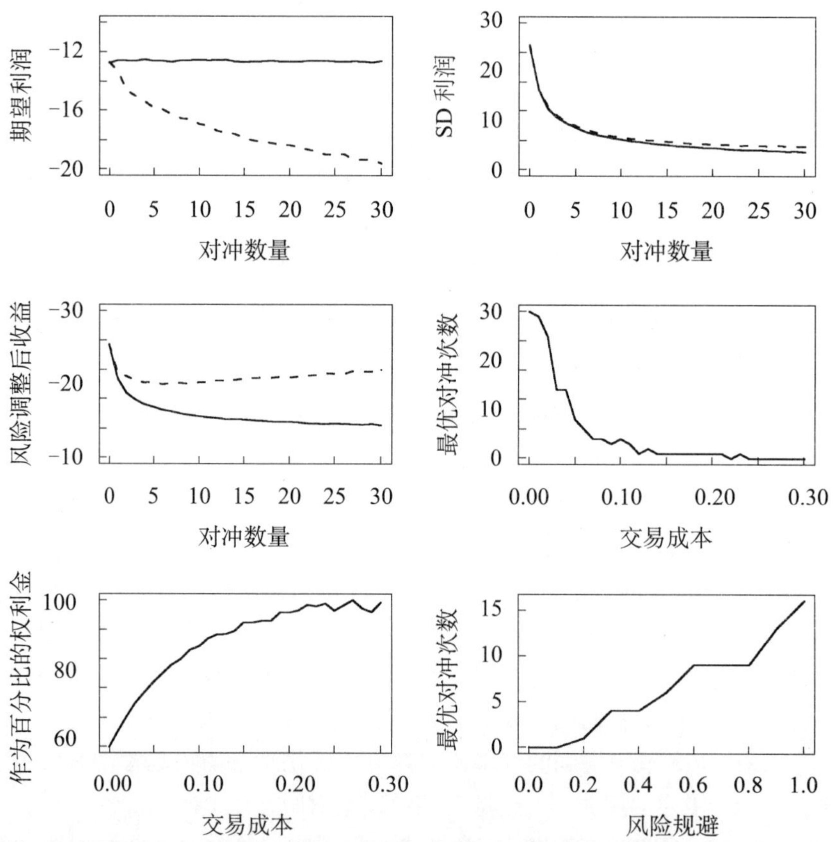

图 11.2　各幅图都与交易成本的影响建模相关，如文中所讨论。第一幅图显示了期望利润随对冲交易次数变化而变化的规律，实线对应无交易成本，虚线对应有交易成本。第二幅图显示了利润的标准差随对冲交易次数变化而变化的规律，实线对应无交易成本，虚线对应有交易成本。第三幅图显示了利润的风险调整后收益随对冲交易次数变化而变化的规律，实线对应无交易成本，虚线对应有交易成本。第四幅图显示了在不同交易成本下的最优对冲交易次数。第五幅图显示了出售期权而不降低 RAR 时收取的最低权利金。第六幅图显示了在不同风险规避参数下的最优对冲交易次数

11.4.10　在不同地点对冲期权 266

上述分析可以扩展到更一般的情形，除了在相同地点用互换对冲期权，现在我们考虑将其扩展到在不同地点用互换来对冲期权。在实践中，当某一地点互换交易非常活跃，而在临近地点期权被交易但互换交易很不活跃时，这种情况可能会发生。

11.5　双触发值合约的定价

我们现在简要讨论双触发合约定价过程中将会出现的一些问题。这包括基于两个天气指数的合约，或者基于一个天气指数和一个价格指数（如天然气价格）的合约。

11.5.1　两种标的投资都流动充分的情形

第一种情况我们考虑两种标的投资都是充分交易的。偏微分方程的推导可以扩展到包含两个标的合约，测度理论可以通过鞅表示定理的二维形式来进行扩展。期权的价格可以通过对微分方程的求解而得到，也可以通过特定测度的贴现期望而得到，在这个测度下两个标的投资价格过程都是鞅。

11.5.2　两种标的投资一种流动充分、另一种流动不充分的情形

在一个标的投资充分流动而另一个标的投资流动性很差的情况下，对冲的方法是尽可能使用流动性好的合约。但是由于流动性较差的标的投资的支付的依赖性，这将产生显著的剩余风险。这种风险无法被对冲；期权价格应该包含一个风险载荷来覆盖这种情况。

11.5.3　两种标的投资都缺乏流动性的情形

最后，在两种标的投资都缺乏流动性的情形下，对冲是不可能的，应该使用纯粹的精算定价方法；这个价格应该是期望支付加上所有无法被对冲的风险的风险载荷。

11.6　延伸阅读

对于喜欢微分方程的读者，Wilmott 的任何一本书，如 Wilmott et al.（1995）
或者 Wilmott（1999），都给出了套利理论数学原理的充分介绍。对于那些更喜 267
欢基于鞅定价方法的读者，Baxter and Rennie（1996）较好。关于这个主题的其

他教科书还包括 Hull (2002)和 Björk (1998)。关于随机过程数学理论的一个经典范本是 Cardiner(1985)。

关于调整标准理论以将其应用到天气衍生品市场的细节摘自许多我们自己的文章,包括 Jewson and Zervos(2003b)、Jewson(2003t)和 Jewson(2002a)。

我们能够找到的关于如何给双触发值天气/商品合约定价的唯一文章来自 Carmona and Villani(2003)。

第 12 章 风险管理

本章重点讨论参与天气衍生品交易的公司如何进行风险管理。风险管理 268
最简单的一个方面是评估当期持有头寸的价值,这被称为模型定价法(marking to model)或市场定价法(marking to market),取决于"价值"是怎样定义的。模型定价法需要计算期望支付而市场定价法是要看所持有合约的当前市场价值。在已经评估了现有头寸的基础上,了解风险是必要的,风险包括:到期所得偿付可能低于期望支付,或者期望支付可能随着时间而恶化,这两种风险分别被称为"到期风险"(expiry risk)和"精算风险价值"(actuarial value at risk)。弄清楚假如我们被迫尽快地结清头寸可能会遭受多少损失也是有用的,这被称为"清算风险价值"(liquidation value at risk),通常,它和精算风险价值不同。最后,我们也可以通过对手方(对手方信用风险)或临时现金流短缺(流动性风险)来评估风险。

在探究天气投资组合的价值评估之前,我们先来简单地看看在传统金融产品(像股票)的投资组合中相似的变量是如何估计的。股票分析中的许多想法已经被天气衍生品市场采用。当然,由于天气衍生品市场特有的某些属性,还有其他因素也需纳入考量。

12.1 流动性充分市场的风险管理

在一个流动性充分的股票市场,对当前持有的股票价值进行估计仅应用当前市场报价即可。买价和卖价通常很接近,以至于没有必要区分它们,但是如
果有一个价差,就可以用买价去估值多头,用卖价去估值空头。市场风险价值 269
(market value at risk,VaR)定义为,特定时段内当期价值可能变化的分布的一个较低分位数,这个特定时段经常确定为结清投资组合所需的时间长度。用反映股票价格波动的模型可以计算以上 VaR,此模型是基于股票价格波动的历史数据拟合的。这些数据通常大量可得,除非非常大的头寸,我们可以合理假定股

票价格而不受清算交易的影响。

于是计算股票投资组合的 VaR 变得很简单。可能产生的主要问题是:被建模的系统是非平稳的,并且未来的表现未必像过去一样。

被用于计算股票 VaR 的方法不能直接运用于天气衍生品市场的主要原因如下:

1. 许多天气合约根本就没有交易,所以也没有市场报价。

2. 即便是交易最充分的天气合约,交易量也很单薄,以至于市场价格可以轻易地被交易改变。因此,即便市场报价的确存在,也不是很有用,因此单纯地在过去的数据基础上建立可能的价格变动模型也不是很有帮助。

3. 天气合约的价值通常和合约在可能到期日的价格相关联,而不是和市场的价格水平相关联。

4. 结清头寸在实践上通常是不可行的,或者可能需要一个高风险溢价的支付,并且可能花费较长的一段时间(几天或几周)。

股票市场中出现的非平稳的问题,在天气衍生品市场相对不重要,因为假定天气数据是平稳的更合理,除非站点改变和我们已经在第 2 章描述的趋势问题。

我们现在更为详细地来看天气市场案例。

12.2 标记头寸

当有新的天气数据、新的天气预报和季节预报以及新的市场数据变得可得时,天气衍生品投资组合的价值会随之改变。如果一个机构持有大的、包含不同类型天气衍生品的投资组合,它自然期望以规律的频次来计算自己投资组合的价值。这可以是频繁地一天几次或者很不频繁地只有一季度一次。计算价
270 值的方法可以有很多种,而它们之间的不同主要取决于对"价值"的定义。我们区分这样两种定义,分别叫作"期望到期价值"(expected expiry value)和"期望清算价值"(expected liquidation value)。

我们认为这种区分是极其重要的,如果有必要的话,要在每日数据的基础上计算这两种价值。这两者之间的差异可大可小,取决于持有合约的类型和市场情况。通常,"期望到期价值"与交易者利益更相关,交易者主要关心在期末他们将赚或赔多少钱;"期望清算价值"与风险管理者利益更相关,风险管理者则关心最坏的情形和公司可能损失多少。

12.2.1 期望到期价值

第一种价值的概念,即期望到期价值,是要回答以下问题:"给定所有我们

当前拥有的信息，投资组合在到期日的价值的期望是多少？”

这个问题可以用之前章节讨论的估值方法来回答。针对每个合约，我们可以选择一个我们认为最适合的估值方法，包括运用最近的天气预报和季节预报。我们计算可能结果的分布，而分布的均值就是期望到期价值。比如，对单个合约来说，早在起始日之前，我们就可以使用燃耗分析法、指数模型法和日度模型法，这些方法各自的优点我们在第 3 章到第 6 章已经详细地讨论过。对于投资组合，我们也可以使用燃耗分析法、指数模型法、日度模型法，或者一般聚合方法（第 7 章讨论过）。[①] 当投资组合中首个合约的起始日临近时，我们可以运用天气预报和季节预报，就像第 9 章和第 10 章描述的。作为一个未来结果的预报，期望支付可以说是最好的预报，因为它使均方根误差最小。

对期望到期价值的界定有一个小问题：投资组合中的部分合约在交易过程
中可能被对冲，就像第 11 章所描述的那样，但是期望到期价值忽略了这一点。 271
所以可以对它进行拓展，考虑期望到期价值预期对冲的可能成本和可能结果。

对所有的估计值而言，计算期望到期价值的同时考虑可能误差的估计是非常有用的。有两种方法可以做到。第一种是估计期望到期价值的估计值和实际值之间的可能差异，假如我们有无限量的历史数据和完美的模型，就可以计算出实际到期价值。这种方法的抽样误差部分可以用第 3 章给出的方法来估计，模型误差部分可以通过尝试不同的看似合理的模型假定进行估计。后者往往涉及对以下各方面进行调整或改变：所用历史数据的年份、趋势、分布、预报的来源、融入预报的方法和聚合投资组合的方法。

用来估计期望到期价值误差的第二种方法是：估计投资组合实际结果的可能范围。这就是到期风险，该主题将在 12.3 节讨论。可能有人想知道期望到期价值可能变动的剧烈程度：这是精算风险价值，该主题在 12.4 节讨论。

市场数据的运用

计算期望到期价值基本是一个精算问题，天气合约的期望到期价值仅仅受天气影响而不受市场动态的影响。但是，偶尔有这样的状况，市场数据可以被用在计算过程中。例如，如果我们相信一个互换合约的当前市场价格相比模型估计来说，是对期望指数更好的估计，那么在互换和期权的定价过程中我们就用市场价格取代模型估计。如果我们相信市场价格和模型价值都包含有用的信息，那么我们可以用加权平均将两者结合，调整权重以使其反映我们对市场和模型的信心程度。而且，如果我们相信，相比我们的模型估计值，市场权利金是期权期望支付的一个更好的指标，那么我们可以用市场权利金代替，或者将

① 虽然用第 7 章的投资组合方法只计算期望到期价值并不是绝对必要的，因为投资组合的期望到期价值只是投资组合中不同合约的期望到期价值的总和。但是，我们通常也要计算投资组合的风险度量（见 12.3 节），为此相关性建模是必不可少的。

市场权利金和模型价值结合起来使用。最后,如果我们相信市场权利金和期望支付很接近,那么我们可以用它们导出指数标准差的隐含值,指数标准差的隐含值也可以替代模拟标准差,用于具备相同指数的其他期权的定价。

272 我们也强调在运用市场价格的时候要格外谨慎。在天气衍生品市场的历史中有很清晰的例子:由于供给和需求的不平衡,互换合约的市场价格变动得非常显著且远离期望结算指数(在第 5 章描述过这样一个例子)。在这些情况下,用市场价格去评估期望指数就会非常有误导性。类似地,有可能因为风险荷载原因,期权的市场价格经常远离期望支付的合理估计值。

12.2.2 期望清算价值

第二种价值的概念,即期望清算价值,是要回答以下问题:"给定当前我们拥有的信息,我们可以在什么样的价格范围内结清现有的头寸?"上一小节讨论的期望到期价值可作为期望清算价值的第一估计。然而,也有其他问题必须纳入考量,我们首先讨论交易合约,然后讨论非交易合约。

交易合约的清算价值

投资组合中的部分合约一旦进入交易程序,那么它就有可能在交易市场上结清合约。小的合约很可能以市场价格结清;多头以市场买价定价,空头以市场卖价定价,就跟股票市场一样。

而大的合约的交易有可能使市场价格明显改变。在这种情况下,我们应该对当前市场价格增加风险载荷,以反映这种滑动。究竟多大头寸的交易会改变市场价格,进而给予多大的风险载荷,实际上是很难估算的,只能在市场经验的基础上进行估计。

非交易合约的清算价值

对非交易合约,市场上没有人愿意以公平价值来买卖合约。这样做的话,交易者将承担风险,但没有回报。在极不常见的情况下,我们可以出售部分合约给其他的对冲者和投机者。更常见的是,交易者需要在公平价值之上支付权
273 利金来劝服其他交易对手承担风险。事实上很难估计这个权利金可能的大小。进一步说,假如把一个大的投资组合分解成若干部分并且卖给多个交易对手,由于投资组合的多样化的消失,总的权利金可能立刻变大。对于市场上最大的交易者,整体结清是不可行的,除了持有至少部分合约至到期日,没有其他选择。影响结清可能性的问题还包括合约基于标准地点和可靠数据集的程度。举例来说,相对于基于伦敦或纽约的温度合约,基于韩国一个小镇天气数据的降水合约要更难结清。

结清合约通常需要花费时间,在结算期间合约的期望支付和市场价格都会改变。这个意味着将可能的未来清算价值看作一个分布比看作一个单独的数

字更好理解。12.5 节将讨论清算 VaR。

12.3 到期风险

在 12.2.1 节我们讨论了计算投资组合到期价值的最好估计。如果没有考虑估计的可能误差,这个数字的用处就非常有限,对其进行量化的一种方法就是给出到期价值可能范围的一个指标。我们称之为“到期风险”或“到期分布”。用最近数据和最新预报计算到期分布的方法,在全书中都有讨论。

相比于展现整体的到期分布,展现相关的汇总指标可能更好。这些指标包括:

- 期望支付;
- 支付的中值,与期望支付接近,除非支付分布是有偏斜的;
- 损失的概率;
- 分布的 x 百分比分位数(有时叫作 x 百分比到期 VaR);这最可能是一个靠近尾部的损失分位数——例如 5% 或 1% 分位数;
- 超过事先确定损失的概率(比如,损失大于等于 1000 万美元的概率);
- 百分之 x 尾部 VaR,定义为超出 x 百分比分位数条件下的期望损失(即给定的损失最坏的情况是百分之 x,那期望损失是多少);这个量也被称为“平均超额 VaR”;
- x 美元期望亏空,定义为损失超过 x 美元条件下的期望损失(比如,给定 274
损失大于 x 美元,期望损失是多少)。

所有这些量的估计都可能伴随着误差,误差的大小用“误差条”表示。有多种方法来计算误差,例如:

- 用 3.1.7 节中的线性误差传递理论;
- 用模拟;
- 从上面的不同模型中做一个临时的选择。

前两种方法可以估计由于所用历史数据年份不足而带来的不确定性,但不能估计来自模型选择的不确定性。第三种方法可以估计模型选择的不确定性,但不可以估计由所用历史数据年份不足而带来的不确定性。理想情况是,将这些不确定性的来源综合起来考虑。

作为到期 VaR 的一个例子,图 12.1(转载自 Jewson,2003k)展示了月度看涨期权合约期望支付的八种趋势,以及来自支付条件分布的 10% 和 90% 的分位数(这些结果来自 5.4 节相同的模拟)。我们看到在一些情况下(第 2、3、6、8
幅图),期权合约以虚值期权结束,分布宽度快速下跌逼近于零。在其他情况 275
下,临近合约结束时,支付的可能分布仍然存在一些不确定性。

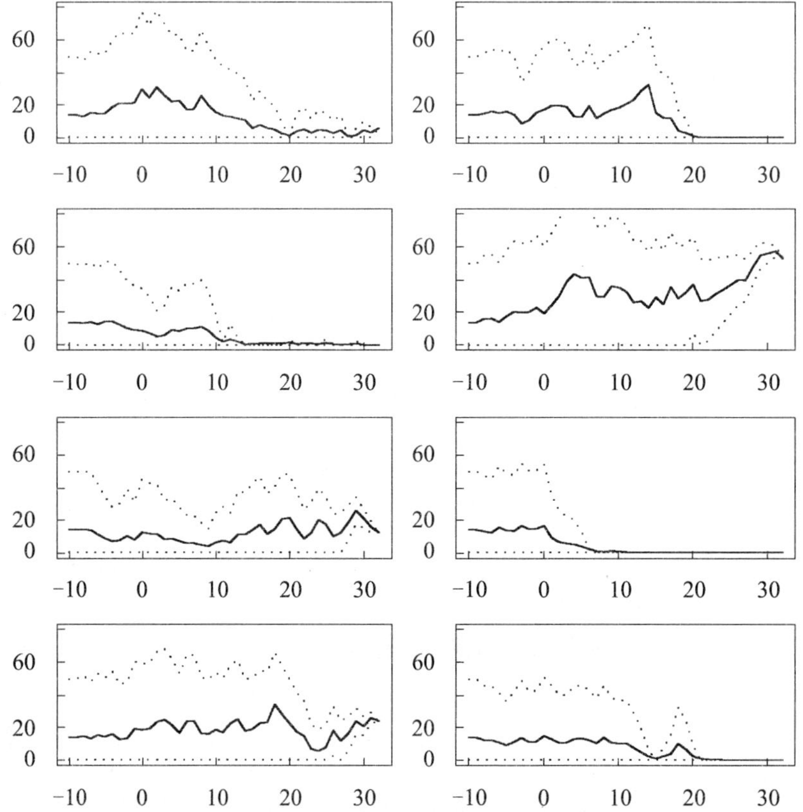

图 12.1 单个看涨期权合约的期望支付的八种可能结果的模拟以及 10%和 90%分位数的支付分布(可见 5.4 节)

12.4 精算风险价值

与计算期望到期价值和到期分布一样,研究期望到期价值在短时期内如何变动也是有用的。尤其有用的是知道期望到期价值是否会急剧下跌并且下跌多少。我们把这个在期望到期价值中的改变(尤其是这些分布低分位数的变化)叫作"精算风险价值",另一个名字是"精算区间风险价值",这个名字强调一个具体的时间范围,到期风险价值则不同,它对应的时间区间就是合约结束时。

我们将讨论用于计算精算风险价值的四个不同模型,从最复杂到最简单的情况。

基于温度的方法

在这个模型中,对于精算风险价值,我们认为一个投资组合的当前价值主要取决于最近的历史数据、最新的天气预报,以及合约剩余部分后预报区间之外的结果分布的估计。而今天和明天之间,或今天和下周之间的价值变化,取决于新的最近历史数据、新的预测和我们对后预报分布估计的改变。为了计算价值变化的分布,我们可以尝试对这三个变动项进行建模。事实证明直接去做是非常困难的。这个建模过程必须将以下方面纳入考虑:

- 每个地点的预报变化的自相关;
- 不同地点之间的预报变化的交叉相关;
- 预报变化和最近历史数据之间的自相关和交叉相关。

即便只对单个站点的这些影响进行建模,相比于第 6 章所讨论的对日度温度进行统计建模已经难很多了,因为这涉及既对温度也对预报进行建模,而不仅仅只是对温度建模。对预报的变化建模尤其困难,因为过去的天气预报记录往往由于预报模式的变化而很短且不平稳。由于这些复杂性,很有必要去寻找 276
方法来近似和简化问题。

基于指数的方法

这种方法不是考虑日度温度,而是考虑投资组合今天的价值,该价值取决于对天气合约指数的期望和标准差的更新的估计。我们已经在一系列文章(Jewson,2003k 和 Jewson,2003l)中描述和测试了这种方法以计算精算风险价值。它比尝试对日度温度和预报进行建模要简单得多,因为:

- 我们对期望指数的当前估计已经包含了历史温度和预报的信息;
- 期望指数的动态比温度的动态简单很多;温度的变化是高度自相关的,而期望指数的变化被认为是完全不相关,就如第 10 章所讨论的。

于是,基于期望指数的动态来计算精算风险价值的方法包括以下步骤:

- 为指数的均值和标准差的动态选择模型,如第 10 章描述的梯形模型;
- 将多元布朗运动和投资组合的所有标的指数的期望进行集成;每个单独过程的方差和它们之间的协方差由模型确定;
- 为每一个指数的标准差集成一个确定性模型;
- 将期望指数将来值的结果分布和标准差的确定性将来值转换成期望支付的分布。

这种方法的局限和它背后的假定是:

- 因为我们是从期望和标准差的角度处理指数,所以这种方法只对那些分布的特点可以用期望和标准差来描述的指数分布有效;
- 这个模型假定指数波动率是确定的,而根据我们之前已经讨论的,这点不完全正确;
- 这个模型的内核在于那些用于期望指数波动率的模型中;如果这些模型是可实现的,模型将给出好的结果——否则将没有好的结果。

我们现在给出这种方法的两个例子。第一个来自 Jewson,2003k,显示了单个
277 看涨期权合约的5%精算 VaR 的八种可能结果的模拟(见图 12.2)。模拟过程同
5.4 节描述的一样。在看涨期权合约以虚值结束的情况下,精算 VaR 非常小。在
第4幅图中,期权在结束时,实值程度极高,接近结束时精算 VaR 非常大。在最后
10 天,这个期权足以在实值状态,以至于它或多或少像一个互换合约。

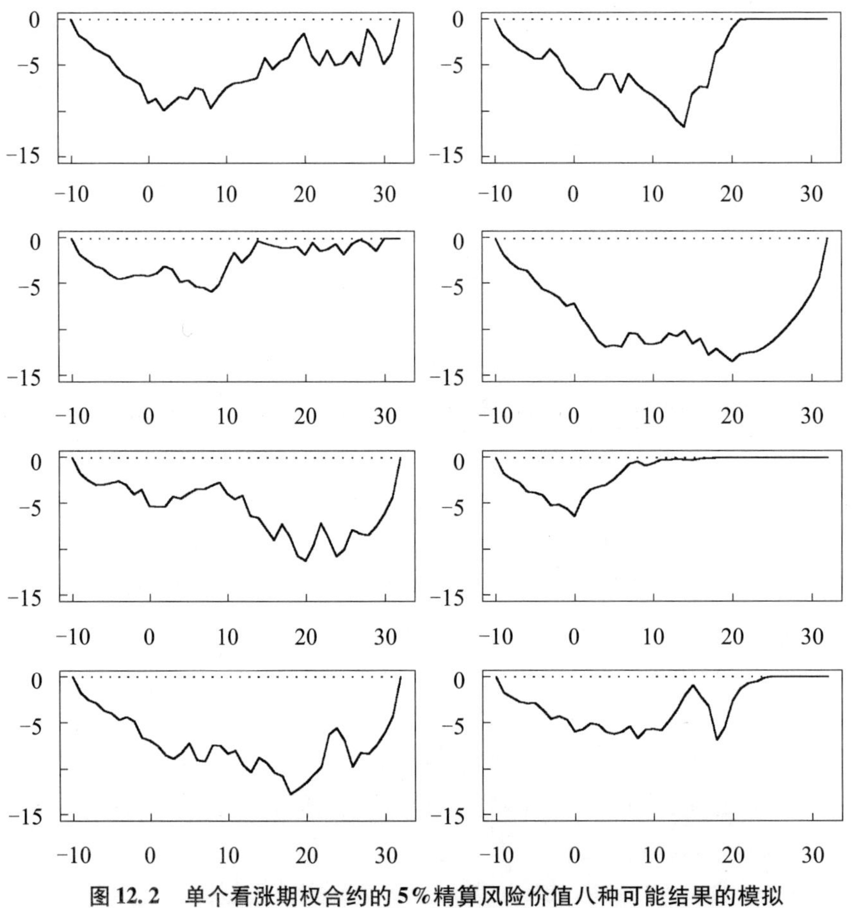

图 12.2　单个看涨期权合约的 5%精算风险价值八种可能结果的模拟

第二个例子(来自 Jewson,2003l)考虑包含两个合约的投资组合:一个伦敦希思罗机场看涨期权多头和一个巴黎看涨期权空头。图 12.3 展示了这个投资组合的八种模拟的期望支付和精算风险价值的结果。我们看出上述例子的好几种情形中,合约期内的期望支付和风险价值都波动得非常明显。

在第一幅图中,两个指数都是以虚值结清。在大约第 20 天的时候,它们已经是虚值期权,以至于 delta 都为零。从那一点开始,未来支付的可能取值范围不存在,而且相对 VaR 为零。

在第三幅中两个合约都以实值结束。在最后 10 天它们已经是实值了,以

至于 delta 接近于 1 并且它们事实上已经成为线性合约。结果是,支付的变动是高度负相关的而且相关 VaR 非常小,因为如果一个合约增长另一个合约就会下跌。相似的情况在第 8 幅图中可见。

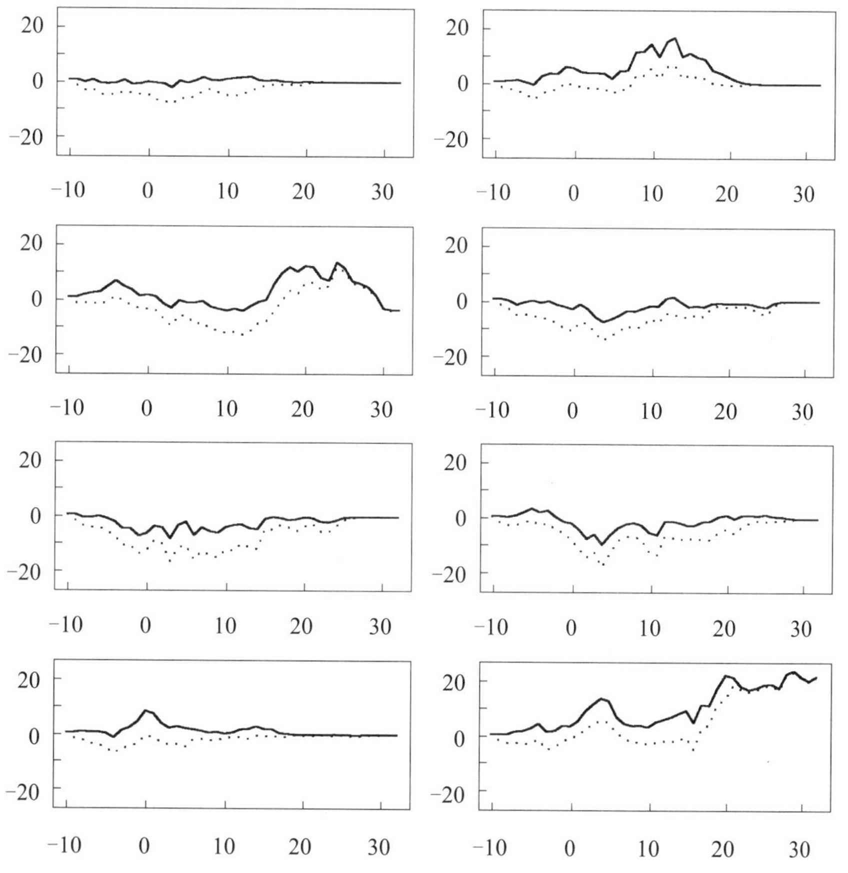

图 12.3 对于包含两个合约的投资组合期望支付和精算风险价值八种可能结果的模拟

基于希腊参数的方法 278

我们可以通过只考虑指数的期望和标准差的微小变化进一步简化“基于指数的方法”。我们可以把投资组合支付的变动用期望和方差的变动线性地表示出来。在 5.1 节中,我们已经就单一合约讨论过这个问题,如果我们写下

$$\mu_p = \mu_p(\mu_x, \sigma_x) \tag{12.1}$$

那么全导数就是

$$\begin{aligned} d\mu_p &= \frac{\partial \mu_p}{\partial \mu_x} d\mu_x \\ &= \Delta d\mu_x \end{aligned} \tag{12.2}$$

我们现在重新解释这个方程,使 μ_p 是整个投资组合的支付。那么 Δ 是 μ_p 对每个

指数的导数构成的向量。如果 $d\mu_x$ 随机变化的分布是正态的,那么 $d\mu_p$ 随机分布也是正态的,并且我们可以导出风险价值作为这个正态分布的分位数。

这种方法的局限是它只对期望指数中微小的变动有效,这个就把它限制在短时间范围内计算精算风险价值。而在长时间范围内,式(12.2)不再是投资组合支付变动的一个好的近似。

279 **基于整体投资组合的方法**

最后,我们来看一个估计投资组合精算风险价值的很简单的方法,但是它基于一些相当强的假定。如果我们有一个大的投资组合包含不同类型的合约,这些合约在时间分布上大致是一样的,并且投资组合的支付分布接近正态,那么我们可以把投资组合价值的天与天之间的变动看作一个波动率为常数的布朗运动。但是从到期分布的计算,我们可以得知投资组合最终价值的分布。因此通过简单调整最终投资组合的方差,我们可以计算出为获得最终价值分布的投资组合的日波动率。

12.5 清算风险价值

在 12.2.2 节我们看到,如果没有考虑清算完成所需的时间以及模型价值和市场价值随着时间变动而改变的量,我们不可能真正得到清算价值。我们将可能清算价值的分布,尤其在这个分布的低分位数叫作“清算风险价值”。

给清算风险价值建模需要拓展预期清算价值的计算,以考虑在结清头寸的时期内各分位数的取值波动。这些波动会导出清算价值估计值的分布。这个定价过程中精算部分的变化可以通过前述计算精算风险价值的方法得到。最大的难题是尝试估计流动性交易合约的清算风险价值,因为市场的变动可能大于纯粹精算价值的变动。

在一个非常简单的模型中,可以把纯市场项作为一个多元布朗运动乘以一个比例因子来建模,就像我们在 11.4.7 节已经讨论的单一合约的随机不平衡模型。比例因子能够确保随着结算期的到来,市场驱动的波动会逐渐消失。对纯市场过程建模的困难可归结为我们如何确定布朗运动的波动率和方差矩阵。

在合约开始之前的许多月份,市场价格的波动率可能是什么?似乎有两种(相反的)观点。第一个观点是在合约开始前数月,合约有非常少的交易,交易引发的波动率也很小,因此市场价格的波动率非常低。当合约临近时,波动率
280 将增加,在合约即将结束时再次减少。第二个观点是在合约开始前数月,关于如何计算合约的价格有大量的不确定性。结果导致不同的市场参与者会给出非常不同的价格,当不同的交易者影响市场时,市场价格很容易剧烈波动。因此波动率以一个高的水平开始,并且随着合约的临近而降低。

如果没有广泛的市场数据,这两种情形是很难区分的。由于这个原因,关于合约前市场波动率,唯一使我们感到可信赖的模型,是使波动率水平为常数。将这个市场驱动的波动率和波动率的精算估计值相结合,整个模型就可以用来导出清算风险价值的一个非常近似的估计。

12.6 信用风险

到目前为止,我们已经讨论了通过建模来研究天气风险和市场风险对天气投资组合的影响,那么现在我们来简要考虑如何对信用风险建模。信用风险是指你的一个对手方将破产但是他仍然对你有欠款且你无法向他们索赔。信用风险一般被分解为计算对手方违约的概率以及计算违约损失可能规模的分布。违约概率可以用多种方式评估,但最简单的是用标准表将信用评级转换成违约概率。违约损失的可能规模分布更为复杂。首先,我们必须评估对每个对手方的总风险暴露。这个相对简单:只需将第 7 章描述的用投资组合模拟方法得到的合约支付的模拟在对手方基础之上简单地聚合。其次,我们应该评估要覆盖的那部分风险暴露的可能百分比。这个更为困难并且依赖于每个对手方的具体情况。一个保守的方法是假定损失为百分之百。

对上面的信用风险分析还有一些扩展,例如可以考虑分析:随着时间的变化可能的未来信用风险如何变化?

12.7 流动性风险

流动性风险是指你可能在未来某一时点遭受暂时现金流短缺的风险。即
使根据模型定价法或市场定价法你的头寸都是好的,但仅仅因为意想不到的多 281
项支付就可能发生流动性风险。与信用风险一样,我们可以用适当的聚合模拟的方法(第 7 章讨论的投资组合模拟方法)对流动性风险建模,同时考虑每个合约支付发生的时点。

12.8 总结

我们已经尝试去描述一个用于理解天气衍生品风险管理的数学框架,对术语的使用也是非常谨慎的,以尽量避免和这个主题相关的困惑。除了上面讨论的问题,还有许多实践和监管方面的问题通过制度来影响实际的计算过程。交易策略也会影响不同数值的重要性:对于消极(买方持有)交易策略,只有到期价值是重要的,但对于积极交易策略,只有市场价值是相关的。我们也注意到,

从风险管理真正保守的角度来说,应该尝试不同的模型,然后选择最坏的结果,不过,这可能是个相当清醒的历程。

12.9 延伸阅读

关于金融风险管理的书有很多,比如 Dowd(1998)。

专注于天气衍生品市场风险管理的文章包括 Vandermarck(2003)、Banks and Henderson(2002)和 McIntyre(2000)。本章讨论的风险价值模型来自以下我们自己的文章:Jewson(2002b)、Jewson(2003p)、Jewson(2003k)和 Jewson(2003l)。

第 13 章　非气温数据建模

在第 2—12 章我们考虑了如何为以温度作为标的变量的天气衍生品建模 282
和定价。WRMA 的数据显示，这种合约目前来说是最常见的，它们在 2002 年占合约总数的 85%。① 即便如此，合约中也用到了诸如降水、雪深、降雪量、河流径流和风等天气变量。其中，最常见的是降水和风，本章我们着重讨论这两个变量。与温度合约相同的是，基于这些变量的合约可以用相同的方法来定价（燃耗分析法、指数模型法和日度模型法），也会在运用这些方法之前先去除数据趋势。燃耗分析法的用处和在温度合约中完全一样；指数模型法可能包括运用新的指数分布来处理不同的分布形状；日度模型法可能包含新的时间序列模型。

本章的目的不是像讨论温度一样去讨论降水和风模型的细节。我们概述了一些可用的建模技术。在每种情形下，我们首先讨论最常见的指数类型以及它们的指数分布举例，然后，把目光转向针对更高频率变量的模型。

13.1　降水

图 13.1 显示了 1958—2002 年芝加哥奥黑尔机场的日度降水。我们首先注意到的是，尽管日平均降水只有 0.1 英寸（如果只考虑雨天是 0.3 英寸），但是
仍然有很多天的降水远超过日平均值。我们在表 13.1 中也可看到这一现象， 283
该表显示了日度降水量的历史分布统计。

表 13.1　芝加哥奥黑尔机场日度降水量统计结果（1958—2002 年）　单位：英寸

均值	方差	%0	Q50	Q75	Q90	Q95	Q99	最大值
0.1	0.3	66	0.0	0.04	0.29	0.58	1.37	6.49

日度降水量的分布与日度温度的分布截然不同，其 66% 的观测具有相同的

① 但是在日本，温度合约只占到所有交易的 50%。

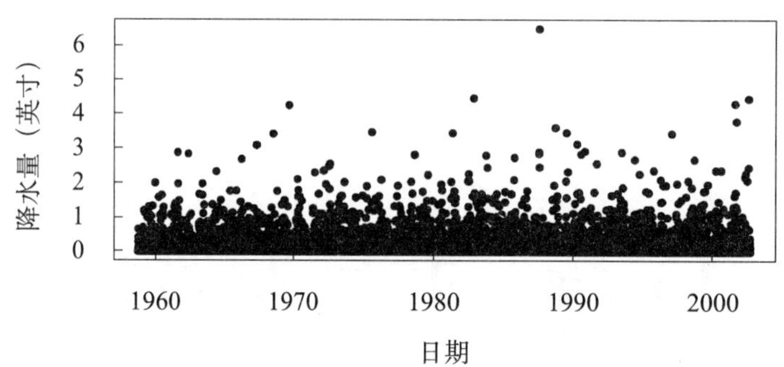

图 13.1　1958—2002 年芝加哥奥黑尔机场日度降水量

值(零)。此外,绝大部分天数的日度降水量都不到 1 英寸,但是剩余的那些天降水量有更高的数值。因此日度降水分布的主要特点是偏度高并且在 0 值处有一个点聚集。我们用图 13.2 解释了这点,将均值为 0.1、标准差为 0.3 的正态 CDF 和伽玛分布分别叠加到日度降水量的经验 CDF 上。值得注意的一点是,与观测 CDF 相比,正态 CDF 在 0 以下的部分很明显,而且数值缓慢增加,而伽玛 CDF 与数据拟合得非常好,即便伽玛 CDF 是个连续分布函数,在 0 处没有点聚集。

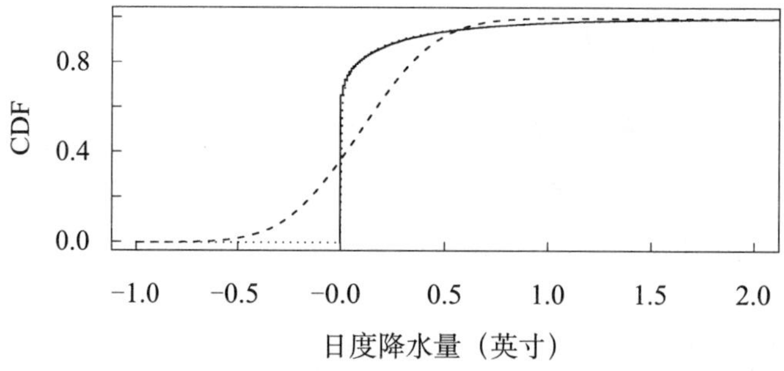

图 13.2　1958—2002 年芝加哥奥黑尔日度降水量经验 CDF 分布。分别叠加正态 CDF(虚线)和伽玛分布(点线),两者有相同的均值和方差

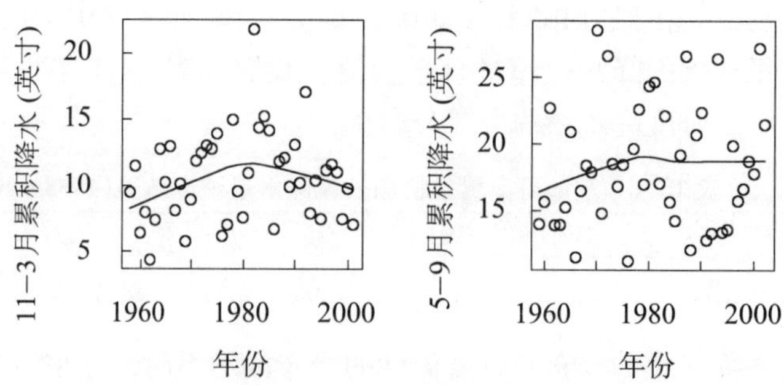

图 13.3　1958—2002 年芝加哥奥黑尔降水,叠加局部加权回归散点平滑趋势

13.1.1　降水指数模型

图 13.3 给出了 11—3 月以及 5—9 月芝加哥奥黑尔叠加了局部加权回归散点平滑趋势后的降水平均指数。11—3 月的最小指数似乎有一个随时间增加的 284
趋势,但是从整个时间段来看,并没有明显的增加或减少的趋势。5—9 月的指数也无明显变化趋势。这与温度数据相反,温度数据在同一时期的所有地区几乎都显示了很强的上升趋势。

我们现在考虑去除局部加权回归散点平滑趋势的指数分布。我们已经知道伽玛分布可以很好地模拟日度降水量,但由于伽玛分布变量的总和(或均值)通常并不符合任何常见的参数分布,这对我们猜测什么因子对季节指数起作用没有帮助。于是,我们可能希望中心极限定理的运用足够使得正态分布成为一个很好的拟合。图 13.4 显示了叠加过正态分布和伽玛分布后的冬季和夏季指数的 CDF。两个分布似乎都能合理地匹配数据,但在这个例子中,伽玛分布的拟合比正态分布稍微好一点。图 13.5 显示的是关于伽玛分布的 QQ 图,它证实了拟合效果很好。如果我们看短期内的平均指数,中心极限定理的效果没有那 285
么好。从图 13.6 可以看出,对于 1 月的合约,正态分布给出的拟合效果明显比伽玛分布差很多。

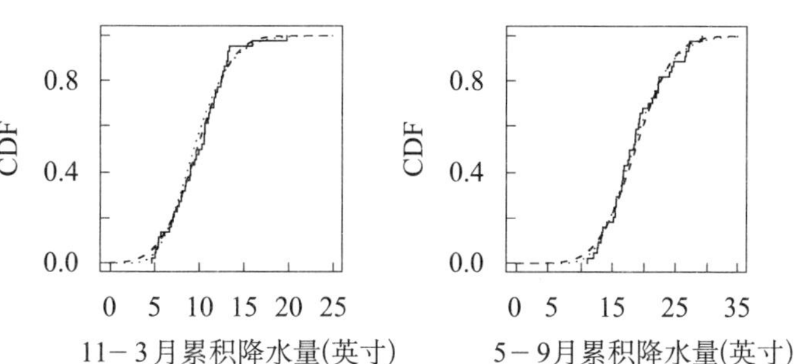

图 13.4　1958—2002 年芝加哥奥黑尔累积降水指数 CDF,已经叠加了具有相同矩的正态分布(虚线)和伽玛(点线)分布

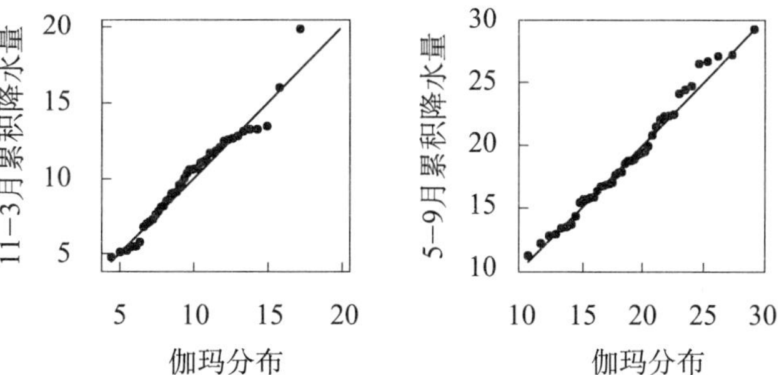

图 13.5　1958—2002 年芝加哥奥黑尔累积降水指数伽玛分布的指数 QQ 图

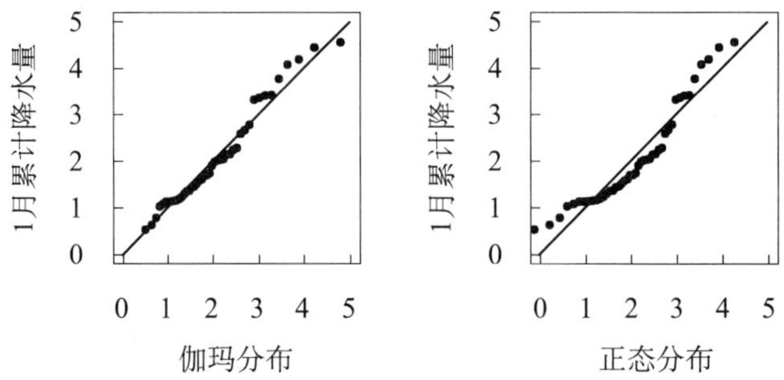

图 13.6　1958—2002 年芝加哥奥黑尔 1 月降水总量伽玛分布(左)和正态分布(右)的指数 QQ 图

13.1.2　日度降水模型

图 13.2 表明日度降水量分布可以用伽玛分布来近似(更多证据见 Wilks and Wilby,1999 等)。但是伽玛分布不能准确模拟极端降水量,因为伽玛分布的尾部太窄(可参考 Coles and Pericchi,2003;Koutsoyiannis,2003;Wilks,1993;Katz,2001 等)。一个例子是 1987 年 8 月 14 日,芝加哥奥黑尔机场降水 6.49 英
286 寸,这在图 13.1 以及图 13.7 关于日降水量的 QQ 图里可明显看出。如果用伽玛分布进行预测,这种极端降水量的重现期超过 100 000 年。因此,我们需要考虑以极端降水量分布而不是伽玛分布来决定的指数。在这种情况下,极端数值模型(Coles,2001;Embrechts et al. ,1997;Leadbetter et al. ,1983)可能是个很好的替代。

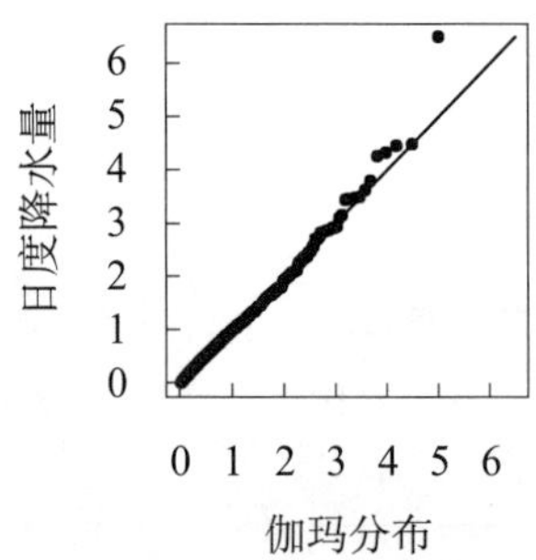

图 13.7　1958—2002 年芝加哥奥黑尔日度降水量的 QQ 图。这一理论分布是一个伽玛分布

传统上,日度降水模型有两种方法可取:单站点模型,这个模型模拟特定地点随时间变化的降水;空间模型,模拟固定时间内的降水足迹。两种方法都可以延伸,使最终的结果相似:空间法可以用于模拟穿越某个区域时雨单体锋面的结果,在这种情况下及时模拟降水的进展成为可能。类似地,单站点模型可以延伸到多个站点,这样得到的结果与空间法的结果类似。我们现在回顾一下

文献中所推荐的这两种方法的模型。 287

时间序列模型

传统时间序列模型通常假定观测变量的分布恰好是正态分布,但我们已经看到对于降水来说情况并不是这样。有几种方式可以对这些模型进行调整以用来解决这个问题。一个可行的方式是将观测到的降水量加以转化,以使其适用于一般时间序列模型(Allcroft and Glasbey,2003)。这样做的缺点是模型拟合不再满足最大似然估计。另一个曾经提出的方式是以马尔科夫过程模拟干湿季的发生,并使用广义线性模型模拟湿季降水强度(Chandler and Wheater,2002)。Moreno(2001a)在天气衍生品情境中介绍了类似的模型。

雨单体模型

降雨云的一个模型是把它们表示为许多小的雨细胞的聚合作用,这些小的雨细胞是天气雷达图像上能看到的最小结构。雨细胞在整个暴雨过程中生成、融合、分离、消失,已经证明了它们能够在一个时空点过程框架中被模拟(LeCam,1961;Rodriguez-Iturbe et al. ,1987;Rodriguez-Iturbe et al. ,1988)。在这些模型中,时空点过程包含了雨细胞的中心,每个细胞都是随机的形状,通过细胞反映了降水的强度。一段时间内暴风雨的分布是这段时间内所有雨细胞强度的总和。

13.2　风

从天气衍生品市场的角度来看,风与温度和降水是不相同的,因为很少关注风的日累积值和日均值,这是因为很少有活动会受到日平均风速的影响。例如,户外建设工作和海上工作会由于阵风峰值很大而停止,而不会受平均风速大小的影响。类似地,风力发电是风衍生品的主要应用,和平均风速的关联也
不是很大,这是因为一天中产生的风力发电大致与风速立方的日平均值成比 288
例。① 因此,经常使用小时风速而不是日风速。因为风有方向并且风比温度、降水都更容易受到周围地形(比如建筑物、树木等)的影响的事实,所以风速模型十分复杂。这导致了风速的分布比其他变量的分布在空间上更加不均匀。接下来我们会给出如何对风速进行建模的案例,但是由于空间非均匀性,仔细验

---

① 质量 m 和速度 v 的移动粒子的动能是 $\frac{1}{2}mv^2$,在时间 t 内通过区域 A 的空气的质量是 $A\rho tv$,其中 ρ 是空气密度。结合这两个事实,我们看到,在时间 t 内通过区域 A 的空气的能量是 $\frac{1}{2}A\rho tv^3$。功率是每单位时间的能量,所以风能功率是 $\frac{1}{2}A\rho v^3$。

证每个地点的假定分布就很重要,“一刀切”的建模方式对风速来说比对温度和降水来说更加不准确。

尽管我们在上文提到在天气衍生品的实际应用中很少使用日平均风速,不过我们会在分析说明时将它们作为起始点。图 13.8 展示了 1961—2003 年费城国际机场的日平均风速。和图 13.1 中的降水数据相比,日平均风速非常有规律是显而易见的,并且极端观测值极少出现。从表 13.2 我们可以发现日平均风速在同一地点的历史分布的统计结果也很类似。我们需要注意极端值的缺
289 乏并不是风的一般特征,比如受热带气旋影响的地点会有很极端的风速。

表 13.2 费城国际机场日平均风速统计结果(1961—2003 年)

均值	标准差	%0	Q50	Q75	Q90	Q95	Q99	最大
9.5	3.4	0	8.9	11.3	14.1	19.8	0.0	30.0

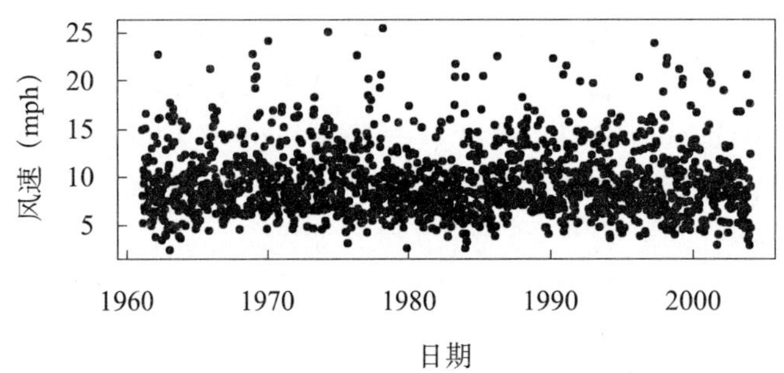

图 13.8 1961—2003 年费城国际机场的日平均风速

13.2.1 风指数模型

我们现在考虑小时风速立方的累积指数,因为它们和潜在风力发电量大致成比例。图 13.9 给出了 1961—2003 年冬季和夏季的费城国际机场的小时风速立方的累积指数。

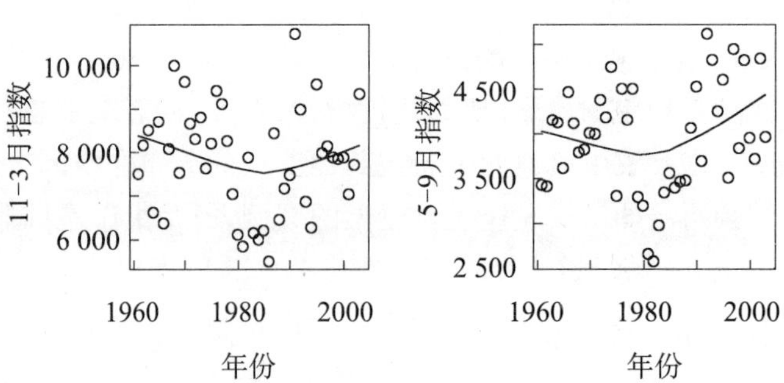

图 13.9 1961—2003 年 11—3 月和 5—9 月的费城国际机场小时风速立方的累积指数,loess 趋势估计已经被考虑

冬季的指数比夏季的指数大 2 倍。奇怪的是,估计的趋势显示,冬季和夏季指数在 20 世纪 80 年代早期都有明显的下降。下降的原因很可能是观测仪器或周围环境的变化。如果某一天气衍生品依据这些指数进行交易,那么观测这些变化就很重要,原则上可以使用与第 2 章中介绍的方法相似的方式。然而,由于风的更不稳定的性质(变化的方向和速度),观测风的此类变化比观测温度的此类变化更困难。

由于指数是许多日度变量的总和,正态分布可能是适合这种数据的分布。然而经过验证,正态分布对于这些地点的数据的分布拟合得并不是很好。另一方面,就像图 13.10 显示的,伽玛分布能够很好地拟合冬季和夏季的指数分布。

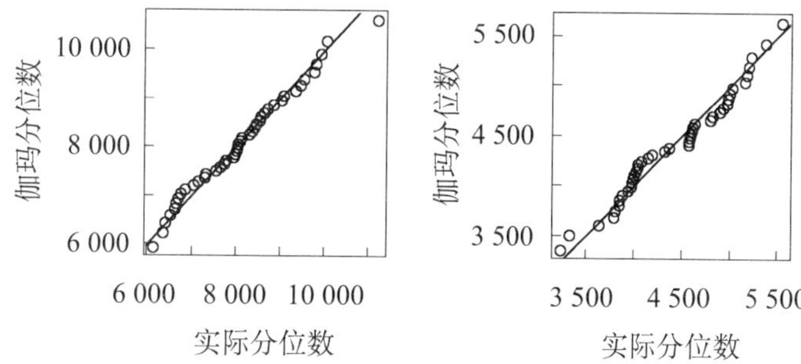

图 13.10　1961—2003 年由费城国际机场小时风速立方的累积得到的日指数的 QQ 图(左图:11—3 月;右图:5—9 月)

13.2.2　高频风模型

我们现在考虑为高频风而不是季节性风建模。我们可以尝试建立关于日平均风速的模型,但是,正如上文提到的那样,在天气衍生品中我们不经常使用日平均风速。相反,我们可以考虑为小时风速或阵风峰值建模。我们也可以使 290
用比小时更高分辨率的数据,但是相应数据的可得性和内存量就变得很棘手。由于小时数据通常是容易获得的最合适的分辨率,因此我们采用小时数据。

图 13.11 给出了费城国际机场 1961 年和 2003 年两年的小时风速数据。图中突出显示了风速数据的一个通病,就是数据经常不连续并且是在一个相当粗糙的范围上。所有变量的所有观测值都是不连续的,因此我们能够获得的精确度有限。不过,风的测量范围粗糙比温度和降水的测量范围粗糙更加普遍。因此,测量风速的最小刻度是每小时 1 英里,而在 0 到 3.4 英里之间通常没有值。

在风速模型的文献中,采用韦伯(Weibull)分布为小时风速建模已经有很长的历史。这样做似乎没有任何理论依据,但是这种分布通常能够给出合适的观 291
测数据的近似值。但是,风速的分布是随着地点的变化及一年中的时间变化而变化的,甚至随着年份的变化而变化。由于这个原因,仔细判定每一个分布的

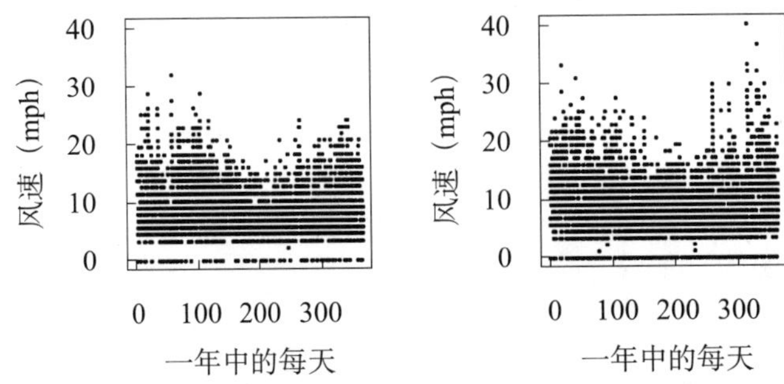

图 13.11　费城国际机场小时风速的两年数据(左图:1961 年;右图:2003 年)

假定是最谨慎的做法。

图 13.12 给出了 1961 年和 2003 年费城国际机场数据的韦伯 QQ 图,韦伯分布与数据在 2003 年拟合得很好,但在 1961 年拟合得不是很好。造成这个结果的因素可能有很多,比如设备的改变、测量高度的改变、站点的其他变化以及长期趋势的存在。

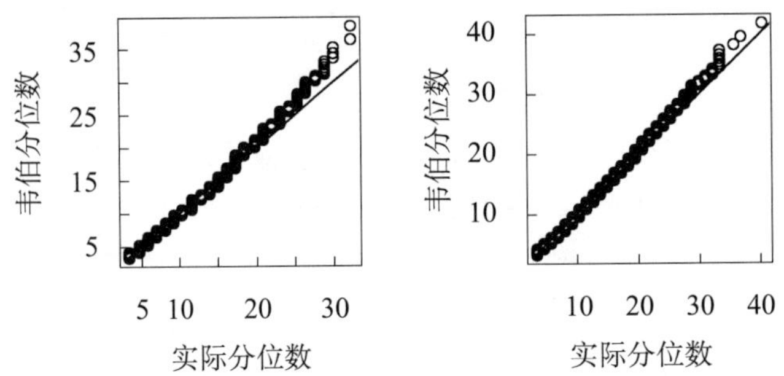

图 13.12　费城国际机场小时风速的两年 QQ 图(左图:1961 年;右图:2003 年)

13.3　延伸阅读

涉及降水对冲的商业方面的内容在 Ruck(2002)中有所讨论,一些农业案例可以参考 Turvey(2001)。

附录 A　趋势模型

A.1　对趋势建模的一般理论及趋势估计的不确定性 292

对于一大类趋势类型（其协变量是线性的，与第 2 章中提到的线性趋势相比这是一种更普遍的类型）而言，存在着一个有用的一般理论，这个理论给出了趋势的参数、估计参数的不确定度及去趋势指数值中的不确定度。第 2.3 节给出的线性理论即为该一般理论的一个特例。

这个理论适用于那些估计趋势线是观测指数的线性函数的所有趋势。因为估计参数（近似地）服从正态分布，所以这适用于第 2 章中所有的参数趋势，并且通过构造它也可用于局部加权回归散点平滑（loess）和滑动平均趋势。

在深入探究这一理论之前，我们首先回顾线性模型的一些统计学结论，可以说明我们的估计参数是服从正态分布的。

我们考虑如下形式的线性模型：

$$X = A\theta + e \tag{A.1}$$

其中 $X = (X_1, \cdots, X_N)^T$ 是一个指数值向量，e 是由期望为 0 、方差为 σ^2 的服从正态分布的随机独立变量组成的向量。已知的 $N \times p$ 矩阵 A（所谓的设计矩阵）和包含 p 个未知参数的向量 θ 给出了观测的均值向量（趋势）。设计矩阵 A 的第 i 行与观测值 X_i 相关，通常被称为 X_i 的协变量。

例如，形如式（A.1）的线性趋势，其 $\theta = (a, b)^T$ 包括截距和斜率，且设计矩 293
阵形式如下：

$$A = \begin{pmatrix} 1 & t_1 \\ 1 & t_2 \\ \vdots & \vdots \\ 1 & t_N \end{pmatrix} \tag{A.2}$$

二次趋势的设计矩阵具有与此相同的形式，不过另有一列 $(t_1^2, \cdots, t_N^2)^T$，如

果我们用 X 的对数代替 X 建模，则可以通过形如式（A. 2）的趋势来估计指数趋势，但之后我们还需用指数函数将估计的趋势还原。

线性模型理论的基本结论之一是 θ 的最小二乘估计量由下式给出（Casella and Berger，2002）：

$$\hat{\theta} = (A^T A)^{-1} A^T X \sim \Phi(\theta, \sigma^2 (A^T A)^{-1}) \tag{A. 3}$$

期望指数是在时刻 T 与协方差向量 $a_T = (a_{T1}, \cdots, a_{Tp})$ 相应的趋势，并可由式（A. 3）估计得到。去趋势期望指数则可由下式得到：

$$\hat{X}_T = a_T \hat{\theta} \sim \Phi(a_T \theta, \sigma^2 \alpha_T^T (A^T A)^{-1} a_T) \tag{A. 4}$$

它是估计参数的线性函数，因此是正态分布的。

对指数趋势而言，式（A. 4）给出了趋势的对数的估计及分布。所谓的“德尔塔定理”给出了指数趋势分布的近似表达式：

$$\hat{\mu}_T = \exp(\hat{X}_t) \approx \Phi(\exp(\alpha_T \theta), \sigma^2 \exp(2\alpha_T \theta) \alpha_T^T (A^T A)^{-1} \alpha_T)$$

局部加权回归散点平滑和滑动平均趋势均是非参数的，因此上述线性模型理论不能完全适用。不过，如果我们假定指数是近似正态分布的，那么估计的期望指数也近似服从正态分布。这是因为这些趋势的估计值是观测值的线性函数。

A. 1. 1 蒙特卡洛法

此外，任一趋势的期望指数的不确定度还可以通过如下模拟方法估计：

294 • 使用 N 年的指数数据拟合趋势；

• 使用拟合趋势和残差的拟合分布进行模拟生成，例如 10 000 条长度为 N 年的人工数据；

• 拟合每一条数据的趋势；

• 这 10 000 个拟合趋势可能在一定范围内略有差异，这一范围表明了原始趋势估计中不确定度的范围，而从去趋势中得到的期望指数值范围则表明了期望指数的去趋势估计中不确定度的范围。

附录 B 参数估计

B.1 统计模型 295

一组观测值 $x = (x_1, \cdots, x_N)$ 的统计模型是对 x 的概率分布的具体化，通常由概率密度 f_θ（它由一组参数 θ 决定）给出。如果假设观测值是相互独立的，那么 f_θ 由每次观测的密度 f_θ^i 给出：$f_\theta(x) = \prod_{i=1}^{N} f_\theta^i(x_i)$。如果假设 f_θ^i 是相同的，那么就说观测值具有相同分布，密度 f_θ 的表达式因而简化为

$$f_\theta(x) = \prod_{i=1}^{N} f_\theta(x_i)$$

非参数模型即不包含未知参数 θ 的模型。接下来，我们将介绍参数模型中估计未知参数的一些方法。这些方法可应用于所有的参数模型，但为了简单起见，我们只关注独立同分布观测模型中参数向量（$\theta \in \mathbb{R}^p$）的估计。

B.2 参数估计

在指定模型后，统计分析的首要目标是估计参数向量 θ。人们提出了许多方法，包括图形方法和数值方法，来达到这一目的。通常，数值方法的基本原则基于两种途径：矩估计法（method of moments, MoM）或最大似然法（maximum likelihood, ML）。

B.2.1 矩估计法 296

矩估计法可能是最简单的参数估计原理。其想法是计算数据的一些矩（如均值和方差）的理论表达式，设它们与对应的经验值相等然后求解方程。例如，我们来看这样一个模型，其所有观测值相互独立并服从伽玛分布。伽玛分布中的参数为形状参数 λ 和尺度参数 β，因此 $\theta = (\lambda, \beta)$。分布

的均值和方差为

$$\mathrm{E}X = \beta\lambda \qquad \mathrm{V}X = \beta^2\lambda$$

矩估计法方程为

$$\hat{\mu} = \beta\lambda \qquad \hat{\sigma}^2 = \beta^2\lambda$$

求解这些方程可以得到

$$\lambda = \frac{\hat{\mu}^2}{\hat{\theta}^2} \qquad \beta = \frac{\hat{\sigma}^2}{\hat{\mu}}$$

矩估计法的主要优点是简单,并且估计分布的矩与观测值的矩(对用来估计参数的矩来说)相等。然而,这一方法只能是特定的,并且估计出来的参数通常从任一实用的角度来说都不是最优的。此外,矩估计法估计的不确定度没有一般的表达式,因此只能具体情况具体分析。在多数情况下,例如我们上面的例子中,这并不是一项简单的任务,因为参数估计是观测值的复杂函数。

B.2.2 最大似然法

目前在统计模型中最常用的参数估计方法是最大似然法。其最主要原因是,对多种模型来说,这种方法所得的估计是渐进

- 无偏的;
- 最优的,就它们给出最小可能方差来说;
- 服从多元正态分布的。

似然函数 L 给定观测值,将观测值的密度(离散分布的概率质量函数)看作参数向量 θ 的函数:

$$L_N(\theta; x_1, \cdots, x_N) = f_\theta(x_1, \cdots, x_N)$$

297 定义最大似然估计为使得似然函数最大时的 θ 值:

$$\hat{\theta} = \mathrm{Arg\ Max}_\theta L_N(\theta; x_1, \cdots, x_N)$$

以这种方式估计参数的最直观的论据是,在 f_θ 的分布函数族中, $\hat{\theta}$ 是使得观测值最有可能出现的参数向量值。然而,除了渐近最优性,最大似然估计(MLE)主要的优点是参数估计的不确定度存在解析表达式。这些表达式仍然基于渐近论据,但是它们也更一般地适用于一个极大范围的模型。

在密度 f_θ 轻微正则的条件下,可以证明随着观测值的增加, $\hat{\theta}$ 的渐进分布近似服从多元正态分布,均值为 θ (即无偏),协方差矩阵为

$$\sum(\theta) = -\mathrm{E}\,\frac{\partial^2 \log LN(\theta)}{\partial\theta^2}$$

量 $I(\theta) = \sum(\theta)^{-1}$,称为信息矩阵,实际中用下式来估计独立同分布的具有似然函数 L 的观测值的信息矩阵:

$$\hat{I}(\theta) = -\frac{1}{N}\frac{\partial^2 \log L(\hat{\theta})}{\partial \theta^2}$$

虽然最大似然估计的概念看起来相当抽象,但最大似然估计通常与矩估计及简单的常识性估计相一致。例如,正态分布、泊松分布和指数分布均值的最大似然估计就是观测值的平均。最大似然估计与标准估计不一致的一个例子是正态分布的方差。最大似然估计是 $\sum_{i=1}^{N}(x_i - \hat{\mu})^2/N$, 但由于它不是无偏的(除了渐进无偏),通常使用标准估计 $\sum_{i=1}^{N}(x_i - \hat{\mu})^2/(N-1)$。

附录 C　拟合优度检验

298 ## C.1　拟合优度检验

除了图形化方法，我们也可以进行拟合优度的数值检验。这种检验的优点在于其客观性（除卡方检验外——见下文）且能给出单个数值，从而使得能够用自动化方法来给大量分布排序。

在下面关于最常用拟合优度检验的讨论中，我们使用了统计学概念——“功效”来描述检验的效率。拟合优度检验评估了观测样本从所研究分布中产生的可能性。检验的功效是正确拒绝检验。如果一个检验的功效较低，则意味着即便拟合很差它也不会拒绝此分布。相反地，功效较高的检验则可以较好地区分出与样本不一致的分布。在实际中，这意味着如果一个分布未能通过功效较低的检验［比如卡方检验或 Kolmogorov - Smirnov（KS）检验］，那么就能很好地说明这个分布是不合适的。

C.1.1　卡方检验

卡方检验作为一种拟合优度检验可以被应用于任何分布，无论是连续的还是离散的分布。不过，如果分布是连续的话，首先必须将样本空间分割成小的区间从而使其离散化并将观察结果放入区间中。对于离散分布而言，小的区间就是样本得出的不同结果。如果我们让 n_i 表示区间 i 的观测值数目，卡方检验统计量就可以这样来计算：

$$X^2 = \sum_{i=1}^{k} \frac{(n_i - e_i)^2}{e_i}$$

299 其中e_i 代表区间 i 中观测值的期望数目。χ^2 的分布近似于自由度为 $k-p$ 的卡方分布，其中 p 是分布中参数的数目。当每个区间中观测值期望数目 e_i 大于 5 时，这一近似一般是好的。当其中一些 e_i 小于 2 时，这一近似一般较差。正因如此,可能需要合并区间以得到更高的期望数目。

卡方检验的主要缺点是不是很有针对性,功效也不是很高。

C.1.2　Kolmogorov-Smirnov 检验

KS 检验比较了理论 CDF 和观测值 CDF 的垂直距离。它只能用于连续分布并用下式计算:

$$D = \max_{x} |F(x) - \hat{F}(x)| = \max_{x_i} |F(x_{(i)}) - i/N|$$

其中 F 表示理论 CDF 而 $x_{(i)}$ 表示第 i 小的观测值。当所有 $x_{(i)}$ 取离散值且这一分布与 CDF 的 F 无关时,D 的分布有确切的渐进表达式。但是,只有当 F 的分布完全确定——即没有参数被估计时,此确切表达式才成立。如果有参数需要估计,则可以使用 Lilliefors 检验。

由于 KS 检验测量了两个 CDF 之间的最大垂直距离,因此最有可能探测到分布中部的差异。在分布的尾部,两个 CDF 被迫分别趋于 0 和 1,所以最大差异不太可能出现在分布尾部。由于这个原因,KS 检验有相对小的功效。

C.1.3　Anderson-Darling 检验 与 Cramér-von Mises 检验

KS 检验的最大问题在于它最适合寻找分布中部的差异。几个作者提出用一些权重函数 w 来对 CDF 理论值和经验值之间的差异进行权重积分以解决这个问题:

$$Q = \int w(x)(F(x) - \hat{F}(x))^2 \mathrm{d}x$$

Cramér-von Mises 检验的两个特例是($\frac{1}{w(x)} = n$)(CM)检验和 Anderson-Darling 300

($\frac{1}{w(x)} = F(x)(1 - F(x))$)(AD)检验。AD 检验和 CM 检验比 KS 检验的功效大,它们能得到两个分布在整个区间上的差异。但这些检验有一个缺点,那就是检验统计量的分布取决于分布 F,因此没有一般表达式。

C.1.4　Shapiro-Wilk 检验

Shapiro-Wilk(SW)检验用于检验正态性。由于它明确针对对正态分布的偏离,所以它比上文提到的拟合优度检验功效更高。SW 检验用下式计算:

$$W = \frac{(\sum_{i=1}^{N} w_i x_{(i)})^2}{\sum_{i=1}^{N} (x_i - \bar{x})^2}$$

w_i 为常数,可查表得到,如(Pearson and Hartley, 1962)中的表。检验统计量的分布也能在标准统计表中找到。

C.1.5 蒙特卡洛检验

上文提到的所有拟合优度检验的共同特征是，检验数据的分布是近似知晓的且有相对较大的样本。克服这一问题的一个方法是使用所谓的蒙特卡洛(MC)检验。进行蒙特卡洛检验首先需要计算所感兴趣的检验统计量(如 X^2、D 或 Q)，然后根据理论分布模拟与观测数量相同的样本。可以用每个模拟样本来计算检验统计量，而整组样本就可用于估计检验的统计量的分布。这种近似分布和上文那些检验的近似分布之间的区别在于，当样本容量较大时上文的近似较好，而当模拟次数较多时蒙特卡洛近似较好。因此在蒙特卡洛检验中，我们可以通过仅增加模拟次数来得到任意精确的近似分布。

在某些特定的应用中，蒙特卡洛检验可以作为一种有用的特定拟合优度检验方法，用于精确检验所感兴趣的分布的特征。例如，对天气看涨期权来说，我
301 们感兴趣的主要是行权价格和限价的 LEV 函数。由此，一个可能的拟合优度为

$$\int_{S}^{S+L} (L(x) - \hat{L}(x))^{a} \mathrm{d}x$$

其中 L 和 $\hat{L}$ 是分别为理论 LEV 函数和经验 LEV 函数，a 是一个常数，可以用来调整大偏差相对于小偏差的重要程度。

附录 D　正态分布指数的期望支付

在本附录中，我们将推导基于正态分布指数的天气衍生品的支付分布的确切表达式和期望支付。这些表达式的一些特定例子是由以下作者给出的，如 McIntyre（1999）、Jewson（2003t）和 Brix et al.（2002）。下面给出的推导来自 Jewson（2003a）。 302

在 D.1 节中，我们定义了第八种合约类型（除了在第 1 章定义的七种合约类型外）。这个新合约类型是线性分段支付函数的一般形式。在 D.2 节中，我们给出了每种合约类型支付分布的用指数分布表示的闭式表达式。在 D.3 节中，我们导出了可以大幅简化后续代数计算的各种关系式。在 D.4 节中，我们导出了八种合约类型的期望支付。最后我们为每个表达式给出了一些数值算例。

D.1　支付的定义

除了在第 1 章中定义的支付函数，我们也将考虑下面给出的一般形式。

D.1.1　一般形式

$$p(x) = \alpha_i + \beta_i x \qquad \alpha_i \leqslant x < \alpha_{i+1} \tag{D.1}$$

其中

$$-\infty = a_1 < a_2 \cdots < a_{n-1} < a_n = \infty \tag{D.2}$$

所有之前的形式都可以认为是这个一般形式的特例。

D.2　支付分布 303

我们用 $F(x)$ 来表示指数的累积分布函数，用 $f(x)$ 来表示概率密度函数，其中

$$F(x) = \int_{-\infty}^{x} f(s)\,\mathrm{d}x \tag{D.3}$$

或

$$f(x) = \left(\frac{\mathrm{d}F}{\mathrm{d}s}\right)_x \tag{D.4}$$

D.2.1 互换

互换合约的支付分布 $G(p)$ 用指数的分布函数表示为

$$G(p) = \begin{cases} 0 & p < -L_\$ \\ F\left(k + \dfrac{p}{D}\right) & -L_\$ \leqslant p < L_\$ \\ 1 & p \geqslant L_\$ \end{cases} \tag{D.5}$$

支付分布的密度函数 $g(p)$ 可以写为指数密度的形式:

$$g(p) = \begin{cases} 0 & p < -L_\$ \\ \delta(p + L_\$)F(L_1) & p = -L_\$ \\ \dfrac{1}{D}f\left(K + \dfrac{p}{D}\right) & -L_\$ < p < L_\$ \\ \delta(p - L_\$)[1 - F(L_2)] & p = L_\$ \\ 0 & p > L_\$ \end{cases} \tag{D.6}$$

其中 $\delta(p)$ 是数学物理中的 delta 函数,它在 p 处为无穷大,其余处为 0,整个定义域上积分为 1。

D.2.2 看涨期权

看涨期权支付的 CDF 由下式给出:

$$G(p) = \begin{cases} 0 & p < 0 \\ F\left(K + \dfrac{p}{D}\right) & 0 \leqslant p < L_\$ \\ 1 & p \geqslant L_\$ \end{cases} \tag{D.7}$$

304 而密度为

$$g(p) = \begin{cases} 0 & p < 0 \\ \delta(p)F(K) & p = 0 \\ \dfrac{1}{D}f\left(K + \dfrac{p}{D}\right) & 0 < p < L_\$ \\ \delta(p - L_\$)[1 - F(L)] & 0 < p < L_\$ \\ 0 & p > L_\$ \end{cases} \tag{D.8}$$

D.2.3　看跌期权

看跌期权支付的 CDF 由下式给出：

$$G(p)=\begin{cases}0 & p<0\\ F\left(K-\dfrac{p}{D}\right) & 0\leqslant p<L_\$\\ 1 & p\geqslant L_\$\end{cases} \tag{D.9}$$

而密度为

$$g(p)=\begin{cases}0 & p<0\\ \delta(p)[1-F(K)] & p=0\\ \dfrac{1}{D}f\left(K-\dfrac{p}{D}\right) & 0<p<L_\$\\ \delta(p-L_\$)F(L) & p=L_\$\\ 0 & p>L_\$\end{cases} \tag{D.10}$$

D.2.4　双限期权

双限期权支付的 CDF 由下式给出：

$$G(p)=\begin{cases}0 & p<L_\$\\ F\left(K_1+\dfrac{p}{D}\right) & -L_\$\leqslant p<0\\ F\left(K_2+\dfrac{p}{D}\right) & -0\leqslant p<L_\$\\ 1 & p\geqslant L_\$\end{cases} \tag{D.11}$$

而密度为

$$g(p)=\begin{cases}0 & p<-L_\$\\ \delta(p+L_\$)F(L_1) & p=-L_\$\\ \dfrac{1}{D}f\left(K_1+\dfrac{p}{D}\right) & -L_\$<p<0\\ \delta(p)[F(K_2)-F(K_1)] & p=0\\ \dfrac{1}{D}f\left(K_2+\dfrac{p}{D}\right) & 0<p<L_\$\\ \delta(p-L_\$)[1-F(L_2)] & p=L_\$\\ 0 & p>L_\$\end{cases} \tag{D.12}$$

D.2.5　鞍式期权

305

鞍式期权支付的 CDF 由下式给出：

$$G(p)=\begin{cases}0 & p<0\\ F\left(K+\frac{p}{D}\right)+F\left(K-\frac{p}{D}\right) & 0\leqslant p<L_{\$}\\ 1 & p\geqslant L_{\$}\end{cases}\qquad (D.13)$$

而密度为

$$g(p)=\begin{cases}0 & p\leqslant 0\\ \frac{1}{D}\left[f\left(K+\frac{p}{D}\right)+f\left(K-\frac{p}{D}\right)\right] & 0<p<L_{\$}\\ \delta(p-L_{\$})[F(-L_1)+1-F(L_2)] & p=L_{\$}\\ 0 & p>L_{\$}\end{cases}\qquad (D.14)$$

D.2.6 勒式期权

勒式期权支付的 CDF 由下式给出:

$$G(p)=\begin{cases}0 & p<0\\ F\left(K_2+\frac{p}{D}\right)+F\left(K_1-\frac{p}{D}\right) & 0\leqslant p<L_{\$}\\ 1 & p\geqslant L_{\$}\end{cases}\qquad (D.15)$$

而密度为

$$g(p)=\begin{cases}0 & p<0\\ \delta(p)[F(K_2)-F(K_1)] & p=0\\ \frac{1}{D}\left[f\left(K_2+\frac{p}{D}\right)+f\left(K_1-\frac{p}{D}\right)\right] & 0<p<L_{\$}\\ \delta(p-L_{\$})[F(-L_1)+1-F(L_2)] & p=L_{\$}\\ 0 & p>L_{\$}\end{cases}\qquad (D.16)$$

306
D.2.7 两值期权

两值期权支付的 CDF 由下式给出:

$$G(p)=\begin{cases}0 & p<0\\ F(S) & 0\leqslant p<L_{\$}\\ 1 & p\geqslant L_{\$}\end{cases}\qquad (D.17)$$

而密度为

$$g(p)=\begin{cases}0 & p<0\\ \delta(p)F(K) & p=0\\ 0 & 0<p<L_{\$}\\ \delta(p-L_{\$})[1-F(K)] & p=L_{\$}\\ 0 & p>L_{\$}\end{cases}\qquad (D.18)$$

D.3　推导期望支付表达式的有用关系式

为了推导正态分布的期望支付的闭式解,我们从注意正态密度和分布函数的一些性质入手。这些工作会使后面的推导更加直截了当。

一个期望为 0 且方差为 1 的正态分布的密度 $\phi(x)$ 为

$$\phi(x) = \phi_x = \frac{1}{\sqrt{2\pi}}\mathrm{e}^{-\frac{x^2}{2}} \tag{D.19}$$

由此易得

$$\frac{\mathrm{d}}{\mathrm{d}x}\phi_x = -x\phi_x \tag{D.20}$$

从 a 到 b 积分上式,得

$$\int_a^b x\phi_x \mathrm{d}x = \phi_a - \phi_b \tag{D.21}$$

后面会看到,在评估含有与等式左边相同形式的表达式时,这一公式是有用的。

我们现在定义

$$\Phi(x) = \Phi_x = \int_{-\infty}^{x} \phi_y \mathrm{d}y \tag{D.22}$$

这是一个期望为 0 且方差为 1 的正态分布的 CDF。

期望为 μ 且标准差为 σ_x 的正态分布概率密度为

$$\frac{1}{\sigma_x} n\left(\frac{x-\mu}{\sigma_x}\right) = \frac{\phi_{x'}}{\sigma_x} \tag{D.23}$$

其中 $x' = \dfrac{x-\mu}{\sigma_x}$。

积分上式得累积密度函数 307

$$\begin{aligned}\frac{1}{\sigma_x}\int_{-\infty}^{x} n\left(\frac{y-\mu}{\sigma_x}\right)\mathrm{d}y &= \int_{-\infty}^{x'} \phi(s)\,\mathrm{d}s \\ &= \Phi(x') \\ &= \Phi_{x'}\end{aligned} \tag{D.24}$$

如果从 a 到 b 积分 $\phi_{x'}$ 我们可以看到

$$\begin{aligned}\int_a^b \phi_{x'}\mathrm{d}x &= \int_{-\infty}^{b} \phi_{x'}\mathrm{d}x - \int_{-\infty}^{b} \phi_{x'}\mathrm{d}x \\ &= \sigma_x(\Phi_{b'} - \Phi_{a'})\end{aligned} \tag{D.25}$$

这之后也会被证明是非常有用的。

通过建立替代等式 $x = \sigma_x s + \mu$, 我们发现

$$\int_a^b x\phi_{x'}\mathrm{d}x = \sigma_x \int_{a'}^{b'} (\sigma_x s + \mu)\phi(s)\,\mathrm{d}s \tag{D.26}$$

$$
\begin{aligned}
&= \sigma_x^2 \int_{a'}^{b'} s\phi_s \mathrm{d}s + \sigma_x\mu \int_{a'}^{b'} \phi_s \mathrm{d}s \\
&= \sigma_x^2(\phi_{a'} - \phi_{b'}) + \sigma_x\mu(\Phi_{b'} - \Phi_{a'})
\end{aligned}
$$

其中最后一步我们使用了式(D.21)。

最后我们注意到

$$
\begin{aligned}
\int_a^b (x - c)\phi_{x'} \mathrm{d}x &= \int_a^b x\phi_{x'} \mathrm{d}x - c\int_a^b \phi_{x'} \mathrm{d}x \\
&= \sigma_x^2(\phi_{a'} - \phi_{b'}) + \sigma_x\mu(\Phi_{b'} - \Phi_{a'}) - c\sigma_x(\Phi_{b'} - \Phi_{a'}) \\
&= \sigma_x^2(\phi_{a'} - \phi_{b'}) + \sigma_x(\mu - c)(\Phi_{b'} - \Phi_{a'}) \qquad (\text{D.27})
\end{aligned}
$$

得出上述各种表达式后,我们现在可以轻松地以 $\Phi(x)$ 和 $\phi(x)$ 写出所有标准合约类型的期望支付。可以用大多数计算机语言或电子制表软件中都有的标准函数来计算 $\Phi(x)$ 和 $\phi(x)$。

D.4 期望支付的闭式表达式

我们现在来推导 7 种合约类型的期望支付表达式。期望支付是有用的是因为:

- 它是精算公平价格的通常定义;
- 它为长期平均支付;
- 在某些假设下它是无套利价格(详见第 11 章)。

308

D.4.1 互换

互换的期望支付为

$$
\mu_p = \frac{1}{\sigma_x}\int_{-\infty}^{\infty} p(x)\phi_{x'} \mathrm{d}x \qquad (\text{D.28})
$$

将式(1.11)中的支付函数 $p(x)$ 代入上式,得到

$$
\mu_p = \frac{1}{\sigma_x}\int_{-\infty}^{L1} - L_\$ \phi_{x'} \mathrm{d}x + \frac{1}{\sigma_x}\int_{L1}^{L2} D(x - K)\phi_{x'} \mathrm{d}x + \frac{1}{\sigma_x}\int_{L2}^{\infty} L_\$ \phi_{x'} \mathrm{d}x \quad (\text{D.29})
$$

应用上面推导出的不同关系式我们可以得到

$$
\begin{aligned}
\mu_p = &-\frac{L_\$}{\sigma_x}[\sigma_x \Phi_{L1'}] \\
&+ \frac{D}{\sigma_x}[\sigma_x^2(\phi_{L1'} - \phi_{L2'}) + \sigma_x(\mu - K)(\Phi_{L2'} - \Phi_{L1'})] \\
&+ \frac{L_\$}{\sigma_x}[\sigma_x(1 - \Phi_{L2'})] \qquad (\text{D.30})
\end{aligned}
$$

最后,合并整理得到

$$
\mu_p = D\sigma_x(\phi_{L1'} - \phi_{L2'}) + D\Phi_{L1'}(L_1 - \mu) + D\Phi_{L2'}(\mu - L_2) + L_\$ \quad (\text{D.31})
$$

对无上限互换应用同样的推导方法可得

$$\begin{aligned}\mu_p &= \frac{1}{\sigma_x}\int_{-\infty}^{\infty} p(x)\phi_{x'}\mathrm{d}x \\ &= \frac{1}{\sigma_x}\int_{-\infty}^{\infty} D(x-K)\varphi_{x'}\mathrm{d}x \\ &= \frac{D}{\sigma_x}[\sigma_x(\mu-K)] \\ &= D(\mu-K) \qquad \text{(D.32)}\end{aligned}$$

D.4.2　看涨期权

看涨期权的期望支付为

$$\begin{aligned}\mu_p &= \frac{1}{\sigma_x}\int_{-\infty}^{\infty} p(x)\phi_{x'}\mathrm{d}x \\ &= \frac{1}{\sigma_x}\int_{K}^{L} D(x-K)\phi_{x'}\mathrm{d}x + \frac{1}{\sigma_x}\int_{L}^{\infty} L_{\$}\phi_{x'}\mathrm{d}x \\ &= \frac{D}{\sigma_x}[\sigma_x^2(\phi_{K'}-\phi_{L'}) + \sigma_x(\mu-K)(\Phi_{L'}-\Phi_{K'})] \\ &\quad + \frac{L_{\$}}{\sigma_x}[\sigma_x(1-\Phi_{L'})] \\ &= D\sigma_x(\phi_{K'}-\phi_{L'}) + D\Phi_{L'}(\mu-L) + D\Phi_{K'}(K-\mu) + L_{\$} \qquad \text{(D.33)}\end{aligned}$$

在无上限情况下为

$$\begin{aligned}\mu_p &= \frac{1}{\sigma_x}\int_{-\infty}^{\infty} p(x)\phi_x\mathrm{d}x \\ &= \frac{1}{\sigma_x}\int_{K}^{\infty} D(x-K)\phi_x\mathrm{d}x \\ &= \frac{D}{\sigma_x}[\sigma_x^2\phi_{K'} + \sigma_x(\mu-K)(1-\Phi_{K'})] \\ &= D\sigma_x\phi_{K'} + D(\mu-K)(1-\Phi_{K'}) \qquad \text{(D.34)}\end{aligned}$$

309

D.4.3　看跌期权

看跌期权的期望支付为

$$\begin{aligned}\mu_p &= \frac{1}{\sigma_x}\int_{-\infty}^{\infty} p(x)\phi_{x'}\mathrm{d}x \\ &= \frac{1}{\sigma_x}\int_{-\infty}^{L} L_{\$}\phi_{x'}\mathrm{d}x + \frac{1}{\sigma_x}\int_{L}^{K} D(K-x)\phi_{x'}\mathrm{d}x \\ &= \frac{L_{\$}}{\sigma_x}[\sigma_x\Phi_{L'}] \\ &\quad - \frac{D}{\sigma_x}[\sigma_x^2(\phi_{L'}-\phi_{K'}) + \sigma_x(\mu-K)(\Phi_{K'}-\Phi_{L'})]\end{aligned}$$

$$= D\sigma_x(\phi_{K'} - \phi_{L'}) + D\Phi_{L'}(\mu - L) + D\Phi_{K'}(K - \mu) \tag{D.35}$$

在无上限情况下为

$$\begin{aligned}\mu_p &= \frac{1}{\sigma_x}\int_{-\infty}^{\infty} p(x)\phi_x \mathrm{d}x \\ &= \frac{1}{\sigma_x}\int_{-\infty}^{K} D(K - x)\phi_{x'}\mathrm{d}x \\ &= -\frac{D}{\sigma_x}[\sigma_x^2(-\phi_{K'}) + \sigma_x(\mu - K)\Phi_{K'}] \\ &= D\sigma_x\phi_{K'} + D\Phi_{K'}(K - \mu)\end{aligned} \tag{D.36}$$

310

D.4.4 两限期权

两限期权的期望支付为

$$\begin{aligned}\mu_p &= \frac{1}{\sigma_x}\int_{-\infty}^{\infty} p(x)\phi_{x'}\mathrm{d}x \\ &= \frac{1}{\sigma_x}\int_{-\infty}^{L1} -L_{\$}\phi_{x'}\mathrm{d}x + \frac{1}{\sigma_x}\int_{L1}^{K1} D(x - K_1)\phi_{x'}\mathrm{d}x \\ &\quad + \frac{1}{\sigma_x}\int_{K2}^{L2} D(x - K_2)\phi_{x'}\mathrm{d}x + \frac{1}{\sigma_x}\int_{L2}^{\infty} L_{\$}\phi_{x'}\mathrm{d}x \\ &= D\sigma_x(\phi_{L1'} - \phi_{K1'} + \phi_{L1'} - \phi_{K2'}) - \frac{L_{\$}}{\sigma_x}[\sigma_x\Phi_{L'}] \\ &\quad + \frac{D}{\sigma_x}[\sigma_x^2(\phi_{L1'} - \phi_{K1'}) + \sigma_x(\mu - K_1)(\Phi_{K1'} - \Phi_{L1'})] \\ &\quad + \frac{D}{\sigma_x}[\sigma_x^2(\phi_{K2'} - \phi_{L2'}) + \sigma_x(\mu - K_2)(\Phi_{L2'} - \Phi_{K2'})] \\ &\quad + \frac{L_{\$}}{\sigma_x}[\sigma_x(1 - \Phi_{L2'})] \\ &= D\sigma_x(\phi_{L1'} + \phi_{K2'} - \phi_{K1'} - \phi_{L2'}) \\ &\quad + \Phi_{L1'}(L_1 - \mu) + \Phi_{L2'}(\mu - L_2) + \Phi_{K1'}(\mu - K_1) + \Phi_{K2'}(K_2 - \mu) + L_{\$}\end{aligned} \tag{D.37}$$

在无上限情况下为

$$\begin{aligned}\mu_p &= \frac{1}{\sigma_x}\int_{-\infty}^{\infty} p(x)\phi_{x'}\mathrm{d}x \\ &= \frac{1}{\sigma_x}\int_{-\infty}^{K1} D(x - K_1)\phi_{x'}\mathrm{d}x + \frac{1}{\sigma_x}\int_{K2}^{\infty} D(x - K_2)\phi_{x'}\mathrm{d}x \\ &= \frac{D}{\sigma_x}[\sigma_x^2(-\phi_{K1'}) + \sigma_x(\mu - K_1)\Phi_{K1'}] \\ &\quad + \frac{D}{\sigma_x}[\sigma_x^2\phi_{K2'} + \sigma_x(\mu - K_2)(1 - \Phi_{K2'})] \\ &= D\sigma_x(\phi_{K2'} - \phi_{K1'}) + D\Phi_{K1'}(\mu - K_1) + D(1 - \Phi_{K2'})(\mu - K_2)\end{aligned} \tag{D.38}$$

D. 4. 5　鞍式期权

鞍式期权的期望支付为

$$\mu_p = \frac{1}{\sigma_x}\int_{-\infty}^{\infty} p(x)\phi_{x'}\mathrm{d}x$$

$$= \frac{1}{\sigma_x}\int_{-\infty}^{L1} L_\$ \phi_{x'}\mathrm{d}x + \frac{1}{\sigma_x}\int_{L1}^{K} D(K-x)\phi_{x'}\mathrm{d}x + \frac{1}{\sigma_x}\int_{K}^{L2} D(x-K)\phi_{x'}\mathrm{d}x$$ 311

$$+ \frac{1}{\sigma_x}\int_{L2}^{\infty} L_\$ \phi_{x'}\mathrm{d}x$$

$$= \frac{L_\$}{\sigma_x}\Phi_{L1'} - \frac{D}{\sigma_x}[\sigma_x^2(\phi_{L1'} - \phi_{K'}) + \sigma_x(\mu - K)(\Phi_{K'} - \Phi_{L1'})]$$

$$+ \frac{D}{\sigma_x}[\sigma_x^2(\phi_{K'} - \phi_{L2'}) + \sigma_x(\mu - K)(\Phi_{L2'} - \Phi_{K'})] + \frac{L_\$}{\sigma_x}[\sigma_x(1 - \Phi_{L2})]$$

$$= D\sigma_x(2\phi_{K'} - \phi_{L1'} - \phi_{L2'}) + D\Phi_{L1'}(\mu - L_1) + 2D\Phi_{K'}(K - \mu) + D\Phi_{L2'}(\mu - L_2) + L_\$ \tag{D. 39}$$

在无上限情况下为

$$\mu_p = \frac{1}{\sigma_x}\int_{-\infty}^{\infty} p(x)\phi_{x'}\mathrm{d}x$$

$$= \frac{1}{\sigma_x}\int_{-\infty}^{K} D(K-x)\phi_{x'}\mathrm{d}x + \frac{1}{\sigma_x}\int_{K}^{\infty} D(x-K)\phi_{x'}\mathrm{d}x$$

$$= -\frac{D}{\sigma_x}[\sigma_x^2(-\phi_{K'}) + \sigma_x(\mu - K)\Phi_{K'}] + \frac{D}{\sigma_x}[\sigma_x^2\phi_{K'} + \phi_x(\mu - K)(1 - \Phi_{K'})]$$

$$= 2D\sigma_x\phi_{K'} + 2D\Phi_{K'}(K - \mu) + D(\mu - K) \tag{D. 40}$$

D. 4. 6　勒式期权

勒式期权的期望支付为

$$\mu_p = \frac{1}{\sigma_x}\int_{-\infty}^{\infty} p(x)\phi_{x'}\mathrm{d}x$$

$$= \frac{1}{\sigma_x}\int_{-\infty}^{L1} L_\$ \phi_{x'}\mathrm{d}x + \frac{1}{\sigma_x}\int_{L1}^{K1} D(K-x)\phi_{x'}\mathrm{d}x + \frac{1}{\sigma_x}\int_{K2}^{L2} D(x-K)\phi_{x'}\mathrm{d}x$$

$$+ \frac{1}{\sigma_x}\int_{L2}^{\infty} L_\$ \phi_{x'}\mathrm{d}x$$

$$= \frac{L_\$}{\sigma_x}[\sigma_x\Phi_{L1'}] - \frac{D}{\sigma_x}[\sigma_x^2(\phi_{L1'} - \phi_{K1'}) + \sigma_x(\mu - K_1)(\Phi_{K1'} - \Phi_{L1'})]$$ 312

$$+ \frac{D}{\sigma_x}[\sigma_x^2(\phi_{L1'} - \phi_{K1'}) + \sigma_x(\mu - K_1)(\Phi_{K1'} - \Phi_{L1'})] + \frac{L_\$}{\sigma_x}[\sigma_x(1 - \Phi_{L2'})]$$

$$= D\sigma_x(\phi_{K1'} + \phi_{K2'} - \phi_{L1'} - \phi_{L2'}) + D\Phi_{L1'}(\mu - L_1) + D\Phi_{K1'}(K_1 - \mu) + D\Phi_{K2'}(K_2 - \mu) + D\Phi_{L2'}(\mu - L_2) + L_\$ \tag{D. 41}$$

在无上限情况下为

$$
\begin{aligned}
\mu_p &= \frac{1}{\sigma_x}\int_{-\infty}^{\infty} p(x)\phi_{x'}\mathrm{d}x \\
&= \frac{1}{\sigma_x}\int_{-\infty}^{K1} D(K-x)\phi_{x'}\mathrm{d}x + \frac{1}{\sigma_x}\int_{K2}^{\infty} D(x-K)\phi_{x'}\mathrm{d}x \\
&= \frac{D}{\sigma_x}[\sigma_x^2(-\phi_{K1'}) + \sigma_x(\mu - K)\Phi_{K1'}] \\
&\quad + \frac{D}{\sigma_x}[\sigma_x^2\phi_{K2'} + \sigma_x(\mu - K)(1 - \Phi_{K2'})] \\
&= D\sigma_x(\phi_{K1'} + \phi_{K2'}) + D\Phi_{K1'}(K_1 - \mu) + D(\mu - K_2)(1 - \Phi_{K2'})
\end{aligned} \tag{D.42}
$$

D.4.7 两值期权

两值期权的期望支付为

$$
\begin{aligned}
\mu_p &= \frac{1}{\sigma_x}\int_{-\infty}^{\infty} p(x)\phi_{x'}\mathrm{d}x \\
&= \frac{1}{\sigma_x}\int_{K}^{\infty} L_{\$}\phi_{x'}\mathrm{d}x \\
&= L_{\$}(1 - \Phi_{K'})
\end{aligned} \tag{D.43}
$$

D.4.8 一般形式

期望支付的一般形式为

$$
\begin{aligned}
\mu_p &= \frac{1}{\sigma_x}\int_{-\infty}^{\infty} p(x)\phi_{x'}\mathrm{d}x \\
&= \frac{1}{\sigma_x}\sum_{i=1}^{n}\int_{\alpha_i}^{\alpha_{i+1}} p(x)\phi_{x'}\mathrm{d}x
\end{aligned}
$$

313

$$
\begin{aligned}
&= \frac{1}{\sigma_x}\sum_{i=1}^{n}\int_{\alpha_i}^{\alpha_{i+1}} (\alpha_i + \beta_i x)\phi_{x'}\mathrm{d}x \\
&\quad + \frac{1}{\sigma_x}\sum_{i=1}^{n}[\alpha_i\int_{\alpha_i}^{\alpha_{i+1}}\phi_{x'}\mathrm{d}x + \beta_i\int_{\alpha_i}^{\alpha_{i+1}} x\phi_{x'}\mathrm{d}x] \\
&= \frac{1}{\sigma_x}\sum_{i=1}^{n}[\alpha_i\sigma_x(\Phi_{\alpha(i+1)'} - \Phi_{\alpha i'}) + \beta_i\sigma_x^2(\phi_{\alpha i'} - \phi_{\alpha(i+1)'}) \\
&\quad + \beta_i\sigma_x\mu(\Phi_{\alpha(i+1)'} - \Phi_{\alpha i'})]
\end{aligned} \tag{D.44}
$$

D.5 算例

为了在使用以上表达式时更顺畅地调试计算机代码,我们可以给出一些算例。在所有例子中我们假设 $\mu = 1670$ 且 $\sigma_x = 120$。

互换

行权价格	1680	期望支付(有上限)	-45 201.8
最小变动价位	5000	期望支付(无上限)	-50 000.0
限价	1 000 000		

看涨期权

行权价格	1680	期望支付(有上限)	205 491.7
最小变动价位	5000	期望支付(无上限)	215 196.0
限价	1 000 000		

看跌期权

行权价格	1650	期望支付(有上限)	184 809.7
最小变动价位	5000	期望支付(无上限)	192 682.2
限价	1 000 000		

双限期权

行权价格 1	1650	期望支付(有上限)	-19 353.7
行权价格 2	1700	期望支付(无上限)	-20 875.4
最小变动价位	5000		
限价	1 000 000		

鞍式期权

行权价格	1660	期望支付(有上限)	456 185.3
最小变动价位	5000	期望支付(无上限)	480 392.0
限价	1 000 000		

勒式期权 314

行权价格 1	1660	期望支付(有上限)	421 813.1
行权价格 2	1675	期望支付(无上限)	442 269.2
最小变动价位	5000		
限价	1 000 000		

两值期权

行权价格	1680	期望支付(有上限)	466 793.3
限价	1 000 000		

附录 E　正态分布指数的支付方差

315 我们现在给出基于正态分布指数的天气衍生品支付方差的准确表达式，摘自 Jewson(2003c)。无上限看涨期权支付方差的表达式之前已由 Henderson(2002)给出。

在 E.1 节，我们推导各种有用的表达式，它们将会帮助我们后续的推导。在 E.2 节，我们导出方差的闭式表达式。在 E.3 节中我们给出一些算例。

E.1　推导支付方差表达式的有用关系式

E.1.1　推导策略

首先，我们解释推导天气合约支付方差表达式所用的策略与公式。

支付函数 $p(x)$ 的方差由下式给出：

$$\sigma^2 p = \int_{-\infty}^{\infty} (p(x) - \mu_p)^2 f(x)\,\mathrm{d}x \tag{E.1}$$

其中 $f(x)$ 是结算指数 x 的概率密度，μ_p 是期望支付。

这个公式可以重排为

$$\begin{aligned}\sigma^2 p &= \int_{-\infty}^{\infty} p(x)^2 f(x)\,\mathrm{d}x - \mu_p^2 \\ &= m_2 - m_1^2\end{aligned} \tag{E.2}$$

我们的策略是评估右边第一项 m_2。m_1 的闭式表达式在附录 D 中给出。

316 ### E.1.2　有用的表达式

首先有

$$\begin{aligned}\int_a^b x^2 \phi_x \mathrm{d}x &= \int_a^b x(x\phi_x)\,\mathrm{d}x \\ &= [-x\phi_x]_a^b - \int_a^b -\phi_x \mathrm{d}x\end{aligned}$$

$$= [x\phi_x]_b^a + \Phi_b - \Phi_a$$
$$= a\phi_a - b\phi_b + \Phi_b - \Phi_a \quad (E.3)$$

其次有

$$\begin{aligned}\int_a^b (x-c)^2\phi_x \mathrm{d}x &= \sigma_x \int_{a'}^{b'} (\mu + \sigma_x s - c)^2 \phi_s \mathrm{d}s \\ &= \sigma_x \int_{a'}^{b'} (\nu + \sigma_x s)^2 \phi_s \mathrm{d}s \\ &= \sigma_x \int_{a'}^{b'} (\nu^2 + 2\nu\sigma_x s + \sigma_x^2 s^2)\phi_s \mathrm{d}s \\ &= \sigma_x \nu^2 \int_{a'}^{b'} \sigma_s \mathrm{d}s + 2\sigma_x^2 \nu \int_{a'}^{b'} s\phi_s \mathrm{d}s + \sigma_x^3 \int_{a'}^{b'} s^2 \phi_s \mathrm{d}s \\ &= \sigma_x \nu^2 [\Phi_{b'} - \Phi_{a'}] + 2\sigma_x^2 \nu [\phi_{a'} - \phi_{b'}] \\ &\quad + \sigma_x^3 [a'\phi_{a'} - b'\phi_{b'} + \Phi_{b'} - \Phi_{a'}] \end{aligned} \quad (E.4)$$

其中我们已经定义 ν（“nu”）为 $\nu = \mu - c$。

得出上述各种表达式后，我们现在可以轻松地以 $\Phi(x)$ 和 $\phi(x)$ 写出所有标准合约类型的支付方差。可以用大多数计算机语言或电子制表软件中有的标准函数来计算 $\Phi(x)$ 和 $\phi(x)$。

E.2　支付方差的闭式表达式

E.2.1　互换

对于有上限互换，m_2 是

$$m_2 = \frac{1}{\sigma_x}\int_{-\infty}^{\infty} p(x)^2 \phi_{x'} \mathrm{d}x \quad (E.5)$$

运用第 1 章给出的有上限互换合约支付的定义，得到

$$m_2 = \frac{1}{\sigma_x}\int_{-\infty}^{L1} L_\$^2 \phi_{x'} \mathrm{d}x + \frac{1}{\sigma_x}\int_{L1}^{L2} D^2 (x-K)^2 \phi_{x'} \mathrm{d}x + \frac{1}{\sigma_x}\int_{L2}^{\infty} L_\$^2 \phi_x \mathrm{d}x \quad (E.6)$$

计算这些积分可得 317

$$\begin{aligned} m_2 &= L_\$^2 \Phi_{L1'} \\ &\quad + \frac{D^2}{\sigma_x}\{\sigma_x \nu^2 [\Phi_{L2'} - \Phi_{L1'}] + 2\nu\sigma_x^2 [\phi_{L1'} - \phi_{L2'}] \\ &\quad + \sigma_x^3 [L'_1 \phi_{L1'} - L'_2 \phi_{L2'} + \Phi_{L2'} - \Phi_{L1'}]\} \\ &\quad + L_\$^2 [1 - \Phi_{L2'}] \end{aligned} \quad (E.7)$$

最后，合并整理得到

$$\begin{aligned} m_2 &= \phi_{L1'} [D^2 (2\sigma_x \nu + \sigma_x^2 L'_1)] - \phi_{L2'} [D^2 (2\sigma_x \nu + \sigma_x^2 L'_2)] \\ &\quad + \Phi_{L1'} [L_\$^2 - D^2 (\nu^2 + \sigma_x^2)] + \Phi_{L2'} [D^2 (\nu^2 + \sigma_x^2) - L_\$^2] \end{aligned}$$

$$+ L_\$^2 \tag{E.8}$$

对于无上限互换则为

$$\begin{aligned} m_2 &= \frac{1}{\sigma_x}\int_{-\infty}^{\infty} p(x)^2 \phi_{x'} \mathrm{d}x \\ &= \frac{1}{\sigma_x}\int_{-\infty}^{\infty} D^2 (x-K)^2 \phi_{x'} \mathrm{d}x \\ &= \frac{D^2}{\sigma_x}\{\sigma_x \nu^2 + \sigma_x^3\} \\ &= D^2[\nu^2 + \sigma_x^2] \end{aligned} \tag{E.9}$$

E.2.2 看涨期权

对于有上限看涨期权，m_2 是

$$\begin{aligned} m_2 &= \frac{1}{\sigma_x}\int_{-\infty}^{\infty} p(x)^2 \phi_{x'} \mathrm{d}x \\ &= \frac{1}{\sigma_x}\int_K^L D^2 (x-K)^2 \phi_{x'} \mathrm{d}x + \frac{1}{\sigma_x}\int_L^{\infty} L_\$^2 \phi_{x'} \mathrm{d}x \\ &= \frac{D^2}{\sigma_x}\int_K^L (x-K)^2 \phi_{x'} \mathrm{d}x + \frac{L_\$^2}{\sigma_x}\int_L^{\infty} \phi_{x'} \mathrm{d}x \\ &= \frac{D^2}{\sigma_x}\{\phi_x \nu^2[\Phi_{L'} - \Phi_{K'}] + 2\nu\sigma_x^2[\phi_{K'} - \phi_{L'}] \\ &\quad + \sigma_x^3[K'\phi_{K'} - L'\phi_{L'} + \Phi_{L'} - \Phi_{K'}]\} + L_\$^2[1 - \Phi_{L'}] \\ &= \phi_{K'}[D^2(2\sigma_x\nu + \sigma_x^2 K')] - \phi_{L'}[D^2(2\sigma_x\nu + \sigma_x^2 L')] \\ &\quad - \Phi_{K'}[D^2(\nu^2 + \sigma_x^2)] + \Phi_{L'}[D^2(\nu^2 + \sigma_x^2) - L_\$^2] + L_\$^2 \end{aligned} \tag{E.10}$$

318 对于无上限看涨期权，m_2 是

$$\begin{aligned} m_2 &= \frac{1}{\sigma_x}\int_{-\infty}^{\infty} p(x)^2 \phi_{x'} \mathrm{d}x \\ &= \frac{1}{\sigma_x}\int_K^{\infty} D^2 (x-K)^2 \phi_{x'} \mathrm{d}x \\ &= \frac{D^2}{\sigma_x}\int_K^{\infty} (x-K)^2 \phi_{x'} \mathrm{d}x \\ &= \frac{D^2}{\sigma_x}\{\phi_x \nu^2[1 - \Phi_{K'}] + 2\nu\sigma_x^2[\phi_{K'}] + \sigma_x^3[K'\phi_{K'} + 1 - \Phi_{K'}]\} \\ &= \phi_{K'}[D^2(2\sigma_x\nu + \sigma_x^2 K')] - \Phi_{K'}[D^2(\nu^2 + \sigma_x^2)] + D^2(\nu^2 + \sigma_x^2) \end{aligned} \tag{E.11}$$

E.2.3 看跌期权

对于有上限看跌期权，m_2 是

$$
\begin{aligned}
m_2 &= \frac{1}{\sigma_x}\int_{-\infty}^{\infty} p(x)^2 \phi_{x'} \mathrm{d}x \\
&= \frac{1}{\sigma_x}\int_{-\infty}^{L} L_\$^2 \phi_{x'} \mathrm{d}x + \frac{1}{\sigma_x}\int_{L}^{K} D^2 (K-x)^2 \phi_{x'} \mathrm{d}x \\
&= L_\$^2 [\Phi_{L'}] \\
&\quad + \frac{D^2}{\sigma_x}\{\phi_x \nu^2 [\Phi_{K'} - \Phi_{L'}] + 2\nu\sigma_x^2 [\phi_{L'} - \phi_{K'}] \\
&\quad + \sigma_x^3 [L'\phi_{L'} - K'\phi_{K'} + \Phi_{K'} - \Phi_{L'}]\} \\
&= \phi_{L'}[D^2(2\nu\sigma_x + \sigma_x^2 L')] - \phi_{K'}[D^2(2\nu\sigma_x + \sigma_x^2 K')] \\
&\quad + \Phi_{K'}[D^2(\nu^2 + \sigma_x^2)] + \Phi_{L'}[L_\$^2 - D^2(\sigma_x^2 + \nu^2)]
\end{aligned} \tag{E.12}
$$

对于无上限看跌期权，m_2 是

$$
\begin{aligned}
m_2 &= \frac{1}{\sigma_x}\int_{-\infty}^{\infty} p(x)^2 \phi_{x'} \mathrm{d}x \\
&= \frac{1}{\sigma_x}\int_{-\infty}^{K} D^2 (K-x)^2 \phi_x \mathrm{d}x \\
&= \frac{D^2}{\sigma_x}\{\sigma_x \nu^2 [\Phi_{K'}] - 2\nu\sigma_x^2 [\phi_{K'}] + \sigma_x^3 [\Phi_{K'} - K'\phi_{K'}]\} \\
&= \Phi_{K'}[D^2(\nu^2 + \sigma_x^2)] - \phi_{K'}[D^2(2\nu\sigma_x + \sigma_x^2 K')]
\end{aligned} \tag{E.13}
$$

E.2.4　双限期权 319

对于有上限套保期权，m_2 是

$$
\begin{aligned}
m_2 &= \frac{1}{\sigma_x}\int_{-\infty}^{\infty} p(x)^2 \phi_{x'} \mathrm{d}x \\
&= \frac{1}{\sigma_x}\int_{-\infty}^{L1} L_\$^2 \phi_{x'} \mathrm{d}x + \frac{1}{\sigma_x}\int_{L1}^{K1} D^2 (x-K_1)^2 \phi_{x'} \mathrm{d}x \\
&\quad + \frac{1}{\sigma_x}\int_{K2}^{L2} D^2 (x-K_2)^2 \phi_{x'} \mathrm{d}x + \frac{1}{\sigma_x}\int_{L2}^{\infty} L_\$^2 \phi_{x'} \mathrm{d}x \\
&= L_\$^2 \Phi_{L1'} \\
&\quad + \frac{D^2}{\sigma_x}\{\sigma_x \nu_1^2 [\Phi_{K1'} - \Phi_{L1'}] + 2\nu_1\sigma_x^2 [\phi_{L1'} - \phi_{K1'}] \\
&\quad + \sigma_x^3 [L'_1\phi_{L1'} - K'_1\phi_{K1'} - \Phi_{K1'} - \Phi_{L1'}]\} \\
&\quad + \frac{D^2}{\sigma_x}\{\sigma_x \nu_2^2 [\Phi_{L2'} - \Phi_{K2'}] + 2\nu_2\sigma_x^2 [\phi_{K2'} - \phi_{L2'}] \\
&\quad + \sigma_x^3 [K'_2\phi_{K2'} - L'_2\phi_{L2'} - \Phi_{L2'} - \Phi_{K2'}]\} + L_\$^2 [1 - \Phi_{L2'}] \\
&= \phi_{L1'}[D^2(2\sigma_x\nu_1 + \sigma_x^2 L'_1)] - \phi_{K1'}[D^2(2\sigma_x\nu_1 + \sigma_x^2 K'_1)] \\
&\quad + \phi_{K2'}[D^2(2\sigma_x\nu_2 + \sigma_x^2 K'_2)] - \phi_{L2'}[D^2(2\sigma_x\nu_2 + \sigma_x^2 L'_2)] \\
&\quad + \Phi_{L1'}[L_\$^2 - D^2(\nu_1^2 + \sigma_x^2)] + \Phi_{K1'}[D^2(\nu_1^2 + \sigma_x^2)]
\end{aligned}
$$

$$- \Phi_{K2'}[D^2(\nu_2^2 + \sigma_x^2)] + \Phi_{L2'}[D^2(\nu_2^2 + \sigma_x^2) - L_\$^2] + L_\$^2 \tag{E.14}$$

其中 $\nu_1 = \mu - K_1, \nu_2 = \mu - K_2$。

对于无上限套保期权，m_2 是

$$\begin{aligned}
m_2 &= \frac{1}{\sigma_x}\int_{-\infty}^{\infty} p(x)^2 \phi_{x'} \mathrm{d}x \\
&= \frac{1}{\sigma_x}\int_{-\infty}^{K1} D^2(x - K_1)^2 \phi_{x'} \mathrm{d}x + \frac{1}{\sigma_x}\int_{K2}^{\infty} D^2(x - K_2)^2 \phi_{x'} \mathrm{d}x \\
&= \frac{D^2}{\sigma_x}\{\sigma_x \nu_1^2[\Phi_{K1'}] + 2\nu_1 \sigma_x^2[-\phi_{K1'}] + \sigma_x^3[-K'_1 \phi_{K1'} - \Phi_{K1'}]\} \\
&\quad + \frac{D^2}{\sigma_x}\{\sigma_x \nu_2^2[-\Phi_{K2'}] + 2\nu_2 \sigma_x^2[\phi_{K2'}] + \sigma_x^3[K'_2 \phi_{K2'} - \Phi_{K2'}]\} \\
&= \phi_{K2'}[D^2(2\sigma_x \nu_2 + \sigma_x^2 L'_2)] - \phi_{K1'}[D^2(2\sigma_x \nu_1 + \sigma_x^2 K'_1)] \\
&\quad + \Phi_{K1'}[D^2(\nu_1^2 + \sigma_x^2)] - \Phi_{K2'}[D^2(\nu_2^2 + \sigma_x^2)] + D^2(\nu_2^2 + \sigma_x^2)
\end{aligned} \tag{E.15}$$

320

E.2.5 鞍式期权

对于有上限鞍式期权，m_2 是

$$\begin{aligned}
m_2 &= \frac{1}{\sigma_x}\int_{-\infty}^{\infty} p(x)^2 \phi_{x'} \mathrm{d}x \\
&= \frac{1}{\sigma_x}\int_{-\infty}^{L1} L_\$^2 \phi_{x'} \mathrm{d}x + \frac{1}{\sigma_x}\int_{L1}^{K} D^2(K - x)^2 \phi_{x'} \mathrm{d}x \\
&\quad + \frac{1}{\sigma_x}\int_{K}^{L2} D^2(x - K)^2 \phi_{x'} \mathrm{d}x + \frac{1}{\sigma_x}\int_{L2}^{\infty} L_\$^2 \phi_{x'} \mathrm{d}x \\
&= L_\$^2 \Phi_{L1'} \\
&\quad + \frac{D^2}{\sigma_x}\{\sigma_x \nu_1^2[\Phi_{K'} - \Phi_{L1'}] + 2\nu \sigma_x^2[\phi_{L1'} - \phi_{K'}] \\
&\quad + \sigma_x^3[L'_1 \phi_{L1'} - K' \phi_{K'} + \Phi_{K'} - \Phi_{L1'}]\} \\
&\quad + \frac{D^2}{\sigma_x}\{\sigma_x \nu_2^2[\Phi_{L2'} - \Phi_{K'}] + 2\nu \sigma_x^2[\phi_{K'} - \phi_{L2'}] \\
&\quad + \sigma_x^3[K' \phi_{K'} - L'_2 \phi_{L2'} + \Phi_{L2'} - \Phi_{K'}]\} \\
&\quad + L_\$(1 - \Phi_{L2'}) \\
&= \phi_{L1'}[D^2(2\sigma_x \nu + \sigma_x^2 L'_1)] - \phi_{L2'}[D^2(2\sigma_x \nu + \sigma_x^2 L'_2)] \\
&\quad + \Phi_{L1'}[L_\$^2 - D^2(\nu_1^2 + \sigma_x^2)] + \Phi_{L2'}[D^2(\nu^2 + \sigma_x^2) - L_\$^2] \\
&\quad + L_\$^2
\end{aligned} \tag{E.16}$$

对于无上限鞍式期权，m_2 是

$$m_2 = \frac{1}{\sigma_x}\int_{-\infty}^{\infty} p(x)^2 \phi_{x'} \mathrm{d}x$$

$$= \frac{1}{\sigma_x}\int_{-\infty}^{K} D^2(K-x)^2\phi_{x'}\mathrm{d}x + \frac{1}{\sigma_x}\int_{K}^{\infty} D^2(x-K)^2\phi_{x'}\mathrm{d}x$$

$$= \frac{D^2}{\sigma_x}\{\sigma_x\nu_1^2[\Phi_{K'}] + 2\nu\sigma_x^2[-\phi_{K'}] + \sigma_x^3[-K'\phi_{K'} + \Phi_{K'}]\}$$

$$+ \frac{D^2}{\sigma_x}\{\sigma_x\nu^2[1-\Phi_{K'}] + 2\nu\sigma_x^2[\phi_{K'}] + \sigma_x^3[K'\phi_{K'} + 1 - \Phi_{K'}]\}$$

$$= D^2(\nu^2 + \sigma_x^2) \qquad (E.17)$$

有趣的是,我们看到两者都与 K 无关。

E.2.6 勒式期权 321

对于有上限勒式期权, m_2 是

$$m_2 = \frac{1}{\sigma_x}\int_{-\infty}^{\infty} p(x)^2\phi_{x'}\mathrm{d}x$$

$$= \frac{1}{\sigma_x}\int_{-\infty}^{L1} L_\$^2\phi_{x'}\mathrm{d}x + \frac{1}{\sigma_x}\int_{L1}^{K1} D^2(K_1-x)^2\phi_{x'}\mathrm{d}x$$

$$+ \frac{1}{\sigma_x}\int_{K2}^{L2} D^2(x-K_2)^2\phi_{x'}\mathrm{d}x + \frac{1}{\sigma_x}\int_{L2}^{\infty} L_\$^2\phi_{x'}\mathrm{d}x$$

$$= L_\$^2\Phi_{L1'}$$

$$+ \frac{D^2}{\sigma_x}\{\sigma_x\nu_1^2[\Phi_{K1'} - \Phi_{L1'}] + 2\nu_1\sigma_x^2[\phi_{L1'} - \phi_{K1'}]$$

$$+ \sigma_x^3[L'_1\phi_{L1'} - K'_1\phi_{K1'} + \Phi_{K1'} - \Phi_{L1'}]\}$$

$$+ \frac{D^2}{\sigma_x}\{\sigma_x\nu_2^2[\Phi_{L2'} - \Phi_{K2'}] + 2\nu_2\sigma_x^2[\phi_{K2'} - \phi_{L2'}]$$

$$+ \sigma_x^3[K'_2\phi_{K2'} - L'_2\phi_{L2'} + \Phi_{L2'} - \Phi_{K2'}]\}$$

$$+ L_\$^2(1-\Phi_{L2'})$$

$$= \phi_{L1'}[D^2(2\nu_1\sigma_x + \sigma_x^2 L'_1)] - \phi_{K1'}[D^2(2\nu_1\sigma_x + \sigma_x^2 K'_1)]$$

$$+ \phi_{K2'}[D^2(2\nu_2\sigma_x + \sigma_x^2 K'_2)] - \phi_{L2'}[D^2(2\nu_2\sigma_x + \sigma_x^2 L'_2)]$$

$$+ \Phi_{L1'}[L_\$^2 - D^2(\nu_1^2 + \sigma_x^2)] + \Phi_{K1'}[D^2(\nu_1^2 + \sigma_x^2)]$$

$$- \Phi_{K2'}[D^2(\nu_2^2 + \sigma_x^2)] + \Phi_{L2'}[D^2(\nu_2^2 + \sigma_x^2) - L_\$^2]$$

$$+ L_\$^2 \qquad (E.18)$$

对于无上限勒式期权, m_2 是

$$m_2 = \frac{1}{\sigma_x}\int_{-\infty}^{\infty} p(x)^2\phi_{x'}\mathrm{d}x$$

$$= \frac{1}{\sigma_x}\int_{-\infty}^{K1} D^2(K_1-x)^2\phi_{x'}\mathrm{d}x + \frac{1}{\sigma_x}\int_{K2}^{\infty} D^2(x-K_2)^2\phi_{x'}\mathrm{d}x$$

$$+ \frac{D^2}{\sigma_x}\{\sigma_x\nu_1^2[\Phi_{K1'}] + 2\nu_1\sigma_x^2[-\phi_{k1'}] + \sigma_x^3[-K'_1\phi_{K1'} - \Phi_{K1'}]\}$$

$$+\frac{D^2}{\sigma_x}\{\sigma_x\nu_1^2[\Phi_{K2'}]+2\nu_1\sigma_x^2[-\phi_{K2'}]+\sigma_x^3[-K'_2\phi_{K2'}-\Phi_{K2'}]\}$$

$$=\phi_{K2'}[D^2(2\nu_2\sigma_x+\sigma_x^2K'_2)]-\phi_{K1'}[D^2(2\nu_1\sigma_x+\sigma_x^2K'_1)]$$

$$+\Phi_{K1'}[D^2(\nu_2^2+\sigma_x^2)]-\Phi_{K2'}[D^2(\nu_2^2+\sigma_x^2)]+D^2(\nu_2^2+\sigma_x^2) \quad (E.19)$$

322

E.2.7 两值期权

对于两值期权，m_2 是

$$m_2=\frac{1}{\sigma_x}\int_{-\infty}^{\infty}p(x)^2\phi_{x'}\mathrm{d}x$$

$$=\frac{1}{\sigma_x}\int_{K}^{\infty}L_\$^2\phi_{x'}\mathrm{d}x$$

$$=L_\$^2(1-\Phi_{K'}) \quad (E.20)$$

E.3 算例

为了在使用以上表达式时更顺畅地调试计算机代码，我们可以给出一些算例。

在所有例子中我们假设 $\mu=1670$ 且 $\sigma_x=120$。

互换

行权价格	1680	期望支付(有上限)	−45 201.8
最小变动价位	5000	期望支付(无上限)	−50 000.0
限价	1 000 000	支付方差(有上限)	548 804.7
		支付方差(无上限)	600 000.0

看涨期权

行权价格	1680	期望支付(有上限)	205 491.7
最小变动价位	5000	期望支付(无上限)	215 196.0
限价	1 000 000	支付方差(有上限)	302 355.0
		支付方差(无上限)	333 131.2

看跌期权

行权价格	1650	期望支付(有上限)	184 809.7
最小变动价位	5000	期望支付(无上限)	192 682.2
限价	1 000 000	支付方差(有上限)	289 223.0
		支付方差(无上限)	315 878.4

双限期权

行权价格 1	1650	期望支付(有上限)	–19 353.7
行权价格 2	1700	期望支付(无上限)	–20 875.4
最小变动价位	5000	支付方差(有上限)	469 868.3
限价	1 000 000	支付方差(无上限)	505 138.1

鞍式期权 323

行权价格	1660	期望支付(有上限)	456 185.3
最小变动价位	5000	期望支付(无上限)	480 392.0
限价	1 000 000	支付方差(有上限)	308 423.1
		支付方差(无上限)	362 937.3

勒式期权

行权价格 1	1660	期望支付(有上限)	421 813.1
行权价格 2	1675	期望支付(无上限)	442 269.2
最小变动价位	5000	支付方差(有上限)	312 751.5
限价	1 000 000	支付方差(无上限)	360 589.2

两值期权

行权价格	1680	期望支付(有上限)	466 793.3
限价	1 000 000	支付方差(有上限)	498 896.1

附录 F　正态分布指数的希腊参数

324 我们现在给出基于正态分布指数的天气衍生品的希腊参数准确表达式。这些表达式摘自 Jewson(2003b)。

F.1　对推导希腊参数表达式有用的关系式

我们现在推导出一些后面会用到的表达式。

为了计算 delta 我们注意到

$$\begin{aligned}\Delta &= \frac{\partial \mu_p}{\partial \mu} \\ &= \frac{\partial}{\partial \mu}\frac{1}{\sigma_x}\left(\int_{-\infty}^{\infty} p(x)\phi_{x'}\mathrm{d}x\right) \\ &= \frac{1}{\sigma_x}\frac{\partial}{\partial \mu}\left(\int_{-\infty}^{\infty} p(x)\phi_{x'}\mathrm{d}x\right) \\ &= \frac{1}{\sigma_x}\int_{-\infty}^{\infty} p(x)\frac{\partial \phi_{x'}}{\partial \mu}\mathrm{d}x \qquad (\text{F.1})\end{aligned}$$

对多种分布,包括正态分布,PDF 满足

$$\frac{\partial \phi_{x'}}{\partial \mu} = -\frac{\partial \phi_{x'}}{\partial x} \qquad (\text{F.2})$$

因此

$$\begin{aligned}\Delta &= -\frac{1}{\sigma_x}\int_{-\infty}^{\infty} p(x)\frac{\partial \phi_{x'}}{\partial x}\mathrm{d}x \\ &= -\frac{1}{\sigma_x}\int_{-\infty}^{\infty}\frac{\partial}{\partial x}(p(x)\phi_{x'})\mathrm{d}x + \frac{1}{\sigma_x}\int_{-\infty}^{\infty}\frac{\mathrm{d}p(x)}{\mathrm{d}x}\phi_{x'}\mathrm{d}x \\ &= \frac{1}{\sigma_x}\int_{-\infty}^{\infty}\frac{\mathrm{d}p}{\mathrm{d}x}\phi_{x'}\mathrm{d}x \qquad (\text{F.3})\end{aligned}$$

325 即,正态分布中 delta 是支付的(以不同支付的概率加权)平均斜率。

我们通过微分 delta 表达式来推导出 gamma 表达式。因此,我们注意到

$$\begin{aligned}\Phi_{x'} &= \int_{-\infty}^{x'} \phi_x \mathrm{d}x \\ &= \frac{1}{\sigma_x}\int_{-\infty}^{x} \phi_x \mathrm{d}x\end{aligned} \tag{F.4}$$

所以

$$\begin{aligned}\frac{\partial \Phi'_x}{\partial \mu} &= \frac{1}{\sigma_x}\int_{-\infty}^{x} \frac{\partial \phi_{x'}}{\partial \mu}\mathrm{d}x \\ &= -\frac{1}{\sigma_x}\int_{-\infty}^{x} \frac{\partial \phi_{x'}}{\partial x}\mathrm{d}x \\ &= -\frac{\phi' x}{\sigma_x}\end{aligned} \tag{F.5}$$

对于 zeta,我们注意到

$$\begin{aligned}\zeta &= \frac{\partial \mu_p}{\partial \sigma_x} \\ &= \frac{\partial}{\partial \sigma_x}\left(\frac{1}{\sigma_x}\int_{-\infty}^{\infty} p(x)\phi_{x'}\mathrm{d}x\right) \\ &= \frac{\partial}{\partial \sigma_x}\left(\int_{-\infty}^{\infty} p(\mu + \sigma_x s)\phi_s \mathrm{d}s\right) \\ &= \int_{-\infty}^{\infty} \frac{\partial}{\partial \sigma_x} p(\mu + \sigma_x s)\phi_s \mathrm{d}s \\ &= \int_{-\infty}^{\infty} s p'(\mu + \sigma_x s)\phi_s \mathrm{d}s \\ &= -\int_{-\infty}^{\infty} p'(\mu + \sigma_x s)\frac{\partial \phi_s}{\partial s}\mathrm{d}s \\ &= -\int_{-\infty}^{\infty} \frac{\partial p}{\partial x}\frac{\partial \phi_{x'}}{\partial x}\mathrm{d}x\end{aligned} \tag{F.6}$$

F.2　希腊参数的闭式表达式

我们现在推导每种合约类型的 delta、gamma 和 zeta 的闭式表达式。theta 和 vega 的表达式可以从 zeta 表达式推导出,温度 delta 的表达式可以从 delta 和 zeta 表达式推导出。 326

F.2.1　互换

对于 delta

$$\Delta = \frac{1}{\sigma_x}\int_{-\infty}^{\infty} \frac{\mathrm{d}p}{\mathrm{d}x}\phi_{x'}\mathrm{d}x \tag{F.7}$$

用第 1 章给出的互换支付函数的定义,可得

$$\Delta = \frac{1}{\sigma_x}\int_{L1}^{L2} D\phi_{x'}\mathrm{d}x \tag{F.8}$$

$$= D(\Phi_{L2'} - \Phi_{L1'}) \tag{F.9}$$

在无上限互换中

$$\Delta = D \tag{F.10}$$

对于 gamma

$$\Gamma = \frac{D}{\sigma_x}(\phi_{L1'} - \phi_{L2'}) \tag{F.11}$$

在无上限互换中

$$\Gamma = 0 \tag{F.12}$$

对于 zeta

$$\begin{aligned}\zeta &= -\int_{-\infty}^{\infty} \frac{\partial p}{\partial x}\frac{\partial \phi_{x'}}{\partial x}\mathrm{d}x \\ &= -\int_{L_1}^{L_2} D\frac{\partial \phi_{x'}}{\partial x}\mathrm{d}x \\ &= D(\phi_{L1'} - \phi_{L2'})\end{aligned} \tag{F.13}$$

在无上限互换中

$$\begin{aligned}\zeta &= -\int_{-\infty}^{\infty} \frac{\partial p}{\partial x}\frac{\partial \phi_{x'}}{\partial x}\mathrm{d}x \\ &= 0\end{aligned} \tag{F.14}$$

327

F.2.2 看涨期权

对于 delta

$$\begin{aligned}\Delta &= \frac{1}{\sigma_x}\int_{-\infty}^{\infty} \frac{\mathrm{d}p}{\mathrm{d}x}\phi_{x'}\mathrm{d}x \\ &= \frac{1}{\sigma_x}\int_{K}^{L} D\phi_{x'}\mathrm{d}x \\ &= D(\Phi_{L'} - \Phi_{K'})\end{aligned} \tag{F.15}$$

在无上限看涨期权中

$$\Delta = D(1 - \Phi_{K'}) \tag{F.16}$$

对于 gamma

$$\Gamma = \frac{D}{\sigma_x}(\phi_{K'} - \phi_{L'}) \tag{F.17}$$

在无上限情况下

$$\Gamma = \frac{D}{\sigma_x}\phi_{K'} \tag{F.18}$$

对于 zeta

$$\begin{aligned}\zeta &= -\int_{-\infty}^{\infty} \frac{\partial p}{\partial x} \frac{\partial \phi_{x'}}{\partial x} \mathrm{d}x \\ &= -\int_{K}^{L} D \frac{\partial \phi_{x'}}{\partial x} \mathrm{d}x \\ &= D(\phi_{K'} - \phi_{L'}) \end{aligned} \tag{F.19}$$

在无上限情况下

$$\begin{aligned}\zeta &= -\int_{-\infty}^{\infty} \frac{\partial p}{\partial x} \frac{\partial \phi_{x'}}{\partial x} \mathrm{d}x \\ &= -\int_{K}^{\infty} D \frac{\partial \phi_{x'}}{\partial x} \mathrm{d}x \\ &= D\phi_{K'} \end{aligned} \tag{F.20}$$

F. 2. 3 看跌期权

对于 delta

$$\begin{aligned}\Delta &= \frac{1}{\sigma_x} \int_{-\infty}^{\infty} \frac{\mathrm{d}p}{\mathrm{d}x} \phi_{x'} \mathrm{d}x \\ &= \frac{1}{\sigma_x} \int_{L}^{K} - D\phi_{x'} \mathrm{d}x \\ &= D(\Phi_{L'} - \Phi_{K'}) \end{aligned} \tag{F.21}$$

在无上限情况下 328

$$\Delta = -D\Phi_{K'} \tag{F.22}$$

对于 gamma

$$\Gamma = \frac{D}{\sigma_x}(\phi_{K'} - \phi_{L'}) \tag{F.23}$$

在无上限情况下

$$\Gamma = \frac{D}{\sigma_x}\phi_{K'} \tag{F.24}$$

对于 zeta

$$\begin{aligned}\zeta &= -\int_{-\infty}^{\infty} \frac{\partial p}{\partial x} \frac{\partial \phi_{x'}}{\partial x} \mathrm{d}x \\ &= -\int_{L}^{K} - D \frac{\partial \phi_{x'}}{\partial x} \mathrm{d}x \\ &= D(\phi_{K'} - \phi_{L'}) \end{aligned} \tag{F.25}$$

在无上限情况下

$$\begin{aligned}\zeta &= -\int_{-\infty}^{\infty} \frac{\partial p}{\partial x} \frac{\partial \phi_{x'}}{\partial x} \mathrm{d}x \\ &= -\int_{-\infty}^{K} - D \frac{\partial \phi_{x'}}{\partial x} \mathrm{d}x \end{aligned}$$

$$= D\phi_{K'} \tag{F.26}$$

F.2.4 双限期权

对于 delta

$$\begin{aligned}\Delta &= \frac{1}{\sigma_x}\int_{-\infty}^{\infty}\frac{\mathrm{d}p}{\mathrm{d}x}\phi_{x'}\mathrm{d}x \\ &= \frac{1}{\sigma_x}\int_{L1}^{K1}D\phi_{x'}\mathrm{d}x + \frac{1}{\sigma_x}\int_{K2}^{L2}D\phi_{x'}\mathrm{d}x \\ &= D(\Phi_{K1'} - \Phi_{L1'} + \Phi_{L2'} - \Phi_{K2'})\end{aligned} \tag{F.27}$$

在无上限双限期权中

$$\Delta = D(\Phi_{K1'} - \Phi_{K2'} + 1) \tag{F.28}$$

对于 gamma

$$\Gamma = \frac{1}{\sigma_x}D(\phi_{L1'} - \phi_{K1'} + \phi_{K2'} - \phi_{L2'}) \tag{F.29}$$

329 在无上限双限期权中

$$\Gamma = \frac{1}{\sigma_x}D(\phi_{K2'} - \phi_{K1'}) \tag{F.30}$$

对于 zeta

$$\begin{aligned}\zeta &= -\int_{-\infty}^{\infty}\frac{\partial p}{\partial x}\frac{\partial\phi_{x'}}{\partial x}\mathrm{d}x \\ &= -\int_{L_1}^{K_1}D\frac{\partial\phi_{x'}}{\partial x}\mathrm{d}x \\ &\quad -\int_{K_2}^{L_2}D\frac{\partial\phi_{x'}}{\partial x}\mathrm{d}x \\ &= D(\phi_{L1'} - \phi_{K1'} + \phi_{K2'} - \phi_{L2'})\end{aligned} \tag{F.31}$$

在无上限双限期权中

$$\begin{aligned}\zeta &= -\int_{-\infty}^{\infty}\frac{\partial p}{\partial x}\frac{\partial\phi_{x'}}{\partial x}\mathrm{d}x \\ &= -\int_{-\infty}^{K_1}D\frac{\partial\phi_{x'}}{\partial x}\mathrm{d}x - \int_{K_2}^{\infty}D\frac{\partial\phi_{x'}}{\partial x}\mathrm{d}x \\ &= D(\phi_{K2'} - \phi_{K1'})\end{aligned} \tag{F.32}$$

F.2.5 鞍式期权

对于 delta

$$\begin{aligned}\Delta &= \frac{1}{\sigma_x}\int_{-\infty}^{\infty}\frac{\mathrm{d}p}{\mathrm{d}x}\phi_{x'}\mathrm{d}x \\ &= \frac{1}{\sigma_x}\int_{L1}^{K} - D\phi_{x'}\mathrm{d}x + \frac{1}{\sigma_x}\int_{K}^{L2}D\phi_{x'}\mathrm{d}x\end{aligned}$$

$$= D(\Phi_{L1'} + \Phi_{L2'} - 2\Phi_{K'}) \tag{F.33}$$

在无上限鞍式期权中

$$\Delta = D(1 - 2\Phi_{K'}) \tag{F.34}$$

对于 gamma

$$\Gamma = \frac{1}{\sigma_x} D(2\phi_{K'} - \phi_{L1'} - \phi_{L2'}) \tag{F.35}$$

在无上限鞍式期权中 330

$$\Gamma = \frac{2}{\sigma_x} D\phi_{K'} \tag{F.36}$$

对于 zeta

$$\begin{aligned} \zeta &= -\int_{-\infty}^{\infty} \frac{\partial p}{\partial x} \frac{\partial \phi_{x'}}{\partial x} \mathrm{d}x \\ &= -\int_{L_1}^{K} \frac{\partial p}{\partial x} \frac{\partial \phi_{x'}}{\partial x} \mathrm{d}x - \int_{K}^{L_2} \frac{\partial p}{\partial x} \frac{\partial \phi_{x'}}{\partial x} \mathrm{d}x \\ &= D(2\phi_{K'} - \phi_{L1'} - \phi_{L2'}) \end{aligned} \tag{F.37}$$

在无上限鞍式期权中

$$\begin{aligned} \zeta &= -\int_{-\infty}^{\infty} \frac{\partial p}{\partial x} \frac{\partial \phi_{x'}}{\partial x} \mathrm{d}x \\ &= -\int_{-\infty}^{K} \frac{\partial p}{\partial x} \frac{\partial \phi_{x'}}{\partial x} \mathrm{d}x - \int_{K}^{\infty} \frac{\partial p}{\partial x} \frac{\partial \phi_{x'}}{\partial x} \mathrm{d}x \\ &= 2D\phi_{K'} \end{aligned} \tag{F.38}$$

F.2.6　勒式期权

对于 delta

$$\begin{aligned} \Delta &= \frac{1}{\sigma_x} \int_{-\infty}^{\infty} \frac{\mathrm{d}p}{\mathrm{d}x} \phi_{x'} \mathrm{d}x \\ &= \frac{1}{\sigma_x} \int_{L1}^{K1} -D\phi_{x'} \mathrm{d}x + \frac{1}{\sigma_x} \int_{K2}^{L2} D\phi_{x'} \mathrm{d}x \\ &= D(\Phi_{L1'} - \Phi_{K1'} + \Phi_{L2'} - \Phi_{K2'}) \end{aligned} \tag{F.39}$$

在无上限勒式期权中

$$\Delta = D(1 - \Phi_{K1'} - \Phi_{K2'}) \tag{F.40}$$

对于 gamma

$$\Gamma = \frac{D}{\sigma_x}(\phi_{K1'} - \phi_{L1'} + \phi_{K2'} - \phi_{L2'}) \tag{F.41}$$

在无上限勒式期权中

$$\Gamma = \frac{D}{\sigma_x}(\phi_{K1'} + \phi_{K2'}) \tag{F.42}$$

331 对于 zeta

$$\zeta = -\int_{-\infty}^{\infty} \frac{\partial p}{\partial x} \frac{\partial \phi_{x'}}{\partial x} \mathrm{d}x$$

$$= -\int_{L_1}^{K_1} \frac{\partial p}{\partial x} \frac{\partial \phi_{x'}}{\partial x} \mathrm{d}x - \int_{K_2}^{L_2} \frac{\partial p}{\partial x} \frac{\partial \phi_{x'}}{\partial x} \mathrm{d}x$$

$$= D(\phi_{K1'} - \phi_{L1'} - \phi_{L2'} + \phi_{K2'}) \tag{F.43}$$

在无上限勒式期权中

$$\zeta = -\int_{-\infty}^{\infty} \frac{\partial p}{\partial x} \frac{\partial \phi_{x'}}{\partial x} \mathrm{d}x$$

$$= -\int_{-\infty}^{K_1} \frac{\partial p}{\partial x} \frac{\partial \phi_{x'}}{\partial x} \mathrm{d}x - \int_{K_2}^{\infty} \frac{\partial p}{\partial x} \frac{\partial \phi_{x'}}{\partial x} \mathrm{d}x$$

$$= D(\phi_{K1'} + \phi_{K2'}) \tag{F.44}$$

F.2.7 两值期权

对于 delta

$$\Delta = -\frac{1}{\sigma_x} \int_{-\infty}^{\infty} p \frac{\partial \phi_{x'}}{\partial x} \mathrm{d}x$$

$$= -\frac{L_\$}{\sigma_x} \int_{K}^{L} \frac{\partial \phi_{x'}}{\partial x} \mathrm{d}x$$

$$= \frac{L_\$}{\sigma_x} \phi_{K'} \tag{F.45}$$

对于 gamma

$$\Gamma = \frac{L_\$ \, \phi_{K'} (K - \mu)}{\sigma_x^3} \tag{F.46}$$

对于 zeta

$$\zeta = \frac{L_\$ \, \phi_{K'} (K - \mu)}{\sigma_x^2} \tag{F.47}$$

F.2.8 一般形式

对于 delta

$$\Delta = \frac{1}{\sigma_x} \int_{-\infty}^{\infty} \frac{\mathrm{d}p}{\mathrm{d}x} \phi_{x'} \mathrm{d}x$$

$$= \frac{1}{\sigma_x} \sum_{i=1}^{n} \int_{a_i}^{a_{i+1}} \frac{\mathrm{d}p}{\mathrm{d}x} \phi_{x'} \mathrm{d}x$$

332

$$= \frac{1}{\sigma_x} \sum_{i=1}^{n} \int_{a_i}^{a_{i+1}} \beta_i \phi_{x'} \mathrm{d}x$$

$$= \frac{1}{\sigma_x}\sum_{i=1}^{n}\beta_i\int_{a_i}^{a_{i+1}}\phi_{x'}\mathrm{d}x$$

$$= \frac{1}{\sigma_x}\sum_{i=1}^{n}\beta_i(\Phi_{a(i+1)'} - \Phi_{ai'}) \tag{F.48}$$

对于 gamma

$$\Gamma = \frac{1}{\sigma_x}\sum_{i=1}^{n}\beta_i(\phi_{ai'} - \phi_{a(i+1)'}) \tag{F.49}$$

对于 zeta

$$\zeta = -\int_{-\infty}^{\infty}\frac{\partial p}{\partial x}\frac{\partial \phi_{x'}}{\partial x}\mathrm{d}x$$

$$= -\sum_{i=1}^{n}\int_{a_i}^{a_{i+1}}\frac{\partial p}{\partial x}\frac{\partial \phi_{x'}}{\partial x}\mathrm{d}x$$

$$= -\sum_{i=1}^{n}\int_{a_i}^{a_{i+1}}\beta_i\frac{\partial \phi_{x'}}{\partial x}\mathrm{d}x$$

$$= -\sum_{i=1}^{n}\beta_i(\phi_{a(i+1)'} - \phi_{a_i'})$$

$$= \sum_{i=1}^{n}\beta_i(\phi_{ai'} - \phi_{a(i+1)'}) \tag{F.50}$$

F.3　算例

为了在使用以上表达式时更顺畅地调试计算机代码,我们可以给出一些算例。

在所有例子中我们假设$\mu = 1670$且$\sigma_x = 120$。

互换

行权价格	1680	期望支付(有上限)	-45 201.8
最小变动价位	5000	期望支付(无上限)	-50 000.0
限价	1 000 000	delta(有上限)	4516.3
		delta(无上限)	5000.0
		gamma(有上限)	1.151
		gamma(无上限)	0.0

看涨期权 333

行权价格	1680	期望支付(有上限)	205 491.7
最小变动价位	5000	期望支付(无上限)	215 196.0
限价	1 000 000	delta(有上限)	2133.7
		delta(无上限)	2334.0
		gamma(有上限)	12.970

		gamma（无上限）	16.565

看跌期权

行权价格	1650	期望支付（有上限）	184 809.7
最小变动价位	5000	期望支付（无上限）	192 682.2
限价	1 000 000	delta（有上限）	–2002.2
		delta（无上限）	–2169.1
		gamma（有上限）	13.297
		gamma（无上限）	16.393

双限期权

行权价格 1	1650	期望支付（有上限）	–19 353.7
行权价格 2	1700	期望支付（无上限）	–20 875.4
最小变动价位	5000	delta（有上限）	3870.5
限价	1 000 000	delta（无上限）	4175.5
		gamma（有上限）	0.166
		gamma（无上限）	–0.282

鞍式期权

行权价格	1660	期望支付（有上限）	456 185.3
最小变动价位	5000	期望支付（无上限）	480 392.0
限价	1 000 000	delta（有上限）	249.0
		delta（无上限）	332.1
		gamma（有上限）	24.789
		gamma（无上限）	33.130

勒式期权

行权价格 1	1660	期望支付（有上限）	421 813.1
行权价格 2	1675	期望支付（无上限）	442 269.2
最小变动价位	5000	delta（有上限）	64.3
限价	1 000 000	delta（无上限）	82.9
		gamma（有上限）	25.715
		gamma（无上限）	33.173

双值期权

行权价格	1680	期望支付（有上限）	466 793.3
限价	1 000 000	delta（有上限）	3313

附录 G　核密度的精确解

现在我们给出基于用带高斯核的核密度模拟的指数的天气衍生品的期望 334
支付、支付方差以及希腊参数的精确表达式。摘自 Jewson(2003d)。

G.1　基于核密度的期望支付的闭式解

期望支付 V 由下式给出:

$$V = \int_{-\infty}^{\infty} p(x) f(x) \mathrm{d}x \tag{G.1}$$

其中 $p(x)$ 为支付函数。

将 f 使用核密度代入,我们得到

$$\begin{aligned} V &= \int_{-\infty}^{\infty} p(x) \frac{1}{N\lambda} \sum_{i=1}^{N} K\left(\frac{x - x_i}{\lambda}\right) \mathrm{d}x \\ &= \frac{1}{N\lambda} \sum_{i=1}^{N} \int_{-\infty}^{\infty} p(x) K\left(\frac{x - x_i}{\lambda}\right) \mathrm{d}x \\ &= \frac{1}{N} \sum_{i=1}^{N} V_i \end{aligned} \tag{G.2}$$

其中 V_i 的定义是

$$V_i = \frac{1}{\lambda} \int_{-\infty}^{\infty} p(x) K\left(\frac{x - x_i}{\lambda}\right) \mathrm{d}x \tag{G.3}$$

我们现在可以依据附录 D 中的闭式表达式计算每一个 V_i。例如,对于基于
均值为 μ、标准差为 σ_x 的正态分布的看涨期权,期望支付由下式给出: 335

$$\mu_p = D\sigma_x(\phi_{K'} - \phi_{L'}) + D\Phi_{L'}(\mu - L) + D\Phi_{K'}(K - \mu) + L_\$ \tag{G.4}$$

其中

$$K' = \frac{K - \mu}{\sigma_x} \tag{G.5}$$

$$L' = \frac{L - \mu}{\sigma_x}$$

得到

$$V_i = D\lambda(\phi_{K_i'} - \phi_{L_i'}) + D\Phi_{L_i'}(x_i - L) + D\Phi_{K_i'}(K - x_i) + L_{\$} \tag{G.6}$$

其中

$$K'_i = \frac{K - x_i}{\lambda} \tag{G.7}$$

$$L'_i = \frac{L - x_i}{\lambda}$$

因此

$$V = \frac{1}{N}\sum_{i=1}^{N}\left[D\lambda(\phi_{K_i'} - \phi_{L_i'}) + D\Phi_{L_i'}(x_i - L) + D\Phi_{K_i'}(K - x_i)\right] + L_{\$} \tag{G.8}$$

对于其他类型的期权，我们使用合适的闭式解代替式(G.6)也能够得到相似的表达式。

G.2 Delta 基于核密度的闭式解

我们现在考虑如何基于核密度计算期权的 delta。

从式(G.2)中我们有

$$V = \frac{1}{N}\sum_{i=1}^{N} V_i \tag{G.9}$$

应用 delta 的定义得到

$$\begin{aligned}\Delta &= \frac{\partial V}{\partial \mu} \\ &= \frac{\partial}{\partial \mu}\left(\frac{1}{N}\sum_{i=1}^{N} V_i\right) \\ &= \frac{1}{N}\sum_{i=1}^{N}\frac{\partial V_i}{\partial \mu}\end{aligned} \tag{G.10}$$

336 但是由于

$$\mu = \frac{1}{N}\sum_{i=1}^{N} x_i \tag{G.11}$$

所以有

$$\begin{aligned}\frac{\partial}{\partial \mu} &= \sum_{j=1}^{N}\frac{\partial x_j}{\partial \mu}\frac{\partial}{\partial x_j} \\ &= \sum_{j=1}^{N} N\frac{\partial}{\partial x_j}\end{aligned} \tag{G.12}$$

因此得到

$$\begin{aligned}\Delta &= \frac{1}{N}\sum_{i=1}^{N}\frac{\partial V_i}{\partial \mu} \\ &= \frac{1}{N}\sum_{i=1}^{N} N\sum_{j=1}^{N}\frac{\partial V_i}{\partial x_j} \\ &= \sum_{i=1}^{N}\frac{\partial V_i}{\partial x_i} \\ &= \sum_{i=1}^{N}\Delta_i \end{aligned} \tag{G. 13}$$

即整个合约的 delta 是单个核对应 delta 的总和。

我们现在可以使用附录 F 中的闭式表达式计算每个 Δ_i。例如,对基于均值为 μ、标准差为 σ_x 的正态分布的看涨期权来说,delta 是

$$\Delta = D(\Phi_{L'} - \Phi_{K'}) \tag{G. 14}$$

所以有

$$\Delta_i = D(\Phi_{L_i'} - \Phi_{K_i'}) \tag{G. 15}$$

且

$$\Delta = \sum_{i=1}^{N} D(\Phi_{L_i'} - \Phi_{K_i'}) \tag{G. 16}$$

对其他类型的期权,我们使用合适的闭式解代替式(G. 14)也能够得到相 337
似的表达式。

G. 3　Gamma 基于核密度的闭式解

对 gamma 应用与 delta 非常相似的逻辑论证过程,得到

$$\Gamma = \sum_{i=1}^{N}\Gamma_i \tag{G. 17}$$

其中

$$\Gamma_i = \frac{\partial^2 V_i}{\partial x_i^2} \tag{G. 18}$$

我们现在可以使用附录 F 中的闭式表达式计算每个 Γ_i。例如,对基于均值为 μ、标准差为 σ_x 的正态分布的看涨期权,gamma 由下式给出:

$$\Gamma = \frac{D}{\sigma_x}(\phi_{K'} - \phi_{L'}) \tag{G. 19}$$

所以有

$$\Gamma_i = \frac{D}{\sigma_x}(\phi_{K_i'} - \phi_{L_i'}) \tag{G. 20}$$

且

$$\Gamma = \sum_{i=1}^{N} \frac{D}{\sigma_x}(\phi_{K_i'} - \phi_{L_i'}) \tag{G.21}$$

对其他类型的期权,我们使用合适的闭式解代替式(G.19)也能够得到相似的表达式。

G.4 支付方差基于核密度的闭式解

我们现在可以考虑如何基于核密度计算期权的支付方差。

支付方差由下式给出:

338

$$\begin{aligned}
\sigma_p^2 &= \int_{-\infty}^{\infty} (p(x) - \mu_p)^2 f(x)\,\mathrm{d}x \\
&= \int_{-\infty}^{\infty} (p(x) - \mu_p)^2 \frac{1}{N\lambda} \sum_{i=1}^{N} K\left(\frac{x - x_i}{\lambda}\right)\mathrm{d}x \\
&= \frac{1}{N} \sum_{i=1}^{N} \int_{-\infty}^{\infty} (p(x) - \mu_p)^2 \frac{1}{\lambda} K\left(\frac{x - x_i}{\lambda}\right)\mathrm{d}x \\
&= \frac{1}{N} \sum_{i=1}^{N} (\sigma_p^i)^2
\end{aligned} \tag{G.22}$$

我们现在可以使用附录 E 中给出的闭式表达式计算每一个 σ_p^i。

G.5 算例

我们现在给出一个算例。我们考虑表 G.1 中第二列的 10 个历史指数值。这些是 1993—2002 年伦敦希思罗 11 月至 3 月观测得到的 HDD 数据。

表 G.1 1993—2002 年伦敦希思罗 11 月至 3 月的观测 HDD 值

年份	历史指数值
1993	1637.25
1994	1657.4
1995	1770.45
1996	1667.35
1997	1681.8
1998	1549.85
1999	1817.65
2000	1951.05
2001	1579.5
2002	1778.3

这些数据的样本均值是 1709.06,样本标准差是 114.61。

我们使用从式(4.6)计算得来的窗宽值 76.58。

期望支付、delta、gamma 和支付方差的数值结果如下：

期望支付	339
正态分布	226 564.0
核	243 914.0
调整后的核	214 694.0
delta	
正态分布	2243.8
核	1872.5
调整后的核	2036.4
gamma	
正态分布	12.37
核	9.26
调整后的核	12.46
支付方差	
正态分布	315 077.8
核	349 096.1
调整后的核	318 188.9

附录 H　正态分布指数的 beta

340 我们现在来推导无上限天气互换和期权与单一天气互换或天气指数之间的回归系数的闭式表达式，摘自 Jewson(2004b)。然后简单扩展至天气互换和期权的投资组合与单一天气互换之间的回归系数。这使得我们可以快速而精准地计算对天气衍生品投资组合的方差最小化互换。

H.1　有用的关系式

H.1.1　衍生策略

支付为 p 的投资组合与支付为 q 的单一合约之间的回归系数 β 由下式给出：

$$\beta = \frac{E(pq) - E(p)E(q)}{E(qq) - E(q)E(q)} \tag{H.1}$$

期望支付 $E(p)$ 和 $E(q)$ 的表达式在附录 D 中给出，支付的方差 $E(qq) - E(q)E(q)$ 在附录 E 中给出。我们现在考虑 $E(pq)$ 来完成 β 的计算。

投资组合 p 的总支付是投资组合中所有合约支付的总和：

$$p = \sum_{i=1}^{N} p_i \tag{H.2}$$

所以

$$\begin{aligned} E(pq) &= E((\sum p_i)q) \\ &= \sum E(p_i q) \end{aligned} \tag{H.3}$$

341 因此我们可知，计算 $E(pq)$ 变成了计算投资组合中每个合约的 $E(p_i q)$ 的问题。我们将把无上限互换、看涨期权、看跌期权的 $E(p_i q)$ 的表达式推导出来。

但是，我们首先推导与正态分布相关的各种表达式，它们在我们后面的计算中会非常有用。

H. 1. 2　有用的表达式

我们需要以下关系式：

$$
\begin{aligned}
I_1(a,b) &= \int_0^{\infty} x\mathrm{e}^{-\frac{1}{2}(x^2+2ax+b)}\mathrm{d}x \\
&= \int_0^{\infty} x\mathrm{e}^{-\frac{1}{2}[(x+a)^2-a^2+b]}\mathrm{d}x \\
&= \mathrm{e}^{-\frac{1}{2}(b-a^2)}\int_0^{\infty} x\mathrm{e}^{-\frac{1}{2}(x+a)^2}\mathrm{d}x \\
&= \mathrm{e}^{-\frac{1}{2}(b-a^2)}\int_a^{\infty}(y-a)\mathrm{e}^{-\frac{1}{2}y^2}\mathrm{d}y \\
&= \mathrm{e}^{-\frac{1}{2}(b-a^2)}\left(\int_a^{\infty} y\mathrm{e}^{-\frac{1}{2}y^2}\mathrm{d}y - a\int_a^{\infty}\mathrm{e}^{-\frac{1}{2}y^2}\mathrm{d}y\right) \\
&= \sqrt{2\pi}\mathrm{e}^{-\frac{1}{2}(b-a^2)}\left(\int_a^{\infty} y\phi_y\mathrm{d}y - a\int_a^{\infty}\phi_y\mathrm{d}y\right) \\
&= \sqrt{2\pi}\mathrm{e}^{-\frac{1}{2}(b-a^2)}\left([-\phi_y]_a^{\infty} \dot{-} a[\Phi_y]_a^{\infty}\right) \\
&= \sqrt{2\pi}\mathrm{e}^{-\frac{1}{2}(b-a^2)}[\phi_a - a(1-\Phi_a)] \qquad (\text{H. }4)
\end{aligned}
$$

$$
\begin{aligned}
\int_0^{\infty} x\mathrm{e}^{\frac{1}{2}(\alpha^2x^2+2\beta x+\gamma)}\mathrm{d}x &= \int_0^{\infty}\frac{y}{\alpha}\mathrm{e}^{-\frac{1}{2}(y^2+2\frac{\beta}{\alpha}y+\gamma)}\frac{\mathrm{d}y}{\alpha} \\
&= \frac{1}{\alpha^2}\int_0^{\infty} y\mathrm{e}^{-\frac{1}{2}(y^2+2\frac{\beta}{\alpha}y+\gamma)}\mathrm{d}y \\
&= \frac{1}{\alpha^2}I_1\left(\frac{\beta}{\alpha},\gamma\right) \qquad (\text{H. }5)
\end{aligned}
$$

$$
\begin{aligned}
I_2(a,b) &= \int_{-\infty}^{\infty} x\mathrm{e}^{-\frac{1}{2}(x^2+2ax+b)}\mathrm{d}x \\
&= \int_{-\infty}^{\infty} x\mathrm{e}^{-\frac{1}{2}[(x+a)^2-a^2+b]}\mathrm{d}x
\end{aligned}
$$

342

$$
\begin{aligned}
&= \mathrm{e}^{-\frac{1}{2}(b-a^2)}\int_{-\infty}^{\infty} x\mathrm{e}^{-\frac{1}{2}(x+a)^2}\mathrm{d}x \\
&= \mathrm{e}^{-\frac{1}{2}(b-a^2)}\int_{-\infty}^{\infty}(y-a)\mathrm{e}^{-\frac{1}{2}y^2}\mathrm{d}y \\
&= \mathrm{e}^{-\frac{1}{2}(b-a^2)}\left(\int_{-\infty}^{\infty} y\mathrm{e}^{-\frac{1}{2}y^2}\mathrm{d}y - a\int_{-\infty}^{\infty}\mathrm{e}^{-\frac{1}{2}y^2}\mathrm{d}y\right) \\
&= \sqrt{2\pi}\mathrm{e}^{-\frac{1}{2}(b-a^2)}\left(\int_{-\infty}^{\infty} y\phi_y\mathrm{d}y - a\int_{-\infty}^{\infty}\phi_y\right)\mathrm{d}y \\
&= \sqrt{2\pi}\mathrm{e}^{-\frac{1}{2}(b-a^2)}(-a) \\
&= -\sqrt{2\pi}a\mathrm{e}^{-\frac{1}{2}(b-a^2)} \qquad (\text{H. }6)
\end{aligned}
$$

$$
\int_{-\infty}^{\infty} x\mathrm{e}^{-\frac{1}{2}(\alpha^2x^2+2\beta x+\gamma)}\mathrm{d}x = \int_0^{\infty}\frac{y}{\alpha}\mathrm{e}^{-\frac{1}{2}(y^2+2\frac{\beta}{\alpha}y+\gamma)}\frac{\mathrm{d}y}{\alpha}
$$

$$= \frac{1}{\alpha^2}\int_0^\infty y e^{-\frac{1}{2}(y^2+2\frac{\beta}{\alpha}y+\gamma)}\,dy$$

$$= \frac{1}{\alpha^2} I_2\left(\frac{\beta}{\alpha},\gamma\right) \tag{H.7}$$

$$J_1(a,b) = \int_0^\infty x^2 e^{-\frac{1}{2}(x^2+2ax+b)}\,dx$$

$$= \int_0^\infty x^2 e^{-\frac{1}{2}[(x+a)^2-a^2+b]}\,dx$$

$$= e^{-\frac{1}{2}(b-a^2)}\int_a^\infty x^2 e^{-\frac{1}{2}(x+a)^2}\,dx$$

$$= e^{-\frac{1}{2}(b-a^2)}\int_a^\infty (y-a)^2 e^{-\frac{1}{2}y^2}\,dy$$

$$= e^{-\frac{1}{2}(b-a^2)}\int_a^\infty (y^2-2ay+a) e^{-\frac{1}{2}y^2}\,dy$$

$$= e^{-\frac{1}{2}(b-a^2)}\left(\int_a^\infty y^2 e^{-\frac{1}{2}y^2}dy + \int_a^\infty -2ay e^{-\frac{1}{2}y^2}dy + \int_a^\infty a^2 e^{-\frac{1}{2}y^2}dy\right)$$

$$= e^{-\frac{1}{2}(b-a^2)}\left(\int_a^\infty y^2 e^{-\frac{1}{2}y^2}dy - 2a\int_a^\infty y e^{-\frac{1}{2}y^2}dy + a^2\int_a^\infty e^{-\frac{1}{2}y^2}dy\right)$$

$$= \sqrt{2\pi}\, e^{-\frac{1}{2}(b-a^2)}\left(\int_a^\infty y^2 \phi_y dy - 2a\int_a^\infty y\phi_y dy + a^2\int_a^\infty \phi_y dy\right)$$

343 $$= \sqrt{2\pi}\, e^{-\frac{1}{2}(b-a^2)}\left([a\phi_a + 1 - \Phi_a] - 2a[\Phi_a] + a^2(1-\Phi_a)\right)$$

$$= \sqrt{2\pi}\, e^{-\frac{1}{2}(b-a^2)}\left(1 + a^2 - a\phi_a - \Phi_2(1+a^2)\right) \tag{H.8}$$

$$\int_0^\infty x^2 e^{-\frac{1}{2}(\alpha^2x^2+2\beta x+\gamma)}\,dx = \int_0^\infty \frac{y^2}{\alpha^2} e^{-\frac{1}{2}(y^2+2\frac{\beta}{x}y+\gamma)}\,\frac{dy}{\alpha}$$

$$= \frac{1}{\alpha^3}\int_0^\infty y e^{-\frac{1}{2}(y^2+2\frac{\beta}{x}y+\gamma)}\,dy$$

$$= \frac{1}{\alpha^3} J_1\left(\frac{\beta}{x},\gamma\right) \tag{H.9}$$

$$J_2(a,b) = \int_{-\infty}^\infty x^2 e^{-\frac{1}{2}(x^2+2ax+b)}\,dx$$

$$= \int_{-\infty}^\infty x^2 e^{-\frac{1}{2}[(x+a)^2-a^2+b]}\,dx$$

$$= e^{-\frac{1}{2}(b-a^2)}\int_{-\infty}^\infty x^2 e^{-\frac{1}{2}(x+a)^2}\,dx$$

$$= e^{-\frac{1}{2}(b-a^2)}\int_{-\infty}^\infty (y-a)^2 e^{-\frac{1}{2}y^2}\,dy$$

$$= e^{-\frac{1}{2}(b-a^2)}\int_{-\infty}^\infty (y^2-2ay+a^2) e^{-\frac{1}{2}y^2}\,dy$$

$$= e^{-\frac{1}{2}(b-a^2)}\left(\int_{-\infty}^\infty y^2 e^{-\frac{1}{2}y^2}dy + \int_{-\infty}^\infty -2ay e^{-\frac{1}{2}y^2}dy + \int_{-\infty}^\infty a^2 e^{-\frac{1}{2}y^2}dy\right)$$

$$
\begin{aligned}
&= \mathrm{e}^{-\frac{1}{2}(b-a^2)}\left(\int_{-\infty}^{\infty} y^2 \mathrm{e}^{-\frac{1}{2}y^2}\mathrm{d}y - 2a\int_{-\infty}^{\infty} y\mathrm{e}^{-\frac{1}{2}y^2}\mathrm{d}y + a^2\int_{-\infty}^{\infty}\mathrm{e}^{-\frac{1}{2}y^2}\mathrm{d}y\right) \\
&= \sqrt{2\pi}\,\mathrm{e}^{-\frac{1}{2}(b-a^2)}\left(\int_{-\infty}^{\infty} y^2\phi_y\mathrm{d}y - 2a\int_{-\infty}^{\infty} y\phi_y\mathrm{d}y + a^2\int_{-\infty}^{\infty}\phi_y\mathrm{d}y\right) \\
&= \sqrt{2\pi}\,\mathrm{e}^{-\frac{1}{2}(b-a^2)}([1]+[0]+[a^2]) \\
&= \sqrt{2\pi}\,\mathrm{e}^{-\frac{1}{2}(b-a^2)}(1+a^2) \qquad \text{(H. 10)}
\end{aligned}
$$

$$
\begin{aligned}
\int_{-\infty}^{\infty} x^2\mathrm{e}^{-\frac{1}{2}(\alpha^2x^2+2\beta x+\gamma)}\mathrm{d}x &= \int_0^{\infty}\frac{y}{\alpha^2}\mathrm{e}^{-\frac{1}{2}(y^2+2\frac{\beta}{\alpha}y+\gamma)}\frac{\mathrm{d}y}{\alpha} \\
&= \frac{1}{\alpha^3}\int_0^{\infty} y\mathrm{e}^{-\frac{1}{2}(y^2+2\frac{\beta}{\alpha}y+\gamma)}\mathrm{d}y \\
&= \frac{1}{\alpha^3}J_2\left(\frac{\beta}{\alpha},\gamma\right) \qquad \text{(H. 11)}
\end{aligned}
$$

H. 2　定义 344

H. 2. 1　互换

我们考虑的互换的支付为

$$p(x) = D_s(x - K_s) \qquad \text{(H. 12)}$$

H. 2. 2　看涨期权

我们考虑的看涨期权的支付为

$$p(x) = \begin{cases} 0 & x \leqslant K \\ D(x-K) & x \geqslant K \end{cases} \qquad \text{(H. 13)}$$

H. 2. 3　看跌期权

我们考虑的看跌期权的支付为

$$p(x) = \begin{cases} D(x-K) & x \leqslant K \\ 0 & x \geqslant K \end{cases} \qquad \text{(H. 14)}$$

H. 2. 4　指数

假设我们考虑的两个指数都是正态分布。

$$x \sim \Phi(\mu_1,\sigma_1) \qquad \text{(H. 15)}$$

$$y \sim \Phi(\mu_2,\sigma_2) \qquad \text{(H. 16)}$$

且两者线性相关,即

$$\text{correlation}\,(x,y) = c \qquad \text{(H. 17)}$$

同时我们定义

$$\text{determinant}(x,y) = d = \sigma_1^2\sigma_2^2(1-c^2) \tag{H.18}$$

H.3 Beta的闭式表达式

我们现在推导互换合约beta的闭式表达式。

345

H.3.1 互换-互换协方差

两个互换的指数是 x 和 y,支付是 p 和 q。那么我们有

$$\begin{aligned} E(pq) &= \int_{-\infty}^{\infty} \mathrm{d}y \int_{-\infty}^{\infty} \mathrm{d}x D_x(y-K_y)D_y(x-K_x)\rho(x,y) \\ &= D_yD_x \int_{-\infty}^{\infty} \mathrm{d}y \int_{-\infty}^{\infty} \mathrm{d}x (y-K_y)(x-K_x)\rho(x,y) \end{aligned} \tag{H.19}$$

其中

$$\rho(x,y) = \frac{1}{2\pi}\frac{1}{\sqrt{d}}\mathrm{e}^{-\frac{1}{2d}[\sigma_2^2(x-\mu_x)^2-2c\sigma_1\sigma_2(x-\mu_x)(y-\mu_y)+\sigma_1^2(y-\mu_y)^2]} \tag{H.20}$$

我们现在做一些替换。这些都是为了配合本节以及后面看涨期权和看跌期权的计算而设定的;如果我们只对互换-互换协方差感兴趣,那么可以用其他更简单的方法计算。

我们定义

$$u = \frac{\sigma_2(x-K_x)}{d^{\frac{1}{2}}} \qquad v = \frac{\sigma_1(y-K_y)}{d^{\frac{1}{2}}} \tag{H.21}$$

因此

$$x = \frac{ud^{\frac{1}{2}}+K_x\sigma_2}{\sigma_2} \qquad y = \frac{vd^{\frac{1}{2}}+K_y\sigma_1}{\sigma_1} \tag{H.22}$$

我们再定义

$$t_1 = \frac{\sigma_2(K_x-\mu_x)}{d^{\frac{1}{2}}} \qquad t_2 = \frac{\sigma_1(K_y-\mu_y)}{d^{\frac{1}{2}}} \tag{H.23}$$

它们给出

$$\frac{\sigma_2^2x^2}{d} = (u+t_1)^2 \qquad \frac{\sigma_1^2y^2}{d} = (v+t_2)^2 \tag{H.24}$$

因此

$$\begin{aligned} E(pq) &= \frac{D_xD_y}{2\pi}\frac{d^{\frac{3}{2}}}{\sigma_1^2\sigma_2^2}\int_{-\infty}^{\infty}\mathrm{d}v\int_{-\infty}^{\infty} uv\mathrm{e}^{-\frac{1}{2}[(u+t_1)^2-2c(u+t_1)(v+t_2)+(v+t_2)^2]}\mathrm{d}u \\ &= \frac{D_xD_y}{2\pi}\frac{d^{\frac{3}{2}}}{\sigma_1^2\sigma_2^2}\int_{-\infty}^{\infty}\mathrm{d}v\int_{-\infty}^{\infty} uv\mathrm{e}^{-\frac{1}{2}(u^2+2au+b)}\mathrm{d}u \end{aligned}$$

$$= \frac{D_x D_y}{2\pi} \frac{d^{\frac{3}{2}}}{\sigma_1^2 \sigma_2^2} \int_{-\infty}^{\infty} v\left(\int_{-\infty}^{\infty} u \mathrm{e}^{-\frac{1}{2}(u^2+2au+b)} \mathrm{d}u\right) \mathrm{d}v$$

$$= \frac{D_x D_y}{2\pi} \frac{d^{\frac{3}{2}}}{\sigma_1^2 \sigma_2^2} \int_{-\infty}^{\infty} v I_2(a,b) \mathrm{d}v \tag{H.25}$$

其中 346

$$a(v) = t_1 - ct_2 - cv \tag{H.26}$$

同时

$$\begin{aligned} b(v) &= t_1^2 - 2ct_1(v + t_2) + (v + t_2)^2 \\ &= (t_1^2 - 2ct_1t_2 + t_2^2) + v(-2ct_1 + 2t_2) + v^2 \end{aligned} \tag{H.27}$$

因此

$$\begin{aligned} b - a^2 &= (t_1^2 - 2ct_1t_2 + t_2^2) + v(-2ct_1 + 2t_2) + v^2 - (t_1 - ct_2 - cv)^2 \\ &= (t_1^2 - 2ct_1t_2 + t_2^2) + v(-2ct_1 + 2t_2) + v^2 \\ &\quad - (t_1 - ct_2)^2 + 2(t_1 - ct_2)cv - c^2v^2 \\ &= v^2[1 - c^2] + 2v[c(t_1 - ct_2) + (t_2 - ct_1)] \\ &\quad + [(t_1^2 - 2ct_1t_2 + t_2^2) - (t_1 - ct_2)^2] \end{aligned} \tag{H.28}$$

运用式(H.6):

$$\begin{aligned} I_2(a,b) &= -\sqrt{(2\pi)}\, a \mathrm{e}^{-\frac{1}{2}(b-a)^2} \\ &= -\sqrt{2\pi}[(t_1 - ct_2) - cv]\mathrm{e}^{-\frac{1}{2}[\alpha^2v^2+2\beta v+\gamma]} \end{aligned} \tag{H.29}$$

其中

$$\begin{aligned} \alpha &= \sqrt{1 - c^2} \\ \beta &= t_2(1 - c^2) \\ \gamma &= (t_1^2 - 2ct_1t_2 + t_2^2) - (t_1 - ct^2)^2 \end{aligned} \tag{H.30}$$

因此

$$\begin{aligned} \int_{-\infty}^{\infty} vI_2 \mathrm{d}v &= -\int_{-\infty}^{\infty} \sqrt{2\pi}[(t_1 - ct_2)v - cv^2]\mathrm{e}^{-\frac{1}{2}[\alpha^2v^2+2\beta v+\gamma]} \mathrm{d}v \\ &= -\sqrt{2\pi}(t_1 - ct_2)\frac{1}{\alpha^2}I_2\left(\frac{\beta}{\alpha},\gamma\right) + \sqrt{2\pi}\frac{c}{\alpha^3}J_2\left(\frac{\beta}{\alpha},\gamma\right) \\ &= \sqrt{2\pi}\frac{c}{\alpha^3}I_2\left(\frac{\beta}{\alpha},\gamma\right) - \sqrt{2\pi}(t_1 - ct_2)\frac{1}{\alpha^2}J_2\left(\frac{\beta}{\alpha},\gamma\right) \end{aligned} \tag{H.31}$$

得到

$$E(pq) = \frac{1}{\sqrt{2\pi}} \frac{D_x D_y d^{\frac{3}{2}}}{\sigma_1^2 \sigma_2^2}\left[\frac{c}{\alpha^3}J_2\left(\frac{\beta}{\alpha},\gamma\right) - (t_1 - ct_2)\frac{1}{\alpha^2}I_2\left(\frac{\beta}{\alpha},\gamma\right)\right] \tag{H.32}$$

当合约 i 是个互换的时候,我们可以用以下步骤估算 $E(p_iq)$。

1. 用式(H.18)计算 d。 347

2. 用式(H. 23)计算 t_1 和 t_2。
3. 用式(H. 30)计算 α、β 和 γ。
4. 用式(H. 32)以及(H. 4)和(H. 8)定义的 I_2 和 J_2 计算 $E(pq)$。

H. 3. 2 互换-看涨期权协方差

我们现在考虑这样一种情况,合约 i 是一个无上限看涨期权。互换和看涨期权的指数分别是 x 和 y,支付为 p 和 q。

$$\begin{aligned} E(pq) &= \int_{ky}^{\infty}\mathrm{d}y\int_{-\infty}^{\infty}\mathrm{d}xD_x(y-K_y)D_y(x-K_x)\rho(x,y) \\ &= D_yD_x\int_{K_y}^{\infty}\mathrm{d}y\int_{-\infty}^{\infty}\mathrm{d}x(y-K_y)(y-K_x)\rho(x,y) \end{aligned} \tag{H. 33}$$

其中

$$\rho(x,y) = \frac{1}{2\pi}\frac{1}{\sqrt{d}}\mathrm{e}^{-\frac{1}{2d}[\sigma_2^2(x-\mu_x)^2-2c\sigma_1\sigma_2(x-\mu_x)(y-\mu_y)+\sigma_1^2(y-\mu_y)^2]} \tag{H. 34}$$

运用和前面相同的替换:

$$\begin{aligned} E(pq) &= \frac{D_xD_y}{2\pi}\frac{d^{\frac{3}{2}}}{\sigma_1^2\sigma_2^2}\int_0^{\infty}\mathrm{d}v\int_{-\infty}^{\infty}uv\mathrm{e}^{-\frac{1}{2}[(u+t_1)^2-2c(u+t_1)(v+t_2)+(v+t_2)^2]}\mathrm{d}u \\ &= \frac{D_xD_y}{2\pi}\frac{d^{\frac{3}{2}}}{\sigma_1^2\sigma_2^2}\int_0^{\infty}\mathrm{d}v\int_{-\infty}^{\infty}uv\mathrm{e}^{-\frac{1}{2}(u^2+2au+b)}\mathrm{d}u \\ &= \frac{D_xD_y}{2\pi}\frac{d^{\frac{3}{2}}}{\sigma_1^2\sigma_2^2}\int_0^{\infty}v\left(\int_{-\infty}^{\infty}u\mathrm{e}^{-\frac{1}{2}(u^2+2au+b)}\mathrm{d}u\right)\mathrm{d}v \\ &= \frac{D_xD_y}{2\pi}\frac{d^{\frac{3}{2}}}{\sigma_1^2\sigma_2^2}\int_0^{\infty}vI_2(a,b)\mathrm{d}v \end{aligned} \tag{H. 35}$$

除了积分里的下限,这和互换合约的等式完全一样。运用式(H. 6):

$$\begin{aligned} \int_0^{\infty}vI_2\mathrm{d}v &= -\int_0^{\infty}\sqrt{2\pi}[(t_1-ct_2)v-cv^2]\mathrm{e}^{-\frac{1}{2}[\alpha^2v^2+2\beta v+\gamma]}\mathrm{d}v \\ &= -\sqrt{2\pi}(t_1-ct_2)\frac{1}{\alpha^2}I_1\left(\frac{\beta}{\alpha},\gamma\right)+\sqrt{2\pi}\frac{c}{\alpha^3}J_1\left(\frac{\beta}{\alpha},\gamma\right) \\ &= \sqrt{2\pi}\frac{c}{\alpha^3}J_1\left(\frac{\beta}{\alpha},\gamma\right)-\sqrt{2\pi}(t_1-ct_2)\frac{1}{\alpha^2}I_1\left(\frac{\beta}{\alpha},\gamma\right) \end{aligned} \tag{H. 36}$$

348 这就得到

$$E(pq) = \frac{1}{\sqrt{2\pi}}\frac{D_xD_yd^{\frac{3}{2}}}{\sigma_1^2\sigma_2^2}\left[\frac{c}{\alpha^3}J_1\left(\frac{\beta}{\alpha},\gamma\right)-(t_1-ct_2)\frac{1}{\alpha^2}I_1\left(\frac{\beta}{\alpha},\gamma\right)\right] \tag{H. 37}$$

H. 3. 3 互换-看跌期权协方差

最后,我们考虑合约 i 是看跌期权的状况。互换和看跌期权的指数分别是

x 和 y,支付分别是 p 和 q。

$$E(pq) = \int_{-\infty}^{K_y} \mathrm{d}y \int_{-\infty}^{\infty} \mathrm{d}x D_y (K_y - y) D_x (x - K_x) \rho(x,y)$$
$$= D_y D_x \int_{-\infty}^{K_y} \mathrm{d}y \int_{-\infty}^{\infty} \mathrm{d}x (K_y - y)(x - K_x) \rho(x,y) \tag{H.38}$$

其中

$$\rho(x,y) = \frac{1}{2\pi} \frac{1}{\sqrt{d}} \mathrm{e}^{-\frac{1}{2d}[\sigma_2^2(x-\mu_x)^2 - 2c\sigma_1\sigma_2(x-\mu_x)(y-\mu_y) + \sigma_1^2(y-\mu_y)^2]} \tag{H.39}$$

运用和前面相同的替换:

$$E(pq) = -\frac{D_x D_y}{2\pi} \frac{d^{\frac{3}{2}}}{\sigma_1^2 \sigma_2^2} \int_{-\infty}^{0} dv \int_{-\infty}^{\infty} uv \mathrm{e}^{-\frac{1}{2}[(u+t_1)^2 - 2c(u+t_1)(v+t_2) + (v+t_2)^2]} \mathrm{d}u$$
$$= -\frac{D_x D_y}{2\pi} \frac{d^{\frac{3}{2}}}{\sigma_1^2 \sigma_2^2} \int_{0}^{\infty} dv \int_{-\infty}^{\infty} uv \mathrm{e}^{-\frac{1}{2}[(u+t_1)^2 - 2c(u+t_1)(t_2-v) + (t_2-v)^2]} du$$
$$= -\frac{D_x D_y}{2\pi} \frac{d^{\frac{3}{2}}}{\sigma_1^2 \sigma_2^2} \int_{0}^{\infty} dv \int_{-\infty}^{\infty} uv \mathrm{e}^{-\frac{1}{2}(u^2 + 2au + b)} \mathrm{d}u$$
$$= -\frac{D_x D_y}{2\pi} \frac{d^{\frac{3}{2}}}{\sigma_1^2 \sigma_2^2} \int_{0}^{\infty} v \left(\int_{-\infty}^{\infty} u \mathrm{e}^{-\frac{1}{2}(u^2 + 2au + b)} \mathrm{d}u \right) \mathrm{d}v$$
$$= -\frac{D_x D_y}{2\pi} \frac{d^{\frac{3}{2}}}{\sigma_1^2 \sigma_2^2} \int_{0}^{\infty} u I_2(a,b) \mathrm{d}v \tag{H.40}$$

其中现在

$$a(v) = t_1 - ct_2 + cv \tag{H.41}$$

以及

$$b(v) = t_1^2 - 2ct_1(t_2 - v) + (t_2 - v)^2$$
$$= (t_1^2 - 2ct_1t_2 + t_2^2) + v(2ct_1 - 2t_2) + v^2 \tag{H.42}$$

这就得到 349

$$b - a^2 = (t_1^2 - 2ct_1t_2 + t_2^2) + v(2ct_1 - 2t_2) + v^2 - (t_1 - ct_2 + cv)^2$$
$$= (t_1^2 - 2ct_1t_2 + t_2^2) + v(2ct_1 - 2t_2) + v^2$$
$$- (t_1 - ct_2)^2 - 2(t_1 - ct_2)cv - c^2v^2$$
$$= v^2[1 - c^2] - 2v[c(t_1 - ct_2) + (t_2 - ct_1)]$$
$$+ [(t_1^2 - 2ct_1t_2 + t_2^2) - (t_1 - ct_2)^2] \tag{H.43}$$

运用式(H.6):

$$I_2(a,b) = -\sqrt{(2\pi)} a \mathrm{e}^{-\frac{1}{2}(b-a)^2}$$
$$= -\sqrt{2\pi}[(t_1 - ct_2) - cv] \mathrm{e}^{-\frac{1}{2}[\alpha^2 v^2 + 2\beta v + \gamma]} \tag{H.44}$$

其中

$$
\begin{aligned}
\alpha &= \sqrt{1-c^2} \\
\beta &= t_2(c^2-1) \\
\gamma &= (t_1^2 - 2ct_1t_2 + t_2^2) - (t_1 - ct_2)^2
\end{aligned} \tag{H.45}
$$

(注意,与互换和看涨例子里唯一的不同就是β的符号)因此

$$
\begin{aligned}
\int_0^{\infty} vI_2dv &= -\int_{-\infty}^{\infty} \sqrt{2\pi}[(t_1-ct_2)v + cv^2]\mathrm{e}^{-\frac{1}{2}[\alpha^2v^2+2\beta v+\gamma]}\mathrm{d}v \\
&= -\sqrt{2\pi}(t_1-ct_2)\frac{1}{\alpha^2}I_1\left(\frac{\beta}{\alpha},\gamma\right) - \sqrt{2\pi}\frac{c}{\alpha^3}J_1\left(\frac{\beta}{\alpha},\gamma\right) \\
&= -\sqrt{2\pi}\frac{c}{\alpha^3}I_1\left(\frac{\beta}{\alpha},\gamma\right) - \sqrt{2\pi}(t_1-ct_2)\frac{1}{\alpha^2}J_1\left(\frac{\beta}{\alpha},\gamma\right)
\end{aligned} \tag{H.46}
$$

这就得出

$$
E(pq) = \frac{1}{\sqrt{2\pi}}\frac{D_xD_yd^{\frac{3}{2}}}{\sigma_1^2\sigma_2^2}\left[\frac{c}{\alpha^3}J_2\left(\frac{\beta}{\alpha},\gamma\right) + (t_1-ct_2)\frac{1}{\alpha^2}I_2\left(\frac{\beta}{\alpha},\gamma\right)\right] \tag{H.47}
$$

H.4 讨论

我们已经考虑了如何去计算无上限互换、看涨期权、看跌期权的合约的 bata。其他合约,例如无上限鞍式期权、勒式期权、双限期权,可以通过这三个基础合约的线性组合得到,同时 beta 也可以用线性组合中各个合约的 beta 之和得到。这就覆盖了现在在芝加哥商品交易所所有可交易的合约。但是,这并不包括很多在场外天气衍生品市场上交易的合约,它们大部分都是有上限的。我们
350 并不确定是否可以推算出这些合约的等式,二次积分非常困难。

同时,我们也不确定能否推导出两个期权合约之间协方差的闭式解,也是因为二次积分非常困难。如果推导一对无上限期权之间协方差的闭式解有可能的话,那么我们完全可以用闭式解来计算芝加哥商品交易所合约投资组合支付的方差。

H.5 算例

为了在使用以上表达式时更顺畅地调试计算机代码,我们给出一些这些表达式结果的算例。

注意,例 4 和例 5 是相关的;例 5 中的 $E(pq)$ 应该正好是例 4 中 $E(pq)$ 的一半,事实正是如此。

例 1：互换-互换，相关系数 =0

均值 1	373	均值 2	389
标准差 1	48	标准差 2	45
行权价格 1	370	行权价格 2	380
最小变动价位 1	1	最小变动价位 2	1
指数相关系数	0		
结果			
$E(pq)$	27		

例 2：互换-互换，相关系数 =1

均值 1	373	均值 2	373
标准差 1	48	标准差 2	48
行权价格 1	373	行权价格 2	373
最小变动价位 1	1	最小变动价位 2	1
指数相关系数	1		
结果			
$E(pq)$	2304		

例 3：互换-互换，相关系数 =0.5

均值 1	373	均值 2	389
标准差 1	48	标准差 2	45
行权价格 1	370	行权价格 2	380
最小变动价位 1	1	最小变动价位 2	1
指数相关系数	0. 5		
结果			351
$E(pq)$	1107		
$E(p)$	3	$E(q)$	9
$SD(p)$	48	$SD(q)$	45
$Cov(pq)$	1080	$Corr(pq)$	0. 5

例 4：互换-互换，相关系数 =0.5

均值 1	373	均值 2	373
标准差 1	48	标准差 2	48
行权价格 1	373	行权价格 2	373
最小变动价位 1	1	最小变动价位 2	1
指数相关系数	0. 5		
结果			
$E(pq)$	1152		

例 5:互换-看涨期权,相关系数 =0.5

均值 1	373	均值 2	373
标准差 1	48	标准差 2	48
行权价格 1	373	行权价格 2	373
最小变动价位 1	1	最小变动价位 2	1
指数相关系数	0.5		
结果			
$E(pq)$	576		
$E(p)$	0	$E(q)$	19.15
$\mathrm{SD}(p)$	48	$\mathrm{SD}(q)$	28.02
$\mathrm{Cov}(pq)$	576	$\mathrm{Corr}(pq)$	0.482

例 6:互换-看跌期权,相关系数 =0.5

均值 1	373	均值 2	373
标准差 1	48	标准差 2	48
行权价格 1	373	行权价格 2	373
最小变动价位 1	1	最小变动价位 2	1
指数相关系数	0.5		
结果			
$E(pq)$	-576		
$E(p)$	0	$E(q)$	19.15
$\mathrm{SD}(p)$	48	$\mathrm{SD}(q)$	28.02
$\mathrm{Cov}(pq)$	-576	$\mathrm{Corr}(pq)$	-0.482

352 **例 7:互换-看涨期权 = 互换-互换/互换-看跌期权,相关系数 =0.5**

均值 1	373	均值 2	389
标准差 1	48	标准差 2	45
行权价格 1	370	行权价格 2	380
最小变动价位 1	1	最小变动价位 2	1
指数相关系数	0.5		
结果			
E(互换-互换)	1107		
E(互换-看涨期权)	694.03		
E(互换-看跌期权)	-412.97		
E(互换-看跌期权) + E(互换-互换)	694.03		

附录 I　模拟方法

I.1　引言 353

我们现在讨论一些用于单一随机数生成和时间序列模型模拟的基础算法。详细资料请参见 Ripley(1987)Casella and Robert(1999)或 Gentle(2003)等人的教科书。这些书也建议了一些特殊的算法，可能较本书中提出的算法更快，且探讨了减少结果波动率的方法(被称为降方差技巧)。

I.1.1　模拟独立随机变量

用于模拟的最简单分布，以及用来模拟更复杂分布的基本构件，是均匀分布。大多数编程语言、数值库和应用程序如 Excel、R、S-Plus 和 SAS 都可以模拟均匀分布。我们将假定这种方法是可行的，在这里不再赘述这些模拟如何可行的细节。

基于给定 CDF 进行模拟的一般方法

产生累积函数为 F 的随机变量 X 的最一般方法是用下面的方案来转化均匀分布变量：

- 模拟一个均匀分布的随机变量 U；
- 求 F 的反函数 F^{-1}，定义 $F^{-1}(\mu) = \min\{x \mid F(x) \leqslant u\}$；
- 设 $X = F^{-1}(U)$

欲知该法为何有效，参加图 I.1。

横轴上的任何一个模拟值 X 都与纵轴上 $U = F(X)$ 的一个值对应，因此，由
于 U 服从均匀分布，模拟产生的数小于等于 X 的概率正好等于 U。尽管示例中 354
的 CDF 是连续的，但当 F 的反函数定义如上时，该方法也完全适用于离散随机变量的模拟。

使用这个过程可以很容易地模拟几个著名的分布：

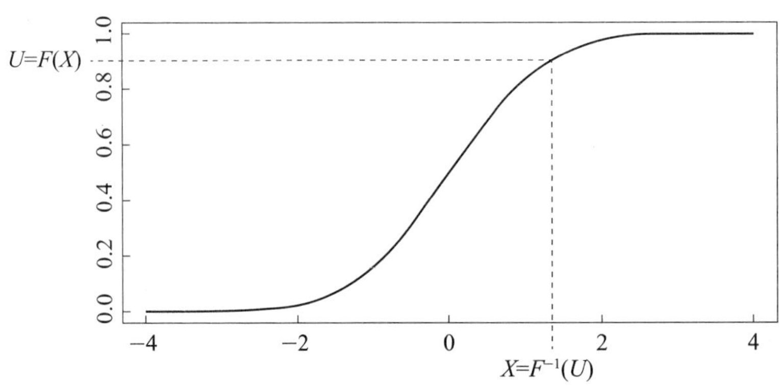

图 I.1　CDF *F* 的反函数可用来模拟一个分布函数为 *F* 的随机变量

- 指数分布的 CDF 满足 $F(x)=1-\exp(-x)$,所以 $F^{-1}(p)=-\log(1-p)$;
- 作为一个数学函数,正态分布的 CDF 的反函数在应用中是很容易获得的(例如,它在 R 语言中被称为 qnorm,而在 Excel 中被称为 norminv)。

F 的反函数并不总存在解析解。这时,创建一个函数 F 的查阅表用于估计 F^{-1} 则是一个行之有效的方法。这种方法可能会降低连续分布的精确度且其建立较慢,但其执行速度则相对较快——有时甚至快于直接计算 F^{-1}。然而,还存在其他情形,可以采用更简单、更快捷的方法而不需要任何 CDF 的计算或制表。下面,我们列举一些 Ripley (1987)推荐的方法。

用于正态分布的极坐标算法

对天气衍生品而言,最有用的方法可能是模拟标准正态随机变量——即有密度的变量的快速方法。

$$f(x)=\frac{1}{\sqrt{2\pi}}e^{\frac{1}{2}x^2}$$

355　所谓的极坐标法(Ripley,1987)就是这样的一种算法,它可以生成一对独立标准正态变量。包含步骤如下。

1. 生成在区间[−1,1]上正态分布的变量 U_1 和 U_2。重复这一过程直至 $Y=U_1^2+U_2^2<1$。
2. 令 $V=\sqrt{-2Y^{-1}\log Y}$。
3. 变量 $X_1=VU_1$ 和 $X_2=VU_2$ 为来自标准正态分布的随机数。

该方法是一种和经典 Box-Müller 算法(Box and Müller, 1958)反向的算法,运算简单且相对快速。为了从标准正态变量 X 的均值为 μ 且方差为 σ^2 的正态分布中获得样本 Z,我们令 $Z=\sigma X+\mu$。

用于伽玛分布的算法

由于伽玛分布和负二项分布(将在下文讨论)之间的关系,以及其自身可以用作指数分布,伽玛分布是另一个有用的天气衍生品的分布。

带有形状参数 λ 的标准伽玛分布的密度为

$$f(x) = \frac{1}{\Gamma(\lambda)}\lambda^{x-1}\mathrm{e}^{-x}$$

因为当形状参数 λ 小于或等于 1 时，伽玛分布的密度无限趋于零，因此分别处理 $\lambda < 1$ 和 $\lambda > 1$ 的情况更有效率。当 $\lambda = 1$ 时即为指数分布，CDF 的反函数很容易求得（如上所述），可以使用 I. 1. 1 节中的一般方法。

当 $\lambda < 1$ 时，Ripley（1987）建议采用 Ahrens and Dieter（1974）的算法，其过程如下：

1. 生成在区间[0,1]上均匀分布的变量 U_1 和 U_2。

2. 如果 $U_1 \leqslant e/(e+\lambda)$ 则进行第 3 步；否则进行第 4 步 。

3. 令 $X = ((\lambda+e)\,U_1/e)^{1/\lambda}$。若 $U_2 > e^{-X}$ 则返回步骤 1；否则输出 X。

4. 令 $X = -\log((\lambda+e)(1-U_1)/\lambda e)$。如果 $U_1 > X^{\lambda-1}$ 则返回步骤 1；否则输出 X。

当 $\lambda > 1$ 时，定义常量 $c_1 = \lambda - 1$，$c_2 = (\lambda - 1/6\lambda)/c_1$，$c_3 = 2/c_1$，$c_4 = c_3 + 2$ 以及 $c_5 = 1/\sqrt{(\lambda)}$，并采用 Cheng and Feast（1979）的方法。 356

1. 生成在区间[0,1]内均匀分布的变量 U_1 和 U_2，并令 $U_1 = U_2 + c_5(1 - 1.86U_1)$，重复该过程直到 $0 < U_1 < 1$。

2. 令 $W = c_2U_2/U_1$。

3. 如果 $c_3U_1 + W + W^{-1} \leqslant c_4$，进行第 5 步。

4. 如果 $c_3 \log U_1 - \log W + W \geqslant 1$ ，返回第 1 步。

5. 输出 $X = c_1W$ 。

我们可以通过用 β 乘以标准伽玛变量，得到一个带有待定尺度参数 β 的伽玛分布。

用泊松分布模拟

均值为 λ 的泊松分布的概率函数可由下式得到：

$$p(x) = \mathrm{e}^{-\lambda}\frac{\lambda^x}{x!}$$

当平均值较小时（$\lambda < 30$），可采用以下方法。

1. 令 $p = 1$，$n = 0$ 且 $c = \mathrm{e}^{-\lambda}$。

2. 在[0,1]上生成均匀分布的变量 U，并令 $p = pU$，$n = n + 1$。重复该过程直至 $p < c$。

3. 变量 $X = n - 1$ 服从平均值为 λ 的泊松分布。

当平均值 λ 较大时，最好采用 Atkinson（1979）的方法。

1. 在 [0,1]上生成均匀分布变量 U_1，令 $X = (\alpha - \log((1-U_1)/U_1))/\beta$。重复该过程直到 $x > -0.5$。

2. 令 N 为 $X+0.5$ 的整数部分，并在 $[0,1]$ 上生成均匀分布变量 U_2。

3. 如果 $\alpha-\beta X+\log\left(\frac{U_2}{(1+\exp(\alpha-\beta X))^2}\right)>k+N\log\lambda-\log N!$ 则返回第 1 步，否则输出 N。

此处 $c=0.767-3.36/\lambda$，$\beta=\pi/\sqrt{3\lambda}$ 且 $\alpha=\beta\lambda$。

用负二项分布模拟

我们可以结合上述的伽玛分布和泊松分布算法得到负二项分布的模拟。用这种方法是因为观察到可以将负二项分布构建成泊松分布，其中均值参数 λ 可由伽玛分布得到。

357 **时间序列的模拟**

我们应该如何用时间序列模型模拟呢？本节中我们所描述的方法适用于一般平稳高斯过程。不过作为例子，我们从考虑均值为零、伴随高斯新息 ϵ_t 的定常 AR(p) 过程 X_t 开始：

$$X_t=\phi_1 x_{t-1}+\cdots+\phi_p x_{t-p}+\epsilon_t \tag{I.1}$$

模拟该过程的最简单方法是设定 p 的初始模拟值等于零，再应用式(I.1)模拟后续的观测值。由于协方差函数的指数衰减，对初始值 p 的依赖将迅速下降，所需平稳分布的样本可由去除最初的 k 次观测得到，这里 k 取决于协方差函数。

一个更为复杂的模拟过程是从时间序列的定常分布中抽样初始值 p，这里无须去除任何模拟值。例如，可参见 Brockwell and Davis(1999)对 ARMA 过程平稳分布的精确表达式。

另一种更为普遍的用高斯时间序列模拟观测的方法是应用协方差函数，该方法通常可以得到显式表达式。协方差函数可以用来构建协方差矩阵，进而可以应用多元正态模拟方法。但模拟的时间序列长度可能十分大。这使得协方差矩阵也非常大，反过来就导致计算时间过长，占用内存过多。在大多数情况下，我们通过假定时间序列平稳来解决这一问题，这样协方差矩阵就变成了平稳从而可以加速模拟程序。更多模拟程序的细节，详见如 Brockwell and Davis(1999)或 Beran (1994)。

附录 J　针对投资组合的有效定价方法

J.1　额外合约的有效建模方法 358

我们现在主要阐述有效模拟投资组合额外合约的两种数值方法。对于这两种方法,我们作以下假定:

- n 代表投资组合中指数的原始数量;
- m 代表历史数据的年数;
- k 代表模拟次数;
- $\boldsymbol{X}_h$ 代表原始历史数据的 $n \times m$ 矩阵;
- $\boldsymbol{Z}_h$ 代表转换为标准正态分布的相同数据;
- 我们运用秩相关法对这 n 个指数 k 年的数据进行模拟;
- $\boldsymbol{Z}_s$ 代表正态分布模拟值的 $n \times k$ 矩阵;
- $\boldsymbol{X}_s$ 代表具有正确边缘的最终模拟值;
- x_h 代表新历史数据的 $1 \times n$ 向量;
- 转换为标准正态分布时, z_h 保持不变;
- p_h 代表投资组合历史支付的 $1 \times m$ 向量;
- 运用经验 CDF 转换到标准正态分布时, q_h 保持不变;
- p_s 代表投资组合模拟支付的 $1 \times k$ 向量;
- 运用经验 CDF 转换到标准正态分布时, q_s 保持不变。

J.1.1　指数回归

我们将新转换的指数数据视为旧指数数据的线性组合 $z_h = \alpha Z_h + e_h$, 其中 e_h 代表方差为 v 的噪声矢量, α 指 $1 \times n$ 的系数矢量。由此得 $\alpha = (z_h Z_h^{\mathrm{T}})(Z_h Z_h^{\mathrm{T}})^{-1}$ 和 $v = z_h z_h^{\mathrm{T}} - \alpha Z_h Z_h^{\mathrm{T}} \alpha^{\mathrm{T}}$。

359 该方法分为两个步骤进行。

1. 给定投资组合的秩相关性，将其转换为线性相关，并计算得到 $n \times n$ 矩阵 $A = (Z_h Z_h^{\mathrm{T}})^{-1}$。

2. 保存矩阵 A、模拟值 Z_s 以及历史数据 X_h。

如果需要对投资组合的单一合约进行定价，那么我们就应遵循以下步骤。

1. 计算新历史数据 x_h 和旧历史数据 X_h 的秩相关矢量 c_r。

2. 将其转换为线性协方差 $c = z_h Z_h^T$。

3. 通过 $\alpha = cA$ 计算 α。

4. 计算 v。

5. 通过旧模拟值的线性组合 $z_s = \alpha Z_s + e_s$ 来构建新的正态分布的模拟值矢量 z_s，其中 e_s 从方差为 v 的正态分布中抽取。

6. 将 z_s 转换为正确的边缘分布，并给出 x_s 的值。

J.1.2 支付回归

在这一方法中，我们将用旧投资组合的线性组合 $z_h = \alpha p_h + e_h$ 来模拟新的指数数据，其中 e_h 代表方差为 v 的噪声矢量。由此，$\alpha = \dfrac{(z_h p_h^T)}{p_h p_h^T}$，$v = z_h z_h^T - \alpha^2 p_h p_h^T$。

如果我们要给一份新合约定价，就需要遵循以下步骤。

1. 计算投资组合历史支付 p_h 和新合约历史指数 x_h 之间的秩相关。

2. 将该秩相关转换为线性协方差 $c = z_h q_h^T$，并计算 α。

3. 模拟新指数值 z_s：$z_s = \alpha q_s + e_s$。

4. 将这些指数值转换为正确分布。

5. 将这些指数值转换为支付。

参考文献

Ahrens, J., and U. Dieter. 1974. Computer methods for sampling from gamma, beta, Poisson and binomial distributions. *Computing*, 12: 223–246.

Akaike, H. 1974. A new look at statistical model identification. *IEEE Transactions Automatic Control*, 19: 716–723.

Alaton, P., B. Djehiche and D. Stillberger. 2002. On modelling and pricing weather derivatives. *Applied Mathematical Finance*, 9(1): 1–20.

Allcroft, D., and C. Glasbey. 2003. A latent Gaussian Markov random-field model for spatiotemporal rainfall disaggregation. *Applied Statistics*, 52: 487–498.

Allen, M. 1999. Do it yourself climate prediction. *Nature*, 401: 642.

Allen, R., and A. DeGaetano. 2000. A method to adjust long-term temperature extreme series for non-climatic inhomogeneities. *Journal of Climate*, 13: 3495–3507.

Ambaum, M., B. Hoskins and D. Stephenson. 2001. Arctic Oscillation or North Atlantic Oscillation? *Journal of Climate*, 14: 3680–3695.

Arfken, G. 1985. *Mathematical Methods for Physicists*. Academic Press.

Atkinson, A. 1979. The computer generation of Poisson random variables. *Applied Statistics*, 28: 29–35.

Baker, R. 2003. *Fragile Science*. Pan.

Banks, E. 2002. Weather fundamentals. In *Weather Risk Management*, 14–43. Palgrave.

Banks, E., and R. Henderson. 2002. Risk considerations. In *Weather Risk Management*, 262–288. Palgrave.

Barnston, A., S. Mason, L. Goddard, D. DeWitt and S. Zebiak. 2003. Multimodel ensembling in seasonal climate forecasting at IRI. *Bulletin of the American Meteorological Society*, 84: 1783–1796.

Baxter, M., and A. Rennie. 1996. *Financial Calculus*. Cambridge University Press.

Beran, J. 1994. *Statistics for Long-Memory Processes*. Chapman & Hall/CRC.

Björk, T. 1998. *Arbitrage Theory in Continuous Time*. Oxford University Press.

Black, F. 1976. The pricing of commodity contracts. *Journal of Financial Economics*, 3: 167–179.

Black, F., and M. Scholes. 1973. The pricing of options and corporate liabilities. *Journal of Political Economy*, 81: 637–654.

Boissonnade, A., L. Heitkemper and D. Whitehead. 2002. Weather data: cleaning and enhancement. In *Climate Risk and the Weather Market*, 73–98. Risk Books.

Bouchaud, J., G. Iori and D. Sornette. 1996. Real-world options: smile and residual risk. *Risk*, 9(3): 61–65.

Box, G., and D. Cox. 1964. An analysis of transformations. *Journal of the Royal Statistical Society, Series B: Methodological*, 26: 211–243.

Box, G., and G. Jenkins. 1970. *Time Series Analysis, Forecasting and Control.* Holden-Day.

Box, G., and M. Müller. 1958. A note on the generation of random normal deviates. *Annals of Mathematical Statistics*, 29: 610–611.

Boyle, P., and D. Emanuel. 1980. Discretely adjusted option hedges. *Journal of Financial Economics*, 9: 259–282.

Brier, G. 1950. Verification of forecasts expressed in terms of probabilities. *Monthly Weather Review*, 78: 1–3.

Brix, A., S. Jewson and C. Ziehmann. 2002. Weather derivative modelling and valuation: a statistical perspective. In *Climate Risk and the Weather Market*, 127–150. Risk Books.

Brockwell, P., and P. Davis. 1999. *Time Series: Theory and Methods.* Springer-Verlag, 2nd edn.

Brody, D., J. Syroka and M. Zervos. 2002. Dynamical pricing of weather derivatives. *Quantitative Finance*, 2: 189–198.

Caballero, R., S. Jewson and A. Brix. 2002. Long memory in surface air temperature: detection, modelling and application to weather derivative valuation. *Climate Research*, 21: 127–140.

Cao, M., and J. Wei. 2000. Pricing the weather. *Risk*, 13(5): 67–70.

Carmona, R., and D. Villani. 2003. Monte Carlo helps with pricing. *Environmental Finance*, June.

Casella, G., and R. L. Berger. 2002. *Statistical Inference.* Duxbury.

Casella, G., and C. Robert. 1999. *Monte Carlo Statistical Methods.* Springer-Verlag.

Chandler, R., and H. Wheater. 2002. Analysis of rainfall variability using generalized linear models: a case study from the west of Ireland. *Water Resources Research*, 38: 1192–1202.

Cheng, R., and G. Feast. 1979. Some simple gamma variate generators. *Applied Statistics*, 28: 290–295.

Cleveland, W., and S. Devlin. 1988. Locally weighted regression: an approach to regression analysis by local fitting. *Journal of the American Statistical Association*, 83: 596–610.

Coles, S. 2001. *An Introduction to Statistical Modeling of Extreme Values.* Springer-Verlag.

Coles, S., and L. Pericchi. 2003. Anticipating catastrophes through extreme value modelling. *Applied Statistics*, 52: 405–416.

Davis, M. 2001. Pricing weather derivatives by marginal value. *Quantitative Finance*, 1: 1–4.

Davison, A., and D. Hinkley. 1997. *Bootstrap Methods and Their Applications.* Cambridge University Press.

Denholm-Price, J. 2003. Can an ensemble give anything more than Gaussian probabilities? *Non-linear Processes in Geophysics*, 10: 469–475.

Dischel, R. 1998a. Black–Scholes won't do. Weather risk special report, *Energy & Power Risk Management*, October.

1998b. Seasonal forecasts and the weather risk market. *Applied Derivatives Trading*, November.

1998c. Warning – La Niña volatility. *Energy & Power Risk Management*, November.
2000. Seasonal weather forecasts and derivative valuation. Weather risk special report, *Energy & Power Risk Management*, August.
(ed.). 2002. *Climate Risk and the Weather Market*. Risk Books.
Dornier, F., and M. Querel. 2000. Caution to the wind. Weather risk special report, *Energy & Power Risk Management*, 8: 30–32.
Dowd, K. 1998. *Beyond Value at Risk*. Wiley.
Dutton, J. 2002. The weather in weather risk. In *Climate Risk and the Weather Market*, 185–214. Risk Books.
Dutton, J., and R. Dischel. 2001. Weather and climate predictions: minutes to months. Weather risk special report, *Energy & Power Risk Management*, August.
Easterling, D. 2001. Past and future changes in climate extremes. *The Climate Report*, 2(1).
Easterling, D., and T. Peterson. 1995. A new method for detecting undocumented discontinuities in climatological time series. *International Journal of Climatology*, 15: 369–377.
Economist, The. 2003. 13 February.
Element Re. 2002. *Weather Risk Management*. Palgrave.
Elton, E., and M. Gruber. 1995. *Modern Portfolio Theory and Investment Analysis*. Wiley.
Embrechts, P., C. Klüppeberg and T. Mikosch. 1997. *Modelling Extremal Events*. Springer-Verlag.
Embrechts, P., A. McNeil and D. Straumann. 2002. Correlation and dependence in risk management: properties and pitfalls. In *Risk Management: Value at Risk and Beyond*, 176–223. Cambridge University Press.
Fisher, R. 1912. On an absolute criterion for fitting frequency curves. *Messenger of Mathematics*, 41: 155–160.
1922. On the mathematical foundations of statistics. *Philosophical Transactions of the Royal Society, A*, 222: 309–368.
Frey, R., and A. Stremme. 1997. Market volatility and feedback effects from dynamic hedging. *Mathematical Finance*, 7: 351–374.
Gardiner, C. 1985. *Handbook of Stochastic Methods*. Springer.
Geman, H. 1999a. The Bermuda triangle: weather, electricity and insurance derivatives. In *Insurance and Weather Derivatives*, 197–204. Risk Books.
(ed.). 1999b. *Insurance and Weather Derivatives*. Risk Books.
Gentle, J. 2003. *Random Number Generation and Monte Carlo Methods*. Springer-Verlag, 2nd edn.
Gibbas, M. 2002. The nature of climate uncertainty and considerations for weather risk managers. In *Climate Risk and the Weather Market*, 97–114. Risk Books.
Goldman-Sachs. 1999. *Kelvin Ltd*. Offering circular.
Granger, C. W. J., and R. Joyeux. 1980. An introduction to long memory time series models and fractional differencing. *Journal of Time Series Analysis*, 1: 15–29.
Hamill, T. 1997. Reliability diagrams for multicategory probabilistic forecasts. *Weather Forecasting*, 12: 736–741.
Henderson, R. 2002. Pricing weather risk. In *Weather Risk Management*, 167–198. Palgrave.

Henderson, R., Y. Li and N. Sinha. 2002. Data. In *Weather Risk Management*, 200–223. Palgrave.
Heyer, D. 2001. Stochastic dominance: a tool for evaluating reinsurance alternatives. *Casualty Actuarial Society Forum*, summer: 95–118.
Hijikata, K. (ed.). 1999. *Tenkoo Derivatives no Subete (All about Weather Derivatives)*. Sigma Base Capital.
(ed.). 2003. *Sooron Tenkoo Derivatives (All Theories about Weather Derivatives)*. Sigma Base Capital.
Hirose, N. (ed.). 2003. *Everything about Weather Derivatives*. Tokyo Electricity University.
Hogg, R., and S. Klugman. 1984. *Loss Distributions*. Wiley.
Hoggard, T., A. E. Whalley and P. Wilmott. 1994. Hedging option portfolios in the presence of transaction costs. *Advances in Futures and Options Research*, 7: 21–35.
Hull, J. 2002. *Options, Futures and Other Derivatives*. Prentice Hall.
Iman, R., and W. Conover. 1982. A distribution-free approach to inducing rank correlation among input variables. *Communications in Statistics*, 11: 311–334.
IPCC. 2001. *Climate Change 2001 – The Scientific Basis*. Technical report, IPCC working group.
Jewson, S. 2000. Use of GCM forecasts in financial-meteorological models. In *Proceedings of the 25th Annual Climate Diagnostics and Prediction Workshop*. US Department of Commerce.
2002a. Arbitrage pricing for weather derivatives. In *Climate Risk and the Weather Market*, 314–316. Risk Books.
2002b. Weather derivative pricing and risk management: volatility and value at risk. *http://ssrn.com/abstract=405802*.
2003a. Closed-form expressions for the pricing of weather derivatives, part 1: the expected payoff. *http://ssrn.com/abstract=436262*.
2003b. Closed-form expressions for the pricing of weather derivatives, part 2: the greeks. *http://ssrn.com/abstract=436263*.
2003c. Closed-form expressions for the pricing of weather derivatives, part 3: the payoff variance. *http://ssrn.com/abstract=481902*.
2003d. Closed-form expressions for the pricing of weather derivatives, part 4: the kernel density. *http://ssrn.com/abstract=486422*.
2003e. Comparing the ensemble mean and the ensemble standard deviation as inputs for probabilistic temperature forecasts. *arXiv:physics/0310059*.
2003f. Comparing the potential accuracy of burn and index modelling for weather option valuation. *http://ssrn.com/abstract=486342*.
2003g. Convergence of the distribution of payoffs for portfolios of weather derivatives. *http://ssrn.com/abstract=531043*.
2003h. Do medium-range ensemble forecasts give useful predictions of temporal correlations? *arXiv:physics/0310079*.
2003i. Do probabilistic medium-range temperature forecasts need to allow for non-normality? *arXiv:physics/0310060*.
2003j. Estimation of uncertainty in the pricing of weather options. *http://ssrn.com/abstract=441286*.
2003k. Horizon value at risk for weather derivatives, part 1: single contracts. *http://ssrn.com/abstract=477585*.
2003l. Horizon value at risk for weather derivatives, part 2: portfolios. *http://ssrn.com/abstract=478051*.

2003m. Moment-based methods for ensemble assessment and calibration. *arXiv:physics/0309042.*

2003n. The problem with the Brier score. *arXiv:physics/0401046.*

2003o. Risk loading and implied volatility in the pricing of weather options. *http://ssrn.com/abstract=481905.*

2003p. Simple models for the daily volatility of weather derivative underlyings. *http://ssrn.com/abstract=477163.*

2003q. Use of the basic and adjusted kernel densities for weather derivative pricing. *http://ssrn.com/abstract=481923.*

2003r. Use of the likelihood for measuring the skill of probabilistic forecasts. *arXiv:physics/0308046.*

2003s. Weather forecasts, weather derivatives, Black–Scholes, Feynmann–Kac and Fokker–Planck. *arXiv:physics/0312125.*

2003t. Weather option pricing with transaction costs. *Energy & Power Risk Management*, 7(9).

2004a. The application of PCA to weather derivative portfolios. *http://ssrn.com/abstract=486503.*

2004b. Closed-form expressions for the beta of a weather derivative portfolio. *http://ssrn.com/abstract=486442.*

2004c. Four methods for the static hedging of weather derivative portfolios. *http://ssrn.com/abstract=486302.*

2004d. Improving probabilistic weather forecasts using seasonally varying calibration parameters. *arXiv:physics/0402026.*

2004e. A preliminary assessment of the utility of seasonal forecasts for the pricing of US temperature-based weather derivatives. *http://ssrn.com/abstract=531062.*

2004f. The relative importance of trends, distributions and the number of years of data in the pricing of weather options. *http://ssrn.com/abstract=516503.*

2004g. Weather derivative pricing and the normality of standard US temperature indices. *http://ssrn.com/abstract=535982.*

2004h. Weather derivative pricing and the potential accuracy of daily temperature modelling. *http://ssrn.com/abstract=535122.*

2004i. Weather derivative pricing and the year ahead forecasting of temperature, part 2: theory. *http://ssrn.com/abstract=535143.*

Jewson, S., and A. Brix. 2001. Sunny outlook for weather investors. *Environmental Finance*, February.

2004a. Weather derivative pricing and the spatial variability of US temperature trends. *http://ssrn.com/abstract=535924.*

2004b. Weather derivative pricing and the year ahead forecasting of temperature, part 1: empirical results. *http://ssrn.com/abstract=535142.*

Jewson, S., A. Brix and C. Ziehmann. 2002a. Risk modelling. In *Weather Risk Report*, 5–10. Global Reinsurance Review.

2002b. Use of meteorological forecasts in weather derivative pricing. In *Climate Risk and the Weather Market*, 169–184. Risk Books.

2003a. A new framework for the assessment and calibration of ensemble temperature forecasts. *Atmospheric Science Letters* (submitted).

Jewson, S., and R. Caballero. 2002. Multivariate long-memory modelling of daily surface air temperatures and the valuation of weather derivative portfolios. *http://ssrn.com/abstract=405800.*

2003a. Seasonality in the dynamics of surface air temperature and the pricing of weather derivatives. *Meteorological Applications*, 10(4): 367–376.

2003b. The use of weather forecasts in the pricing of weather derivatives. *Meteorological Applications*, 10(4): 377–389.

Jewson, S., F. Doblas-Reyes and R. Hagedorn. 2003b. The assessment and calibration of ensemble seasonal forecasts of equatorial Pacific Ocean temperature and the predictability of uncertainty. *arXiv:physics/0308065.*

Jewson, S., J. Hamlin and D. Whitehead. 2003c. Moving stations and making money. *Environmental Finance*, November.

Jewson, S., and D. Whitehead. 2001. Weather risk and weather data. *Environmental Finance*, November.

Jewson, S., and M. Zervos. 2003a. The Black–Scholes equation for weather derivatives. *http://ssrn.com/abstract=436282.*

2003b. No arbitrage pricing of weather derivatives in the presence of a liquid swap market. Submitted to the *International Journal of Theoretical and Applied Finance.*

Jewson, S., and C. Ziehmann. 2003. Using ensemble forecasts to predict the size of forecast changes, with application to weather swap value at risk. *Atmospheric Science Letters*, 4: 15–27.

Johnson, N., S. Kotz and N. Balakrishnan. 1994. *Continuous Univariate Distributions.* Wiley-Interscience.

1997. *Discrete Multivariate Distributions.* Wiley-Interscience.

Johnson, N., S. Kotz and A. Kemp. 1993. *Univariate Discrete Distributions.* Wiley-Interscience.

Jolliffe, I., and D. Stephenson. 2003. *Forecast Verification: A Practitioner's Guide in Atmospheric Science.* Wiley.

Jones, M. C. 1991. On correcting for variance inflation in kernel density estimation. *Computational Statistics and Data Analysis*, 11: 3–15.

Jones, P. 1999. The instrumental data record. In *Analysis of Climate Variability*, 53–76. Springer.

Karl, T., and C. Williams. 1987. An approach to adjusting climatological time series for discontinuous inhomogeneities. *Journal of Climatology and Applied Meterology*, 26: 1744–1763.

Katz, R. W. 2001. Do weather or climate variables and their impacts have heavy-tailed distributions? In *Proceedings of 13th Symposium on Global Change and Climate Variations* (American Meteorological Society).

Klugman, S., H. Panjer and G. Willmot. 1998. *Loss Models: From Data to Decisions.* Wiley-Interscience.

Kotz, S., N. Balakrishnan and N. Johnson. 1994. *Continuous Multivariate Distributions.* Wiley-Interscience.

Koutsoyiannis, D. 2003. On the appropriateness of the gumbel distribution for modelling extreme rainfall. In *Proceedings of the ESF LESC Exploratory Workshop, Bologna, Italy.*

Leadbetter, R., G. Lindgren and H. Rootzen. 1983. *Extremes and Related Properties of Random Sequences and Processes.* Springer-Verlag.

LeCam, L. 1961. A stochastic description of precipitation. In *Proceedings of the Fourth Berkeley Symposium on Mathematical Statistics and Probability*, 165–186.

Leith, C. 1974. Theoretical skill of Monte Carlo forecasts. *Monthly Weather Review*, 102: 409–418.

Leland, H. E. 1985. Option pricing and replication with transaction costs. *Journal of Finance*, 40: 1283–1301.
Livezey, R. 1999. The evaluation of forecasts. In *Analysis of Climate Variability*, 179–198. Springer.
Lloyd-Hughes, B., and M. Saunders. 2002. Seasonal prediction of European spring precipitation from ENSO and local sea surface temperatures. *International Journal of Climatology*, 22: 1–14.
Mantua, N. 2000. How does the Pacific Decadal Oscillation impact our climate? *The Climate Report*, 1(1).
Markowitz, H. 1952. Portfolio selection. *Journal of Finance*, 7: 77–91.
(ed.). 1959. *Portfolio Selection: Efficient Diversification of Investments*. Wiley.
Marteau, D., J. Carle, S. Fourneaux, R. Holz and M. Moreno. 2004. *La Gestion du Risque Climatique*. Economica.
Mason, S., L. Goddard, N. Graham, E. Yulaeva, L. Sun and P. Arkin. 1999. The IRI seasonal climate prediction system and the 1997/1998 El Niño event. *Bulletin of the American Meteorological Society*, 80: 1853–1873.
McIntyre, R. 1999. Black–Scholes will do. *Energy & Power Risk Management*, November.
2000. PAR for the weather course. *Environmental Finance*, April.
Mercurio, F., and T. Vorst. 1996. Option pricing with hedging at fixed trading dates. *Applied Mathematical Finance*, 3: 135–158.
Molteni, F., R. Buizza, T. Palmer and T. Petroliagis. 1996. The new ECMWF ensemble prediction system: methodology validation. *Quarterly Journal of the Royal Meteorological Society*, 122: 73–119.
Moran, P. 1947. Some theorems on time series. *Biometrika*, 34: 281–291.
Moreno, M. 2000. Riding the temp. *Futures and Options World*, November.
2001a. Rainfall derivatives. *Derivatives Week*, 10(11): 6–7.
2001b. Weather derivatives. *Derivatives Week*, 10(38): 7–9.
2003. Weather derivatives hedging and swap illiquidity. *Environmental Finance*, September.
Moreno, M., and O. Roustant. 2002. Modelisation de la temperature: application aux derives climatiques. In *La reassurance, approche technique*, chap. 29. Economica.
Murphy, J., and R. Winkler. 1987. A general framework for forecast verification. *Monthly Weather Review*, 115: 1330–1338.
Mylne, K., C. Woolcock, J. Denholm-Price and R. Darvell. 2002. Operational calibrated probability forecasts from the ECMWF ensemble prediction system: implementation and verification. In *Preprints of the Symposium on Observations, Data Assimilation and Probabilistic Prediction*, 113–118. American Meteorological Society.
Ogryczak, W., and A. Ruszczynski. 1997. *On Stochastic Dominance and Mean-semideviation Models*. Working report no. 43. International Institute for Applied Systems Analysis.
Palmer, T. 2002. The economic value of ensemble forecasts as a tool for risk assessment: from days to decades. *Quarterly Journal of the Royal Meteorological Society*, 128: 747–774.
Pearson, E., and H. Hartley. 1962. *Biometrika Tables for Statisticians*. Cambridge University Press.
Penland, C., and T. Magorian. 1993. Prediction of Niño3 sea surface temperature using linear inverse modelling. *Journal of Climate*, 6: 1067–1076.

Potters, M., J. Bouchaud and D. Sestovic. 2001. Hedged Monte-Carlo: low variance derivative pricing with objective probabilities. *Physica A*, 289: 517–525.

Qian, B., and M. Saunders. 2003. Summer UK temperatures and their link to preceeding Eurasian snow cover, North Atlantic SSTs and the NAO. *Journal of Climate*, 16: 4108–4120.

Rajagopalan, B., and Y. Kushnir. 2000. Causes of year to year variability in temperature extremes in the N.E. U.S. *The Climate Report*, 1(2).

Richardson, D. 2000. Skill and relative economic value of the ECMWF ensemble prediction system. *Quarterly Journal of the Royal Meteorological Society*, 126: 649–668.

Ripley, B. 1987. *Stochastic Simulation.* Wiley.

Rodriguez-Iturbe, I., D. Cox and V. Isham. 1987. Some models for rainfall based on stochastic point processes. *Proceedings of the Royal Society London*, 410: 269–288.

1988. A point process model for rainfall: further developments. *Proceedings of the Royal Society London*, 417: 283–298.

Roulston, M., and L. Smith. 2002. Weather and seaonal forecasting. In *Climate Risk and the Weather Market*, 115–126. Risk Books.

2003. Combining dynamical and statistical ensembles. *Tellus A*, 55: 16–30.

Ruck, T. 2002. Hedging precipitation risk. In *Climate Risk and the Weather Market*, 43–54. Risk Books.

Schönbucher, P. 1993. The feedback effect of hedging in illiquid markets. Master's thesis, Oxford University.

Sharpe, W. 1964. Capital asset prices: a theory of market equilibrium under conditions of risk. *Journal of Finance*, 19: 425–442.

Shorter, J., T. Crawford and R. Boucher. 2002. The accuracy and value of operational seasonal weather forecasts in the weather risk market. In *Climate Risk and the Weather Market*, 151–168. Risk Books.

Silverman, B. 1986. *Density Estimation for Statistics and Data Analysis.* Chapman and Hall.

Smith, L., M. Roulston and J. von Hardenberg. 2001. *End to End Ensemble Forecasting: Towards Evaluating the Economic Value of the Ensemble Prediction System.* Technical report. European Centre for Medium-range Weather Forecasts.

Smith, S. 2002. Weather and climate – measurements and variability. In *Climate Risk and the Weather Market*, 55–72. Risk Books.

Stockdale, T., D. Anderson, J. Alves and M. Balmaseda. 1998. Global seasonal rainfall forecasts using a coupled ocean-atmosphere model. *Nature*, 392: 370–373.

Sutton, R., and M. Allen. 1997. Decadal predictability of North Atlantic sea surface temperature and climate. *Nature*, 388: 563–567.

Swets, J. 1988. Measuring the accuracy of diagnostic systems. *Science*, 240, June: 1285–1293.

Talagrand, O., R. Vautard and B. Strauss. 1997. Evaluation of probabilistic prediction systems. In *Proceedings, ECMWF Workshop on Predictability, 20–22 October 1997*, 1–25. European Centre for Medium-range Weather Forecasts.

Thompson, R. 1998. *Atmospheric Processes and Systems.* Routledge.

Torro, H., V. Meneu and E. Valor. 2001. *Single Factor Stochastic Models with Seasonality applied to Underlying Weather Derivatives Variables.* Technical Report no. 60. European Financial Management Association.

Toth, Z., and E. Kalnay. 1993. Ensemble forecasting at NMC: the generation of perturbations. *Bulletin of the American Meteorological Society*, 74: 2317–2330.

Tsanakas, A., and E. Desli. 2003. Risk measures and theories of choice. *British Actuarial Journal*, 9: 959–991.

Turvey, C. 2001. Weather derivatives for specific event risk in agriculture. *Review of Agricultural Economics*, 23: 333–351.

Vandermarck, P. 2003. Marking to model or to market? *Environmental Finance*, January.

Villani, D., R. Ghigliazza and R. Carmona. 2003. A discrete affair. *Energy Risk*, October.

Wang, S. 1998. Aggregation of correlated risk portfolios: models and algorithms. *Proceedings of the Casualty Actuarial Society*, 85: 848–939.

Wilks, D. 1993. Comparison of three-parameter probability distributions for representing annual extreme and partial duration precipitation series. *Water Resources Research*, 29: 3543–3549.

Wilks, D., and R. Wilby. 1999. The weather generation game: a review of stochastic weather models. *Progress in Physical Geography*, 23: 329–357.

Wilmott, P. 1994. Discrete charms. *Risk*, 7(3): 48–51.

1999. *Derivatives.* Wiley.

Wilmott, P., S. Howison and J. Dewynne. 1995. *The Mathematics of Financial Derivatives.* Cambridge University Press.

Wolfstetter, E. 2000. *Topics in Microeconomics.* Cambridge University Press.

Woo, G. 1999. *The Mathematics of Natural Catastrophes.* Imperial College Press.

Zeng, L., and K. Perry. 2002. Managing a portfolio of weather derivatives. In *Climate Risk and the Weather Market*, 241–264. Risk Books.

索引